U0200407

国家自然科学基金面上项目（51374222）

国家重点基础研究发展计划（973 计划）（2015CB250905） 资助

国家重大专项（2017ZX05032004-002）

裂缝性油藏开发物理模拟

Physical Simulation of Fractured Petroleum Reservoir Development

刘月田　郑文宽　丁祖鹏　刘　剑　著

科 学 出 版 社

北　京

内 容 简 介

油藏物理模拟方法的不断发展对于油气田合理高效开发研究具有重要意义。本书主要针对裂缝性油藏的非均质和各向异性特点，介绍作者近年来在裂缝性油藏物理模拟方面的研究成果。本书内容分为两部分，第一部分从第 1 章到第 4 章，主要是裂缝性油藏物理模拟的方法原理，包括裂缝性油藏渗流机理分析及物理模拟相似理论、裂缝性油藏物理模型制作及测试方法；第二部分从第 5 章到第 7 章，主要是裂缝性油藏物理模拟方法在实际油藏中的应用。

本书适合从事油气田开发与相关专业研究的高等院校师生，以及科研院所、油田企业的技术和管理人员参考使用。

图书在版编目（CIP）数据

裂缝性油藏开发物理模拟／刘月田等著. —北京：科学出版社，2017. 10
ISBN 978-7-03-054220-5

Ⅰ.①裂…　Ⅱ.①刘…　Ⅲ.①裂缝性油气藏–油田开发–物理模拟
Ⅳ.①TE344

中国版本图书馆 CIP 数据核字（2017）第 206042 号

责任编辑：焦　健／责任校对：张小霞
责任印制：肖　兴／封面设计：铭轩堂

科 学 出 版 社 出版

北京东黄城根北街 16 号
邮政编码：100717
http://www.sciencep.com

中国科学院印刷厂 印刷
科学出版社发行　各地新华书店经销

*

2017 年 10 月第 一 版　开本：787×1092　1/16
2017 年 10 月第一次印刷　印张：17
字数：388 000

定价：198.00 元
（如有印装质量问题，我社负责调换）

前　言

　　本书主要针对裂缝性油藏的非均质性和各向异性特点，介绍裂缝性油藏开发的物理模拟方法及应用。

　　物理实验是油气田开发研究的主要手段之一。但是，裂缝性油藏岩石介质及流体流动的复杂性，给裂缝性油藏物理建模与实验造成较大困难，其物理实验方法尚有许多不成熟之处，难以满足裂缝性油藏开发研究的需要。尤其是实际裂缝性油藏开发过程模拟，因为无法保证实验模型的非均质性和各向异性与实际油藏相似，所以物理模拟往往难以实现。

　　裂缝性油藏在世界石油储量和产量中均占有很大比重，研究建立更为先进、科学的裂缝性油藏物理模拟方法，有利于裂缝性油藏合理高效开发研究，因而具有重要意义。

　　本书主要总结了作者近年来在裂缝性油藏物理模拟研究方面的成果。全书共分 7 章，涵盖两部分内容。第 1 章至第 4 章是裂缝性油藏物理模拟的方法原理，包括裂缝性油藏渗流机理分析及物理模拟相似理论、裂缝性油藏物理模型制作及测试方法。在这部分中，采用"离散化"的思想，建立了可实现物性分布定量化的大尺度裂缝性油藏物理模型制作方法，以及相关实验理论和测试方法。应用该方法可以构建任意尺度、任意形状和任意物性分布的物理模型，定量化模拟目标油藏的非均质性；可以精确控制物理模型中的裂缝分布参数，包括方向、密度等，形成各向异性三维裂缝网络，定量化模拟目标油藏的各向异性。第 5 章至第 7 章是裂缝性油藏物理模拟方法在实际油藏的应用。在这部分中，为了让读者较全面地了解物理模拟方法在实际油藏研究中的作用以及与其他研究方法的协同使用过程，本书在实际应用章节中尽可能完整地保留了实际油藏研究项目的内容。

　　参加本书相关研究工作的还有研究生张勇、敖坤、杨志成、高超、李二鹏、赵义强、刘泽华、张海茹等，研究生秦佳正参与了全书内容的编辑整理工作；还有许多参与和关心本书工作的同志，在此一并表示衷心的感谢。

　　特别感谢中国石油辽河油田公司、中海油研究总院的领导、专家和同行，他们在多方面为本书的撰写提供了非常大的帮助和支持。

　　裂缝性油藏物理模拟研究涉及范围比较广，内容比较多，本书仅介绍了作者近年来的研究成果，还有许多其他人的研究成果在本书中尚未涉及，而且随着科学技术的进步，裂缝性油藏物理模拟技术也在不断发展。因此，希望通过本书与同行专家进行交流，以期有助于裂缝性油藏物理模拟方法和技术的进一步发展。由于作者水平有限，书中不足之处在所难免，恳请读者批评指正。

作　者

2017 年 1 月于北京

目　　录

第1章 绪 论

随着裂缝性油藏开发遇到的问题越来越复杂，提高原油采收率工作的难度也越来越大，因此需要开展复杂条件下的油藏物理模拟研究，研究油藏开采机理和提高采收率的新方法，为油田高效开发提供依据。本章主要介绍裂缝性油藏基本特征，以及裂缝性油藏物理模拟研究进展。

1.1 裂缝性油藏基本特征

1.1.1 裂缝性油藏及其开发特点

裂缝性油藏是储层中普遍发育天然裂缝或人工裂缝的一类特殊油藏。我国裂缝性油藏探明地质储量大于 4.5×10^9 t，占总探明储量 30% 以上，在石油储量中占有很大比重。目前，我国裂缝性油藏年产已超过 1.6×10^7 t，且呈逐年增长趋势。裂缝性油藏勘探开发已成为我国"十三五"乃至更长远规划中产量接替、持续发展的重要组成部分，在石油工业中占有越发重要的地位。

水驱是裂缝性油藏的常规开发方式（刘子良等，2003；王乃举，1999），然而由于裂缝性油藏岩性复杂，储层具有强非均质性和各向异性特征，其渗流物理特征异常复杂。不同区域间的裂缝连通性差异很大，导致油井产量差异很大，注水开发时，部分油井见水快，含水率上升迅速，极易水窜或暴性水淹，基质中原油难以采出，导致裂缝性油藏原油采收率普遍较低，开发效果差（刘漪厚，1997）。裂缝性油藏最终采收率一般不超过 25%（Jack and Sun，2003），开发效果远不及常规砂岩油藏。正是由于裂缝性油藏的地质特征和渗流规律都具有特殊的复杂性，其许多微观渗流机理、宏观开发规律尚不清楚，因此需要对裂缝性油藏进行深入研究，以便准确把握裂缝性油藏的开发过程、改善其开发效果。

1.1.2 裂缝性油藏介质基本参数

不同于用单一孔隙介质描述的普通砂岩油藏，裂缝性油藏由具有一般孔隙结构的基质岩块和分割岩块的裂缝系统组成，通常使用双重介质表征（范·高尔夫–拉特，1989）。包含单条裂缝的储层微元如图 1.1 所示。裂缝性油藏研究中常用的物性参数如下所述。

1. 裂缝性油藏孔隙度

1）基质孔隙度

基质孔隙度 ϕ_1 为基质孔隙体积与岩石总体积（基质加裂缝）之比。结合图 1.1，基质孔隙度可表达为式（1.1）：

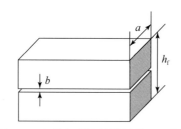

图1.1　含单条裂缝的储层微元示意图

$$\phi_1 = (1-b/h_f) \times \phi_m \tag{1.1}$$

式中，ϕ_1 为基质孔隙度，%；b 为裂缝张开度，μm；h_f 为裂缝性岩心厚度，μm；ϕ_m 为基质岩石孔隙度（基质孔隙体积与基质体积之比），%。图1.1中 a 为裂缝长度，μm。

2）裂缝孔隙度

裂缝孔隙即裂缝空间，裂缝孔隙度 ϕ_2 为裂缝孔隙体积与岩石总体积之比。

3）总孔隙度

裂缝性油藏具有双重孔隙度，总孔隙度 ϕ_t 可表示为式（1.2）：

$$\phi_t = \phi_1 + \phi_2 \tag{1.2}$$

2. 裂缝性油藏渗透率

1）裂缝内蕴渗透率

裂缝内蕴渗透率表征单一裂缝对流体的导流能力，流动截面为图1.1中 $a \times b$ 截面，与裂缝周围基质无关。裂缝内蕴渗透率 K_{ff} 可表示为式（1.3）：

$$K_{ff} = b^2/12 \tag{1.3}$$

2）裂缝等效渗透率

裂缝等效渗透率即裂缝对整个储层微元导流能力的贡献量，流动截面为图1.1中 $a \times h_f$ 截面。裂缝常规渗透率 K_f 可表示为式（1.4）：

$$K_f = b^3/12h_f \tag{1.4}$$

3）总体渗透率

总体渗透率表征含裂缝的储层微元流体总导流能力，总体渗透率 K_t 是裂缝导流能力 K_f 与基质导流能力 K_m 简单相加，见式（1.5）：

$$K_t = K_f + K_m \tag{1.5}$$

1.1.3　裂缝性油藏渗流基本原理

在裂缝性油藏中，由于裂缝和基质两大系统的储集空间特征不同，其渗流特征与驱替机理也存在较大差别（李亚军等，2011）。

裂缝系统主要靠外部驱动压差进行排油，由于裂缝张开度远大于一般孔隙尺寸，因此可忽略毛管压力作用，而且束缚水及残余油饱和度很低，水驱油过程近似活塞式，流体流动符合达西定律。主要有两大特征：①对于理想裂缝系统，油水相对渗透率与含水饱和度接近线性关系。尽管实际油藏中存在着不同张开度且相互连通的裂缝系统，但与常规油水相对渗透率曲线相比仍有明显不同。②在垂向驱替过程中，重力作用不可忽略。其可减缓含水率的快速上升并抑制驱替过程的非活塞性，从而提高波及体积和驱油效率。

基质系统是一个储渗条件差异很大、分布关系复杂的集合体，其渗流及驱替过程主要有三大特征：①对于储层润湿性以亲水为主的裂缝性油藏，基质系统依靠毛管压力的渗吸作用排油是区别于裂缝系统的本质性特征，更是不同于常规砂岩油藏的主要渗流特征及驱替机理。该过程只有借助裂缝系统的渗流通道并且当含水率在一定范围内才能得以进行。②基质系统依靠外部驱动压差进行的排油也在微裂缝发育的次生孔隙中进行。当基质系统与裂缝系统间存在压差时，就会发生物质交换，即窜流。③基质系统的水驱油过程在理想状态下是可以发生的，但在裂缝性油藏实际开发以及数值模拟过程中，裂缝和基质两套系统所需压力梯度相差很大。在两者共存的条件下，裂缝系统处于主导地位，基质系统水驱油过程难以发生。

1.2　裂缝性油藏物理模拟研究进展

1.2.1　物理模拟在油藏开发研究中的重要性

油藏物理模拟可以分为"基本机理模拟"和"按比例相似模拟"两种。基本机理模拟是用实际（模拟）油藏岩石和流体进行实验，模拟油藏的一个单元或一个过程，可以不按比例或部分按比例进行机理实验。基本机理模拟研究对于理解一些油藏开采机理起着重要作用。基本机理模拟研究结果不能直接用于油田，但是可以通过数值模拟扩展到油田开发方案设计和开采前景预测。

按比例相似模拟的物理模型是根据相似原理设计出来的。在模型设计、实验操作、数据处理，以及用实验结果来解释油藏原型等各个研究阶段都离不开相似理论指导。按比例相似物理模型与油藏原型之间，油藏大小、流体性质和岩石物性都按比例给定，不同力的比例在油藏原型和物理模型中是相同的。按比例相似模拟的结果可以直接用于油田。

物理模拟研究是数值模拟研究的基础，所有的数学模型都是通过物理模型建立起来的，特别是准备采用一种新的生产方式时，物理机理还不清楚或尚不肯定时，必须用物理模型去研究。物理模拟除了能与数值模拟方法一样，对机理已经很清楚的物理过程进行研究外，更擅长对机理还不清楚的各种现象进行研究，寻找规律和普遍性。

裂缝性油气藏的基本特点是油气水等流体在油气藏中的运动主要通过裂缝完成，裂缝系统的渗流特征和渗流过程直接决定着油气藏的开发效果。裂缝分布具有非均匀性和各向异性，裂缝在不同区域的发育程度（包括裂缝密度和裂缝宽度）不同就造成裂缝分布的非均匀性，而由于地层应力等因素的影响，裂缝的方位具有特定的方向性，从而形成裂缝分布的各向异性。为保证裂缝性油气田开发取得较好效果，必须考虑裂缝介质的非均质性和各向异性，对油气藏内流体的渗流机理和规律进行深入研究。为此，研究人员一直尝试用物理实验方法对裂缝性油藏渗流与开发过程进行定量模拟和预测，即根据相似原理把实际油藏按比例缩小，通过小模型实验直观地观察和测试分析裂缝性油藏渗流与开发过程特征及规律。然而，此前尚未发现成功的裂缝性油藏渗流与开发过程定量物理模拟和预测研究报道。主要原因是难以定量控制裂缝孔渗等参数（王家禄等，2009），或无法形成三维裂缝网络（Qasem et al.，2008），或没有考虑基质裂缝间渗吸耦合作用（Hao et al.，2008），或未曾解决井筒几何相似问题（关文龙等，2003）。

研究建立新型水驱裂缝性油藏定量物理模拟及预测方法，并结合数值模拟、油藏工程等方法，研究各种裂缝性油藏水驱渗流规律与合理开发方法，对裂缝性油藏宏观决策制定与合理高效开发具有重要意义。

1.2.2　国内外裂缝性油藏物理模拟研究进展

油藏开发研究可分为微观机理研究和开发过程研究。微观机理研究主要研究物质运动变化的原因，分析和阐述内在的作用原理，为说明问题或解释现象提供理论支撑。通过微观机理研究，可以掌握油藏内流体运动及岩石介质变化的基本规律。开发过程研究主要研究各种基本规律和影响因素综合作用下油藏内物质运动变化的过程、特征和现象。通过开发过程研究，可以直接模拟预测实际油藏的油水运动过程及开发效果，为实际油藏开发提供直接依据。主要研究进展包括如下几个方面。

（1）单裂缝单相渗流微观机理研究。裂缝性介质渗流研究首先从单裂缝入手，人们采用光滑的平行玻璃板裂缝和厚有机玻璃板模型进行裂缝流体渗流实验。通过单裂缝单相流体实验研究，建立了立方定律（Snow，1965）。在此基础上，分析了裂缝中不同流态的渗流特征，验证了立方定律的有效性及适用范围（Persoff and Pruess，1995；叶自桐等，1998），并逐渐考虑了流体流动状态、裂缝张开度、裂缝壁面粗糙性、基岩的渗透性等因素，对立方定律进行了修正，研究结果为进一步认识裂缝渗流规律提供了基础和依据，同时也发展了室内单裂缝单相渗流实验方法。

（2）单裂缝两相渗流机理物理实验研究。其主要是针对石灰岩裂缝、天然花岗岩裂缝、平行平板裂缝、天然凝灰岩裂缝（刘建军等，2004），通过拟稳态驱替实验和两相渗流实验，研究毛细管力–饱和度和相对渗透率–饱和度（或毛细管力）的函数关系；裂缝网络系统物理模拟研究丰富了对裂缝系统的研究，主要是用岩块组成的单裂缝和正交裂缝介质模型对油水相对渗透率、重力和毛细管力对岩块渗吸的影响、水驱油机理进行了研究（姚飞等，2008）。

Reitsma 和 Kueper（1994）、Persoff 和 Pruess（1995）、叶自桐等（1998）采用不同岩性的岩石，如石灰岩、天然凝灰岩、天然花岗岩制作的裂缝模型进行了油水驱替实验。叶自桐等（1998）、Reitsma 和 Kueper（1994）采用的是 Brooks–Corey 和 Van Genuchten 拟合模型，且拟合方法相同；而叶自桐等（1998）将裂缝总体积也进行了拟合，这是其束缚水饱和度拟合效果更好的原因。但是，利用实验所得关系式进行非恒定渗流计算时，结果会有所偏差。Romm（1966）、周波等（2006）通过测电阻率确定了平行平板裂缝模型中的流体饱和度，并且对不同流体密度、注入速率时油水运移特征进行了分析。

（3）裂缝性油藏油水运移和渗吸规律物理模拟。国内外学者利用物理模拟方法对油水运移规律和渗吸效果的影响因素进行了研究，物理模拟所用裂缝介质模型主要包括天然露头岩石水力造缝模型和裂缝地层仿真模型（郭尚平、黄延章，1990）。研究表明，水驱油的影响因素主要有模型的拓扑结构、几何参数和裂缝的相关参数（包括裂缝方向、长度和位置）（康永尚等，2003）；渗吸效果的影响因素包括流体参数（注入水流动速度、油水黏度比和初始含水饱和度）和岩石润湿性等岩石参数（王家禄等，2009）。采用平行板裂缝（刘建军等，2004）、真实岩心微观模型（赵阳等，2002）、玻璃微珠模型（张发强等，2003）、光蚀刻渗流介质模型（吴建发等，2004），对裂缝微观水驱油机理、残余油形成机理，以及裂缝不同形态时的油气运移过程和方式、油水运动分布特征进行了研究。

1.2.3 裂缝性油藏物理模型制作方法研究进展

在实验室内研究裂缝性油藏渗流机理与开发过程，其基础及关键在于如何制作合适的裂缝性介质模型，此前常见的有如下 9 种实验室裂缝性介质制作方法。

1. 裂缝性储层岩心薄片模型

对实际裂缝性储层进行钻井取心，将裂缝性岩心加工制作成含裂缝薄片模型（唐玄等，2006），如图 1.2 所示。该方法的优点在于裂缝形状和物性接近实际油藏。

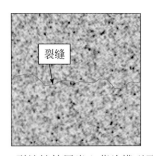

图 1.2 裂缝性储层岩心薄片模型示意图

2. 岩石薄板刻画裂缝模型

将天然岩石加工成二维薄板，在岩石薄板上刻画裂缝，制作成裂缝性二维岩石薄板模型（刘建军等，2004），如图 1.3 所示。该方法的优点在于制作工艺及实验难度相对较小，可定性模拟油藏中平行裂缝网络对注采井宏观渗流开发规律的影响。

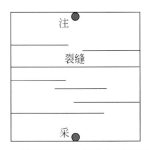

图 1.3 二维岩石薄板模型刻画裂缝示意图

3. 裂缝性填砂模型

首先制作填砂模型，再通过拉伸、挤压造缝，制作裂缝性填砂模型（Adibhatla and Monhanty，2008），如图 1.4 所示。该方法的优点在于能根据实际地质变形特点和初始变形条件，模拟出变形中应力场的分布情况，从而模拟出实际油田的构造。

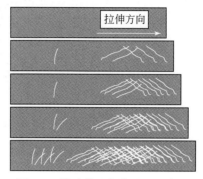

图 1.4　填砂模型拉伸造缝示意图

4. 支撑剂支撑造缝模型

首先制作填砂模型，然后在模型层间铺置压裂支撑剂来支撑造缝，如图 1.5 所示，用以模拟实际油藏水平压裂缝（Wu and Pruess，1988）。该方法的优点在于可实现对裂缝张开度进行定量控制。

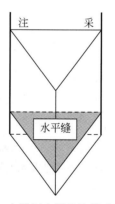

图 1.5　支撑剂支撑造缝模型示意图

5. 平板裂缝模型

将岩石加工成 2 个平板型岩块，再将 2 个平板型岩块对叠，制作平板裂缝模型（Wu et al.，2004），如图 1.6 所示。该方法的优点在于裂缝方向、裂缝张开度和裂缝孔渗等物性定量可控。

6. 机械力造缝模型

通过机械设备向岩心施加围向力和轴向力，通过控制使应力在岩心某点集中，使岩心产生压裂缝（李秀莲等，2007），如图 1.7 所示。该方法的优点在于可模拟实际储层裂缝

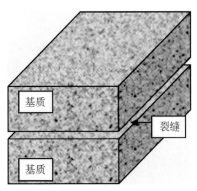

图 1.6　平板裂缝模型示意图

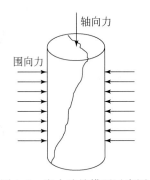
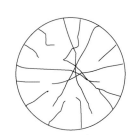

图 1.7　应力造缝模型示意图　　　图 1.8　岩心热裂缝模型示意图

形成机理和形成过程。

7. 热力造缝模型

将岩心高温加热，再突然冷却，岩心内外温差使岩心破裂产生裂缝（姚飞等，2008），如图 1.8 所示。该方法的优点在于可以模拟地层注水时热裂缝形成机理和形成过程。

8. 裂缝性光蚀刻玻璃板模型

选用表面平整的玻璃板，利用光蚀刻技术在玻璃板表面刻画裂缝网络（康永尚等，2003），如图 1.9 所示。该方法的优点在于可制作裂缝网络，模拟油藏宏观油水运移及驱替过程。

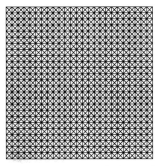
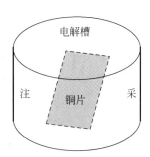

图 1.9　光蚀刻裂缝网络模型示意图　　　图 1.10　电模拟裂缝模型示意图

9. 电模拟裂缝模型

利用水电相似原理，用电解水槽模拟渗流介质，用带电压两极模拟注采井，用薄铜片模拟高渗裂缝条带（周德华等，2003），如图 1.10 所示。该方法的优点在于简单易行、成本较低、可有效模拟裂缝高渗特性。

1.2.4　目前存在问题

长久以来，国内外的各研究学者在进行裂缝性油藏物理模拟研究时，取得了很多突破和进步，但也存在以下问题亟待解决。

（1）目前裂缝性渗流介质制作方法或不能精细定量控制单裂缝各种物性参数，或难以定量控制孔渗等参数以建立非均质的物理模型，或无法形成各向异性裂缝三维网络，或没有考虑基质裂缝间渗吸耦合作用。为了深入研究裂缝性油藏渗流机理与开发方式，需要制作三维物性分布定量化裂缝性介质模型。

（2）目前缺少裂缝性油藏定量物理模拟方法相关研究，需推导建立水驱裂缝性油藏定量物理模拟相似准则体系，建立裂缝性介质模型渗流实验配套测试技术。基于相似准则体系、裂缝性介质模型制作技术和实验测试技术，建立完整的裂缝性油藏定量物理模拟方法。

第2章 裂缝性油藏开发模拟相似理论

相似理论是油藏物理模拟的基础，应用相似理论可以指导物理模型设计、实验操作、数据处理，以及应用实验数据解释油田现场的生产结果。不同类型的油藏有着不同的渗流机理，在物理模拟中也就应该使用不同的相似准则。本章将利用方程分析法推导裂缝性油藏水驱开发物理模拟所需要遵循的相似准则，用以指导物理模拟研究（Ding and Liu，2013）。

2.1 相似准则基本理论

相似准则是自然界和工程科学中各种相似现象相似原理的理论体现。它的理论基础是相似三定理，其实用意义在于指导模型的设计及其有关实验数据的处理和推广。相似准则的作用在于从理论上说明以下问题：

(1) 相似现象具有什么性质；

(2) 研究结果如何推广到所有相似的现象中去；

(3) 满足什么条件才能实现现象相似。

相似准则必须在物理模拟实验基本原则的基础上，依据相似三定理进行分析和推导而得到。

2.1.1 相似三定理

相似第一定理（相似正定理）是 1848 年由法国的 J. Bertrand 建立的（徐挺，1982），可以表述为"对于相似的现象，其相似指标的数值相同"。这是对相似性质的一种概括，也是现象相似的必然结果。

相似指标是一个无量纲的综合数群，它反映出现象相似的数量特征及其过程的内在联系。相似指标表示原型与模型内各基本物理量之间满足的比例关系。对于相似的现象，原型与模型的相似指标是相等的。

相似第二定理（π 定理）是 1914 年由美国的 E. Buckingham 建立的，可以表述为"约束两相似现象的基本物理方程可以用量纲分析的方法转换成用相似指标方程来表达的新方程，即转换成 π 方程，两个相似系统的 π 方程必须相同"。

如果所研究的现象中，还没有找到描述它的方程，但对该现象的物理量是清楚的，则可通过量纲分析运用 π 定理来确定相似指标。但是模型实验结果能否正确推广，关键在于是否正确选择了与现象有关的物理量。

相似第三定理（相似逆定理）是 1930 年由苏联的 M. B. KUPNHYEB 建立的，可以表述为"对于同一物理现象，如果单值量相似，而且由单值量所组成的相似指标在数值上相等，则现象相似"。

单值量是指单值条件中的物理量。而单值条件又是将一个个现象从同类现象中区分开来，即将现象群中的通解转变为特解的具体条件。单值条件包括几何条件（空间条件）、介质条件（物理条件）、边界条件和初始条件（时间条件）。现象的各种物理量，实质上都是从单值条件引导出来的。

需要说明的是，由于研究的目的和采用的方法不同，上述单值条件和相似指标是不完全相同的，这要由现象的具体情况来定。

2.1.2　无因次方程

设某现象包括 n 个物理量 x_1，x_2，$\cdots$，x_n 其中前 k 个是自变量，后 $m = (n-k)$ 个是因变量。为了求解这 m 个因变量，需要 m 个描述现象的方程：

$$D_i\ (x_1,\ x_2,\ \cdots,\ x_n) = 0\ (i=1,\ 2,\ \cdots,\ m) \tag{2.1}$$

将每个物理量（x_1，x_2，$\cdots$，x_n）分别除以它们各自的同类量，即因次相同的特征量（a_1，a_2，$\cdots$，a_n），可得 n 个无因次单个变量（X_1，X_2，$\cdots$，X_n）：

$$X_1 = \frac{x_1}{a_1},\ X_2 = \frac{x_2}{a_2},\ \cdots,\ X_n = \frac{x_n}{a_n} \tag{2.2}$$

根据 π 定理，可以将包含 m 个方程的式（2.1）转化为无因次方程组：

$$\phi_i\ (X_1,\ X_2,\ \cdots,\ X_k,\ \pi_1,\ \pi_2,\ \cdots,\ \pi_{n-k}) = 0\ (i=1,\ 2,\ \cdots,\ m) \tag{2.3}$$

其中包括 k 个无因次单个变量，以及由这些单个无因次变量组成的（$n-k$）个无因次组合变量：

$$\pi_j = \pi_j\ (X_1,\ X_2,\ \cdots,\ X_k)\ (j=1,\ 2,\ \cdots,\ n-k) \tag{2.4}$$

这些 π 量就是相似准则数。

2.2　油藏物理模拟相似理论简介

使用实验室油藏物理模型模拟实际油藏渗流开发现象时，需要满足三方面相似要求，即几何相似、动力相似与运动相似。如图 2.1 所示，几何相似即保证模型与油藏空间尺度

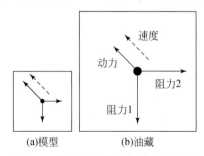

(a)模型　　　　(b)油藏

图 2.1　模型与油藏相似关系示意图

按比例相似；动力相似即保证模型与油藏中各点动力系统分布相似；运动相似即在动力相似的基础上，保证模型与油藏阻力系统分布相似（模型与油藏阻力比值不必与动力比值相等），从而实现运动速度大小与方向相似。

　　等比例缩小尺度油藏物理模拟要求实验室物理模型用小尺度模拟实际油藏大尺度，用短时间模拟实际油藏长时间。当油藏大尺度缩小到模型小尺度时，相应油藏一些力也要缩小，外力（如注采压力等）可用人为方式控制缩小，而一些自然力（如毛细管力、微细管中摩擦阻力等）难以缩小，成为限制模型与油藏动力系统和阻力系统相似的瓶颈。当油藏长时间缩小到模型短时间时，相应油藏一些时间也要缩小，外加时间（如生产时间等）可通过人为方式控制缩小，而一些表征自然属性的时间（如半衰期、半周期等）难以缩小，成为模型与油藏运动相似瓶颈。若要实验室物理模型与实际油藏达到全面相似，必须基于相似理论和渗流理论，找到等效方法，使物理模型能够突破瓶颈限制，满足与油藏相似的条件。

2.3　裂缝性渗流介质水驱油相似准则

2.3.1　简化及假设

　　根据裂缝性油藏油水两相渗流特点，采用以下基本假设：
　　（1）渗流介质为双孔单渗介质，即基质系统和裂缝系统均为原油的储集空间，但仅有裂缝系统作为油藏的渗流通道；
　　（2）存在重力作用，考虑为底水驱油，重力为阻力；
　　（3）基质系统内存在毛细管压力，裂缝系统与基质系统间存在油水渗吸作用；
　　（4）裂缝系统内忽略毛细管压力；
　　（5）油与水互不相溶；
　　（6）岩石和流体均不可压缩。
　　（7）油藏中的任一微元均达到热平衡与相平衡。

2.3.2　建立渗流数学模型

　　裂缝中的运动方程：

$$\begin{cases} \vec{v}_w = -A_w \nabla \Phi_w \\ \vec{v}_o = -A_o \nabla \Phi_o \end{cases} \tag{2.5}$$

式中，$\vec{v}$ 为渗流速度，m/s；A_w、A_o 分别为张量形式的水相流度、油相流度，$\mu m^2/(mPa \cdot s)$；Φ_o 和 Φ_w 分别为油相和水相的位势，流度和位势定义式分别为

$$A_o = \frac{KK_{ro}}{\mu_o}, \quad A_w = \frac{KK_{rw}}{\mu_w} \tag{2.6}$$

$$\Phi_o = p + \gamma_o D; \quad \Phi_w = p + \gamma_w D \tag{2.7}$$

式中，K 为张量渗透率，μm^2；γ 为重度，N/m^3；D 为深度，m。

裂缝中的物质平衡方程：

$$\begin{cases} \nabla \vec{v}_w - q_w = -\phi \dfrac{\partial S_w}{\partial t} \\[2mm] \nabla \vec{v}_o - q_o = -\phi \dfrac{\partial S_o}{\partial t} \end{cases} \tag{2.8}$$

式中，q 为渗吸强度；S 为饱和度，%；ϕ 为孔隙度，%。

限定条件：

$$S_o + S_w = 1; \quad q_o + q_w = 0 \tag{2.9}$$

基质与裂缝间渗吸动态方程：

$$\begin{aligned} q_o &= R \cdot \frac{\ln 2}{T_a} \left[S_w(x, y, z, t) - \frac{\ln 2}{T_a} \int_0^t S_w(x, y, z, \tau) \, e^{\frac{\ln 2}{T_a}(t-\tau)} \, d\tau \right] \\ &= R \cdot \frac{\ln 2}{T_a} \int_0^t \frac{\partial S_w}{\partial t} \cdot e^{\frac{\ln 2}{T_a}(t-\tau)} \, d\tau \end{aligned} \tag{2.10}$$

式中，R 为单位体积基质所含可动油体积；T_a 为渗吸半周期；t 为时间；τ 为中间变量。

自然限制条件：

$$S_o + S_w = 1; \quad q_o + q_w = 0 \tag{2.11}$$

初始条件：

$$\Phi_o(x, z, t=0) = \Phi_i; \quad \Phi_w(x, z, t=0) = 0; \quad S_w(x, z, t=0) = 0 \tag{2.12}$$

式中，Φ_i 为油相位势的初始分布值。

当油藏边界 Γ 为封闭边界时，n 为边界法向，则有

$$\left. \frac{\partial \Phi_o}{\partial n} \right|_\Gamma = 0; \quad \left. \frac{\partial \Phi_w}{\partial n} \right|_\Gamma = 0 \tag{2.13}$$

定压注采时，注水井和生产井的井筒边界处的压力之间的关系为

$$p(\vec{r}_{inj}, t) - p(\vec{r}_{pro}, t) = \Delta p \tag{2.14}$$

式中，$\vec{r}_{inj} = (x, y, z)_{inj}$、$\vec{r}_{pro} = (x, y, z)_{pro}$ 分别为注水井、生产井井筒上任意一点的向量坐标；Δp 为注采压差；井筒半径为 r_w。

把运动方程代入物质平衡方程，得

$$\nabla(A_w \nabla \Phi_w) + q_w = \phi \cdot \frac{\partial S_w}{\partial t} \tag{2.15}$$

$$\nabla(A_o \nabla \Phi_o) + q_o = \phi \cdot \frac{\partial S_o}{\partial t} \tag{2.16}$$

联立式（2.15）和式（2.16），可得

$$\nabla(A_w \nabla \Phi_o) + \nabla(A_w \nabla G) - R\lambda \int_0^t \frac{\partial S_w}{\partial t} \cdot e^{-\lambda(t-\tau)} \, d\tau = \phi \cdot \frac{\partial S_w}{\partial t} \tag{2.17}$$

所以渗流数学模型可写为

$$
\begin{cases}
\nabla(A \nabla \Phi_w) - \nabla(A_o \nabla G) = 0 \\[2mm]
\nabla(A_w \nabla \Phi_o) + \nabla(A_w \nabla G) - R\lambda \int_0^t \dfrac{\partial S_w}{\partial t} \cdot e^{-\lambda(t-\tau)} d\tau = \phi \cdot \dfrac{\partial S_w}{\partial t} \\[3mm]
\Phi_o(x, z, t=0) - \Phi_i = 0; \quad \Phi_w(x, z, t=0) = 0 \\[2mm]
S_w(x, z, t=0) = 0 \\[2mm]
\dfrac{\partial \Phi_{o,w}}{\partial x}(x=0 \text{ 或 } x=L, z, t) = 0; \quad \dfrac{\partial \Phi_{o,w}}{\partial z}(x, z=0 \text{ 或 } z=L, t) = 0 \\[3mm]
P_{inj}(r=r_w, t) - P_{pro}(r=r_w, t) = \Delta P
\end{cases}
\tag{2.18}
$$

G 为油水重力势差:

$$
G = (\gamma_w - \gamma_o) z \tag{2.19}
$$

将式 (2.18) 变形, 并注意到油藏渗透率各向异性, 可得

$$
\begin{cases}
\dfrac{\partial}{\partial x}\left[K_x\left(\dfrac{K_{ro}}{\mu_o} + \dfrac{K_{rw}}{\mu_w}\right) \cdot \dfrac{\partial \Phi_w}{\partial x}\right] + \dfrac{\partial}{\partial y}\left[K_y\left(\dfrac{K_{ro}}{\mu_o} + \dfrac{K_{rw}}{\mu_w}\right) \cdot \dfrac{\partial \Phi_w}{\partial y}\right] + \dfrac{\partial}{\partial z}\left[K_z\left(\dfrac{K_{ro}}{\mu_o} + \dfrac{K_{rw}}{\mu_w}\right) \cdot \dfrac{\partial \Phi_w}{\partial z}\right] \\[3mm]
\quad - \dfrac{\partial}{\partial z}\left[\dfrac{K_z K_{ro}}{\mu_o}\Delta\gamma\right] = 0 \\[3mm]
\dfrac{\partial}{\partial x}\left[\dfrac{K_x K_{rw}}{\mu_w} \cdot \dfrac{\partial(\Phi_o - \Phi_i)}{\partial x}\right] + \dfrac{\partial}{\partial y}\left[\dfrac{K_y K_{rw}}{\mu_w} \cdot \dfrac{\partial(\Phi_o - \Phi_i)}{\partial y}\right] + \dfrac{\partial}{\partial z}\left[\dfrac{K_z K_{rw}}{\mu_w} \cdot \dfrac{\partial(\Phi_o - \Phi_i)}{\partial z}\right] \\[3mm]
\quad + \dfrac{\partial}{\partial z}\left[\dfrac{K_z K_{rw}}{\mu_w}\Delta\gamma\right] - R\lambda \int_0^t \dfrac{\partial S_w}{\partial t} \cdot e^{-\lambda(t-\tau)} d\tau = \phi \cdot \dfrac{\partial S_w}{\partial t} \\[3mm]
\Phi_o(x, z, t=0) - \Phi_i = 0; \quad \Phi_w(x, z, t=0) = 0 \\[2mm]
S_w(x, z, t=0) = 0 \\[2mm]
\dfrac{\partial \Phi_{o,w}}{\partial x}(x=0 \text{ 或 } x=L, z, t) = 0; \quad \dfrac{\partial \Phi_{o,w}}{\partial z}(x, z=0 \text{ 或 } z=L, t) = 0 \\[3mm]
P_{inj}(r=r_w, t) - P_{pro}(r=r_w, t) = \Delta P
\end{cases}
$$

$$
\tag{2.20}
$$

裂缝中的油水相渗曲线为相互交叉的对角线, 其表达式为

$$
K_w = K \cdot S_w \tag{2.21}
$$

$$
K_o = K \cdot (1 - S_w) \tag{2.22}
$$

所以式 (2.20) 可化为

$$
\left\{
\begin{aligned}
&\frac{\partial}{\partial x}\left[\left(\frac{K_x \cdot (1-S_w)}{\mu_o}+\frac{K_x \cdot S_w}{\mu_w}\right)\cdot \frac{\partial \varPhi_w}{\partial x}\right]+\frac{\partial}{\partial y}\left[\left(\frac{K_y \cdot (1-S_w)}{\mu_o}+\frac{K_y \cdot S_w}{\mu_w}\right)\cdot \frac{\partial \varPhi_w}{\partial y}\right] \\
&+\frac{\partial}{\partial z}\left[\left(\frac{K_z \cdot (1-S_w)}{\mu_o}+\frac{K_z \cdot S_w}{\mu_w}\right)\cdot \frac{\partial \varPhi_w}{\partial z}\right]-\frac{\partial}{\partial z}\left[\frac{K_z \cdot (1-S_w)}{\mu_o}\Delta\gamma\right]=0 \\
&\frac{\partial}{\partial x}\left[\frac{K_x \cdot S_w}{\mu_w}\cdot\frac{\partial(\varPhi_o-\varPhi_i)}{\partial x}\right]+\frac{\partial}{\partial y}\left[\frac{K_y \cdot S_w}{\mu_w}\cdot\frac{\partial(\varPhi_o-\varPhi_i)}{\partial y}\right]+\frac{\partial}{\partial z}\left[\frac{K_z \cdot S_w}{\mu_w}\cdot\frac{\partial(\varPhi_o-\varPhi_i)}{\partial z}\right] \\
&+\frac{\partial}{\partial z}\left[\frac{K_z \cdot S_w}{\mu_w}\Delta\gamma\right]-R\lambda\int_0^t\frac{\partial S_w}{\partial t}\cdot e^{-\lambda(t-\tau)}d\tau=\phi\cdot\frac{\partial S_w}{\partial t} \\
&\varPhi_o(x,z,t=0)-\varPhi_i=0;\ \varPhi_w(x,z,t=0)=0 \\
&S_w(x,z,t=0)=0 \\
&\frac{\partial \varPhi_{o,w}}{\partial x}(x=0\ \text{或}\ x=L,z,t)=0;\ \frac{\partial \varPhi_{o,w}}{\partial y}(x,y,z,t)=0;\ \frac{\partial \varPhi_{o,w}}{\partial z}(x,z=0\ \text{或}\ z=L,t)=0 \\
&P_{\mathrm{inj}}(r=r_w,t)-P_{\mathrm{pro}}(r=r_w,t)=\Delta P
\end{aligned}
\right.
$$

$$(2.23)$$

如果裂缝性油藏采用热水驱开发，则需要考虑温度及能量变化，裂缝中的能量方程为

$$
\lambda_R\nabla^2 T+\left[\rho_w C_w\frac{KK_{rw}}{\mu_w}\nabla(p+\gamma_w z)+\rho_o C_o\frac{KK_{ro}}{\mu_o}\nabla(p+\gamma_o z)\right]\cdot\nabla T
$$
$$(2.24)$$
$$
=\frac{\partial}{\partial t}\left[(1-\phi)\rho_R C_R T+\varphi(\rho_w C_w S_w+\rho_o C_o S_o)\,T\right]
$$

将式（2.24）展开后可得

$$
\begin{aligned}
&\lambda_R\left(\frac{\partial^2 T}{\partial x^2}+\frac{\partial^2 T}{\partial y^2}+\frac{\partial^2 T}{\partial z^2}\right)+\rho_w C_w\frac{\partial T}{\partial x}\left[\frac{K_x S_w}{\mu_w}\times\frac{\partial(p+\gamma_w z)}{\partial x}\right]+\rho_w C_w\frac{\partial T}{\partial y}\left[\frac{K_y S_w}{\mu_w}\times\frac{\partial(p+\gamma_w z)}{\partial y}\right] \\
&+\rho_w C_w\frac{\partial T}{\partial z}\left[\frac{K_z S_w}{\mu_w}\times\frac{\partial(p+\gamma_w z)}{\partial z}\right]+\rho_o C_o\frac{\partial T}{\partial x}\left[\frac{K_x(1-S_w)}{\mu_o}\times\frac{\partial(p+\gamma_o z)}{\partial x}\right] \\
&+\rho_o C_o\frac{\partial T}{\partial y}\left[\frac{K_y(1-S_w)}{\mu_o}\times\frac{\partial(p+\gamma_o z)}{\partial y}\right]+\rho_o C_o\frac{\partial T}{\partial z}\left[\frac{K_z(1-S_w)}{\mu_o}\times\frac{\partial(p+\gamma_o z)}{\partial z}\right] \\
&=\left[(1-\phi)\rho_R C_R+\phi\rho_o C_o\right]\frac{\partial T}{\partial t}+\phi(\rho_w C_w-\rho_o C_o)\frac{\partial(S_w T)}{\partial t}
\end{aligned}
$$

$$(2.25)$$

式中，λ_R 为储层热导系数，$kJ/(m\cdot d\cdot ℃)$；T 为储层温度，$℃$；$\rho_w C_w$、$\rho_o C_o$、$\rho_R C_R$ 为水、油、岩石体积比热容，$kJ（m^3\cdot ℃）$，ρ_w、ρ_o、ρ_R 为水、油密度，kg/m^3；C_w、C_o、C_R 为水、油、岩石质量比热容，$kJ（kg\cdot ℃）$。

压力、饱和度及温度初始条件为

$$
\left\{
\begin{aligned}
&(p+\gamma_o z)\big|_{(x,y,z,t=0)}=p_i \\
&(p+\gamma_w z)\big|_{(x,y,z,t=0)}=0 \\
&S_w\big|_{(x,y,z,t=0)}=0 \\
&T\big|_{(x,y,z,t=0)}=T_i
\end{aligned}
\right.
$$

$$(2.26)$$

外边界及内边界条件为

$$\begin{cases} \dfrac{\partial(p+\gamma_o z)}{\partial n}\Big|_{lb,ub} = \dfrac{\partial(p+\gamma_w z)}{\partial n}\Big|_{lb,ub} = 0 \\[2mm] p_{inj}\Big|_{(r_{inj}=r_w,t)} - p_{pro}\Big|_{(r_{pro}=r_w,t)} = \Delta p \\[2mm] T_{inj}\Big|_{(r_{inj}=r_w,t)} = T_0 \end{cases} \tag{2.27}$$

式中，p_i 为油藏初始压力，为常数，MPa；T_i 为油藏初始温度；T_{inj}、T_0 为水井注入水温度，T_i、T_0 为常数，℃；lb、ub 和 n 为侧边界、顶底边界和垂直于边界方向；p_{inj}、p_{pro} 和 Δp 为水井压力、油井压力和注采压差，Δp 为常数，MPa。

综合式（2.23）～式（2.27），可得潜山裂缝稠油油藏热水驱数学模型为

$$\begin{cases} \dfrac{\partial}{\partial x}\left[K_x\left(\dfrac{1-S_w}{\mu_o}+\dfrac{S_w}{\mu_w}\right)\dfrac{\partial(p+\gamma_w z)}{\partial x}\right] + \dfrac{\partial}{\partial y}\left[K_y\left(\dfrac{1-S_w}{\mu_o}+\dfrac{S_w}{\mu_w}\right)\dfrac{\partial(p+\gamma_w z)}{\partial y}\right] \\[3mm] \quad + \dfrac{\partial}{\partial z}\left[K_z\left(\dfrac{1-S_w}{\mu_o}+\dfrac{S_w}{\mu_w}\right)\dfrac{\partial(p+\gamma_w z)}{\partial z}\right] - \dfrac{\partial}{\partial z}\left[\dfrac{K_z(1-S_w)}{\mu_o}(\gamma_w-\gamma_o)\right] = 0 \\[3mm] \dfrac{\partial}{\partial x}\left[\dfrac{K_x S_w}{\mu_w}\dfrac{\partial(p+\gamma_o z)}{\partial x}\right] + \dfrac{\partial}{\partial y}\left[\dfrac{K_y S_w}{\mu_w}\dfrac{\partial(p+\gamma_o z)}{\partial y}\right] + \dfrac{\partial}{\partial z}\left[\dfrac{K_z S_w}{\mu_w}\dfrac{\partial(p+\gamma_o z)}{\partial z}\right] \\[3mm] \quad + \dfrac{\partial}{\partial z}\left[\dfrac{K_z S_w}{\mu_w}(\gamma_w-\gamma_o)\right] - R\dfrac{\ln 2}{t^*}\int_0^t \dfrac{\partial S_w}{\partial t}\cdot e^{-\frac{\ln 2}{t^*}(t-\tau)}\,\mathrm{d}\tau = \phi\dfrac{\partial S_w}{\partial t} \\[3mm] \lambda_R\left(\dfrac{\partial^2 T}{\partial x^2}+\dfrac{\partial^2 T}{\partial y^2}+\dfrac{\partial^2 T}{\partial z^2}\right) + \rho_w C_w \dfrac{\partial T}{\partial x}\left[\dfrac{K_x S_w}{\mu_w}\times\dfrac{\partial(p+\gamma_w z)}{\partial x}\right] + \rho_w C_w \dfrac{\partial T}{\partial y}\left[\dfrac{K_y S_w}{\mu_w}\times\dfrac{\partial(p+\gamma_w z)}{\partial y}\right] \\[3mm] \quad + \rho_w C_w \dfrac{\partial T}{\partial z}\left[\dfrac{K_z S_w}{\mu_w}\times\dfrac{\partial(p+\gamma_w z)}{\partial z}\right] + \rho_o C_o \dfrac{\partial T}{\partial x}\left[\dfrac{K_x(1-S_w)}{\mu_o}\times\dfrac{\partial(p+\gamma_o z)}{\partial x}\right] \\[3mm] \quad + \rho_o C_o \dfrac{\partial T}{\partial y}\left[\dfrac{K_y(1-S_w)}{\mu_o}\times\dfrac{\partial(p+\gamma_o z)}{\partial y}\right] + \rho_o C_o \dfrac{\partial T}{\partial z}\left[\dfrac{K_z(1-S_w)}{\mu_o}\times\dfrac{\partial(p+\gamma_o z)}{\partial z}\right] \\[3mm] \quad = [(1-\phi)\rho_R C_R + \phi\rho_o C_o]\dfrac{\partial T}{\partial t} + \phi(\rho_w C_w - \rho_o C_o)\dfrac{\partial(S_w T)}{\partial t} \\[3mm] (p+\gamma_o z)\big|_{(x,y,z,t=0)} = p_i,\ (p+\gamma_w z)\big|_{(x,y,z,t=0)} = 0;\ S_w\big|_{(x,y,z,t=0)} = 0; \\[3mm] \quad T\big|_{(x,y,z,t=0)} = T_i \\[3mm] \dfrac{\partial(p+\gamma_o z)}{\partial n}\Big|_{lb,ub} = \dfrac{\partial(p+\gamma_w z)}{\partial n}\Big|_{lb,ub} = 0;\ p_{inj}\big|_{(r_{inj}=r_w,t)} - p_{pro}\big|_{(r_{pro}=r_w,t)} = \Delta p; \\[3mm] \quad T_{inj}\big|_{(r_{inj}=r_w,t)} = T_0 \end{cases}$$

$$\tag{2.28}$$

2.3.3 相似准则详细推导过程

相似准则的推导有方程分析法和量纲分析法。由于水驱裂缝性油藏已经有明确的数学模型，下面采用方程分析法建立水驱裂缝性油藏相似准则。

假设油藏的特征长度值为 L，特征渗透率值为 $\overline{K}$，特征孔隙度值为 $\overline{\phi}$，并取特征压力

值为 Δp，取特征时间值为 $T = L\,\overline{\phi}\Big/\Big(\dfrac{\overline{K}}{\mu_w}\cdot\dfrac{\Delta p}{L}\Big)$。利用特征值 L，$\overline{K}$，$\overline{\phi}$，Δp，T，对式 (2.23) 中相应的物理量分别进行无量纲化，可得

$$x_D = \frac{x}{L},\ \ y_D = \frac{y}{L},\ \ z_D = \frac{z}{L},\ \ r_{wD} = \frac{r_w}{L} \tag{2.29}$$

$$K_{xD} = \frac{K_x}{\overline{K}},\ \ K_{yD} = \frac{K_y}{\overline{K}},\ \ K_{zD} = \frac{K_z}{\overline{K}} \tag{2.30}$$

$$\Phi_{wD} = \frac{\Phi_w}{\Delta p},\ \ \Phi_{oD} = \frac{\Phi_o - \Phi_i}{\Delta p};\ p_D(\vec{r}_{inj},\ t) = \frac{p(\vec{r}_{inj},\ t)}{\Delta p};\ p_D(\vec{r}_{pro},\ t) = \frac{p(\vec{r}_{pro},\ t)}{\Delta p} \tag{2.31}$$

$$t_D = \frac{t}{T},\ \ t_{aD} = \frac{t_a}{T} \tag{2.32}$$

$$\phi_D = \frac{\phi}{\overline{\phi}},\ \ R_D = \frac{R}{\overline{\phi}} \tag{2.33}$$

再取饱和度的无量纲形式为

$$S_{wD} = S_w \tag{2.34}$$

将式 (2.29)~式 (2.34) 代入式 (2.23)，得到无量纲形式的油藏渗流模型

$$
\begin{cases}
\dfrac{\partial}{\partial x_D}\Big[K_{xD}\cdot\Big(1 - S_{wD} + \dfrac{\mu_o}{\mu_w}S_{wD}\Big)\cdot\dfrac{\partial\Phi_{wD}}{\partial x_D}\Big] + \dfrac{\partial}{\partial y_D}\Big[K_{yD}\cdot\Big(1 - S_{wD} + \dfrac{\mu_o}{\mu_w}S_{wD}\Big)\cdot\dfrac{\partial\Phi_{wD}}{\partial y_D}\Big] \\[2mm]
\quad + \dfrac{\partial}{\partial z_D}\Big[K_{zD}\cdot\Big(1 - S_{wD} + \dfrac{\mu_o}{\mu_w}S_{wD}\Big)\cdot\dfrac{\partial\Phi_{wD}}{\partial z_D}\Big] - \dfrac{\Delta\gamma\cdot L}{\Delta p}\cdot\dfrac{\partial}{\partial z_D}[K_{zD}\cdot(1 - S_{wD})] = 0 \\[3mm]
\dfrac{\partial}{\partial x_D}\Big[K_{xD}\cdot S_{wD}\cdot\dfrac{\partial\Phi_{oD}}{\partial x_D}\Big] + \dfrac{\partial}{\partial y_D}\Big[K_{yD}\cdot S_{wD}\cdot\dfrac{\partial\Phi_{oD}}{\partial y_D}\Big] + \dfrac{\partial}{\partial z_D}\Big[K_{zD}\cdot S_{wD}\cdot\dfrac{\partial\Phi_{oD}}{\partial z_D}\Big] \\[2mm]
\quad + \dfrac{\Delta\gamma\cdot L}{\Delta p}\cdot\dfrac{\partial}{\partial z_D}[K_{zD}\cdot S_{wD}] - R_D\dfrac{\ln 2}{T_{aD}}\int_0^{t_D}\dfrac{\partial S_{wD}}{\partial\tau_D}\cdot e^{-\frac{\ln 2}{T_{aD}}(t_D - \tau_D)}d\tau_D = \varphi_D\cdot\dfrac{\partial S_{wD}}{\partial t_D} \\[3mm]
\Phi_{oD}(x_D, y_D, z_D, t_D = 0) = 0;\ \Phi_{wD}(x_D, y_D, z_D, t_D = 0) = 0;\ S_{wD}(x_D, y_D, z_D, t_D = 0) = 0 \\[2mm]
\dfrac{\partial\Phi_{oD}}{\partial n_D}\Big|_{\Gamma_D} = 0;\ \dfrac{\partial\Phi_{wD}}{\partial n_D}\Big|_{\Gamma_D} = 0 \\[2mm]
P_D(\vec{r}_{Dinj}, t) - P_D(\vec{r}_{Dpro}, t) = 1
\end{cases}
$$

$$\tag{2.35}$$

式 (2.35) 中共包含 16 个无量纲量：x_D，y_D，z_D，r_{wD}，t_D，K_{xD}，K_{yD}，K_{zD}，ϕ_D，μ_o/μ_w，$\Delta\gamma\cdot L/\Delta p$，$R_D$，$T_{aD}$，$\Phi_{oD}$，$\Phi_{wD}$，$S_{wD}$。其中有 13 个主定量：

x_D，y_D，z_D，r_{wD}，t_D，K_{xD}，K_{yD}，K_{zD}，ϕ_D，μ_o/μ_w，$\Delta\gamma\cdot L/\Delta p$，$R_D$，$T_{aD}$。另外有 3 个被定量：

$$\Phi_{oD},\ \ \Phi_{wD},\ \ S_{wD}\text{。}$$

根据相似性原理，上述油藏渗流现象只要保证 13 个无量纲主定量相等，则可以保证流动的相似性。由此得到原油藏渗流问题的 13 个相似准数，见表 2.1。3 个无量纲被

定量的表达式见表 2.2。当表 2.1 中相似准则得到满足时，表 2.2 中的无量纲被定量在实际油藏和物理模型中的取值将自然相等。由此可利用物理实验结果对油藏开发动态进行预测。

表 2.1　裂缝性油藏水驱油相似准则

相似准数	表达式	定义	作用目的
π_1	x/L	无量纲化 x 方向空间位置	
π_2	y/L	无量纲化 y 方向空间位置	外部形状及空间的几何相似性
π_3	z/L	无量纲化 z 方向空间位置	
π_4	r_w/L	井筒半径与特征尺度之比	井筒与油藏尺度关系的相似性
π_5	$K_x/\overline{K}$	无量纲化 x 方向渗透率主值	
π_6	$K_y/\overline{K}$	无量纲化 y 方向渗透率主值	渗透率各向异性及非均质分布相似性
π_7	$K_z/\overline{K}$	无量纲化 z 方向渗透率主值	
π_8	$\phi/\overline{\phi}$	无量纲化孔隙度分布	孔隙度分布相似性
π_9	μ_o/μ_w	油水两相黏度比	油水运动阻力相似性
π_{10}	$\Delta\gamma \cdot L/\Delta p$	重力压差与注采压差之比	动力系统相似性
π_{11}	$R/\overline{\phi}$	基质与裂缝可动油量之比	裂缝与基质储存能力之间关系的相似性
π_{12}	$T_a \left/ \left[\overline{L\phi} \left/ \left(\dfrac{\overline{K}}{\mu_w} \cdot \dfrac{\Delta p}{L} \right) \right. \right] \right.$	基质渗吸特征时间与裂缝驱替特征时间之比	基质渗吸与裂缝渗流之关系的相似性
π_{13}	$t \left/ \left[\overline{L\phi} \left/ \left(\dfrac{\overline{K}}{\mu_w} \cdot \dfrac{\Delta p}{L} \right) \right. \right] \right.$	无量纲化时间	时间过程相似性

表 2.2　无量纲化的油藏动态变量

相似准则	表达式	定义	作用目的
π_{14}	$\phi_w/\Delta p$	无量纲化水相位势	位势分布相似性
π_{15}	$(\phi_o-\phi_i)/\Delta p$	无量纲化油相位势	
π_{16}	S_w	无量纲化水相饱和度	饱和度分布相似性

　　考虑温度及能量变化，将式（2.25）无量纲化，得到室内模拟注热水开发时所附加的相似准数 $\pi_{17} \sim \pi_{20}$，见表 2.3。

表 2.3　裂缝性稠油油藏注热水开发考虑温度及能量变化附加相似准则

相似准则	表达式	定义	作用目的
π_{17}	$(T-T_i)/(T_0-T_i)$	温度与特征温度相似	温度场相似
π_{18}	$\rho_R C_R L^2/(\lambda T_a)$	无量纲岩石体积比热容	岩石热物性相似
π_{19}	$\rho_w C_w/\rho_R C_R$	无量纲注入水比热容	注入水热物性相似
π_{20}	$\rho_o C_o/\rho_R C_R$	无量纲油比热容	油热物性相似

2.3.4　相似准则的严格表述

　　根据以上对裂缝性渗流介质水驱油相似准则的推导过程，该相似准则可严格表述如下。

　　若两个裂缝性渗流系统之间满足如下条件：

　　(1) 几何相似；

　　(2) 各方向渗透率之比相同；

　　(3) 油水黏度比相同；

　　(4) 注采压差与重力压差之比相同；

　　(5) 无量纲渗吸半周期相同；

　　(6) 基质与裂缝所能提供的油量比值相同；

　　(7) 无量纲的初始条件和边界条件相同。

　　则两裂缝性渗流系统对应相同的无量纲空间点和无量纲时间点，且具有相同的无量纲油水位势和含水饱和度，进而生产井具有相同的无量纲产油、产水量以及相同的产量变化规律和含水上升规律。

第3章 裂缝性渗流介质制作方法研究

裂缝性渗流介质制作是裂缝性油藏定量物理模拟成败的关键，裂缝性渗流介质中裂缝与基质物性控制精度对裂缝性油藏渗流模拟精度具有直接影响。本章首先介绍精细定量控制单裂缝渗流介质物性参数的新方法；以此为基础，建立了物性分布、形状及尺度均可任意选择的三维裂缝性渗流介质的新型制作方法（Liu Y T *et al.*，2013；刘月田等，2013；Ding *et al.*，2012）。

3.1 单裂缝渗流介质精细制作方法

3.1.1 制作原理

采用岩块精细粘接的方式造缝，粘接剂和支撑剂同时起到裂缝精确定形作用。通过精细定量控制裂缝支撑剂粒径、裂缝粘接剂用量和粘接时加压力度，可定量控制人造裂缝张开度、裂缝内蕴渗透率等物性。通过选择不同的天然岩样，可定量控制基质渗透率、基质孔隙度等物性。利用该方法可实现裂缝性渗流介质裂缝、基质物性精细定量控制，以及指定物性裂缝介质的重复制作。

3.1.2 制作方法

1. 天然岩样选择与岩块制备

测量各种天然岩样的渗透率、孔隙度等物性，选择所需物性（渗透率 K_m、孔隙度 ϕ_m）的天然岩样，加工成造缝所需岩块，要求对接面平整，如图 3.1 所示。

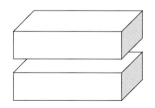

图 3.1　岩块对接造缝示意图

2. 点胶位置选定

确定矩形岩块平整面几何中心为点胶位置，以便于加压粘接时保持人造裂缝稳定（裂缝面上裂缝张开度处处保持一致），如图 3.2 所示。

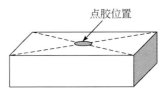

图 3.2　确定点胶位置示意图

3. 点胶量精细控制

选取硬质薄板, 其厚度为 B (大于支撑剂粒径 b)。指定点胶体积量 c (微量) 后, 在硬质薄板上制作半径为 $r=c/2\pi B$ 的圆孔。带圆孔硬质薄板即为点胶模具, 如图 3.3 所示。

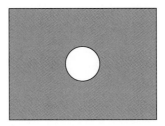

图 3.3　带圆孔硬质薄板示意图

4. 裂缝张开度精细控制

将硬质薄板贴近岩块平整面, 使薄板圆孔圆心与点胶位置几何中心吻合。确定人造裂缝张开度 b 后, 在圆孔内放置一层粒径为 b 的球形玻璃微珠, 如图 3.4 所示。玻璃微珠起支撑裂缝作用, 玻璃微珠粒径即为人造裂缝张开度 (尺寸精度可控制到微米级)。

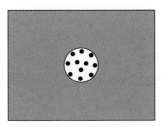

图 3.4　圆孔中放置玻璃微珠示意图

5. 粘接剂选择

放置玻璃微珠后, 在圆孔中加入所需粘接剂, 保证圆孔中粘接剂顶面与圆孔周围薄板顶面相平, 如图 3.5 所示。粘接剂黏度过大会影响玻璃微珠支撑效果, 黏度过小会使粘接剂难以固定, 推荐使用 302 改性丙烯酸酯胶黏剂, 然后取出硬质薄板。

6. 粘接压力精细控制

使用高精度推拉力计, 在胶点正上方施加推力, 使裂缝对接面相互贴近, 从而体现玻璃微珠支撑作用。调整支架齿轮, 精确控制推力 (控制精度为 0.01N), 如图 3.6 所示。压力过大会将玻璃微珠压碎, 影响支撑效果, 推荐使用粘接压力为 200.00N。

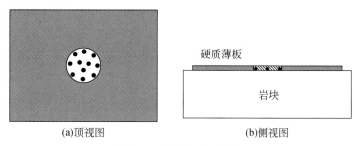

(a)顶视图　　　　　　　　(b)侧视图

图 3.5　精细点胶示意图

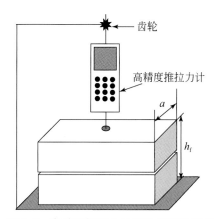

图 3.6　高精度推拉力计精确加压示意图

7. 人造缝定形

如图 3.6 所示，使高精度推拉力计保持步骤 6 的压力，直至粘接剂凝固，人造裂缝定形。单裂缝渗流介质各物性精确控制见表 3.1。

表 3.1　单裂缝渗流介质精细控制物性表

单裂缝渗流介质物性	精细控制数值
裂缝长度	a
裂缝张开度	b
裂缝内蕴渗透率 K_{ff}	$b^2/12$
裂缝常规渗透率 K_f	$b^3/12h_f$
裂缝孔隙度 ϕ_f	b/h_f
裂缝-基质系统渗透率 K_t	$K_m+b^3/12h_f$
裂缝-基质系统孔隙度 ϕ_t	$\phi_m+(1-\phi_m)b/h_f$

3.1.3　胶点对裂缝渗透率影响研究及优化

根据 D. T. Snow 的立方定律，可将通过裂缝的流量写成等效达西定律形式，从而单条裂缝导流能力（只考虑流体通道裂缝本身，不考虑周围基质）可表示为裂缝内蕴渗透率。由式（3.1）可看出，当渗流截面积、压差、流体黏度和岩心长度相同时，产量 Q 与渗透率 K 成正比。由式（3.2），计算涂胶点前后产量比，可得涂胶前后渗透率比值。本节通过数值模拟方法研究胶点大小对裂缝渗透率影响，并设计胶点合理尺寸。

$$Q = K\frac{\Delta p}{\mu L} \tag{3.1}$$

$$\frac{K'}{K} = \frac{Q'}{Q} \tag{3.2}$$

式中，Q 和 Q' 分别为涂胶前后通过裂缝流量，mL/s；K 和 K' 分别为涂胶前后裂缝内蕴渗透率，μm^2；Δp 为驱替压差，atm；μ 为流体黏度，mPa·s；ΔL 为岩心长度，cm；A 为裂缝导流截面积，cm^2。

1. 建立数学模型

岩块表面所涂胶点分布如图 3.7 所示。考虑对称性，取 1/4 岩块进行研究，如图 3.8 所示。

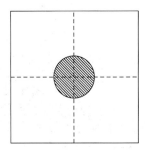　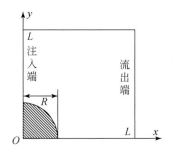

图 3.7　岩块表面胶点分布　　　图 3.8　1/4 岩块表面胶点分布

假设数学模型为单相流体、稳定渗流、介质流体不可压缩。边界条件注入端面定压 p_{in}，出口端定压 p_{out}，模型上下端面和涂胶区域均为封闭边界。渗流数学模型见式（3.3）。

$$\begin{cases} \dfrac{\partial^2 p}{\partial x^2} + \dfrac{\partial^2 p}{\partial y^2} = 0 \\ p(x,y)\big|_{x=0, R \leq y \leq L} = p_{in}; \quad p(x,y)\big|_{x=L, 0 \leq y \leq L} = p_{out} \\ \dfrac{\partial p}{\partial y}\bigg|_{R \leq x \leq L, y=0} = 0; \quad \dfrac{\partial p}{\partial y}\bigg|_{0 \leq x \leq L, y=L} = 0 \\ \dfrac{\partial p}{\partial r}\bigg|_{r=R} = 0 \end{cases} \tag{3.3}$$

该数学模型式（3.3）为稳态问题，采用数值方法迭代求解时计算量大，所需内存量大，所以使用稳态问题非稳态解法，以减小计算量，提高运算效率。

假设初始条件初始时刻岩块各点压力为 p_e，将数学模型式（3.3）转化成非稳态问题：

$$\begin{cases} \dfrac{\partial^2 p}{\partial x^2}+\dfrac{\partial^2 p}{\partial y^2}=\dfrac{1}{\eta}\cdot\dfrac{\partial p}{\partial t} \\[2mm] p\,(x,\ y,\ t)\,\big|_{t=0}=p_e \\[2mm] p\,(x,\ y,\ t)\,\big|_{x=0,R\leqslant y\leqslant L}=p_{in}\,;\ \ p\,(x,\ y,\ t)\,\big|_{x=L,0\leqslant y\leqslant L}=p_{out} \\[2mm] \dfrac{\partial p}{\partial y}\bigg|_{R\leqslant x\leqslant L,y=0或0\leqslant x\leqslant L,y=L}=0\,;\ \ \dfrac{\partial p}{\partial r}\bigg|_{r=R}=0 \end{cases} \tag{3.4}$$

2. 数值差分离散

将数学模型式（3.4）中的综合方程差分离散，得到差分方程式（3.5）。

$$\frac{p^n_{i+1,j,k}-2p^n_{i,j,k}+p^n_{i-1,j,k}}{(\Delta x)^2}+\frac{p^n_{i,j+1,k}-2p^n_{i,j,k}+p^n_{i,j-1,k}}{(\Delta y)^2}=\frac{1}{\eta}\cdot\frac{p^{n+1}_{i,j,k}-p^n_{i,j,k}}{\Delta t} \tag{3.5}$$

取 $\alpha=\eta\cdot\Delta t/\Delta x^2$，$\beta=\eta\cdot\Delta t/\Delta y^2$，代入式（3.5），并化简得式（3.6）。

$$p^{n+1}_{i,j,k}=\alpha\cdot p^n_{i+1,j,k}+\beta\cdot p^n_{i,j+1,k}+(1-2\alpha-2\beta)\,p^n_{i,j,k}+\alpha\cdot p^n_{i-1,j,k}+\beta\cdot p^n_{i,j-1,k} \tag{3.6}$$

采用块中心网格系统，封闭边界用镜像法处理。网格数为 $50\times50=2500$，x 方向和 y 方向上网格步长分别为 $\Delta x=0.05\text{cm}$，$\Delta y=0.05\text{cm}$。网格系统如图 3.9 所示，其中斜线部分为涂胶区域。

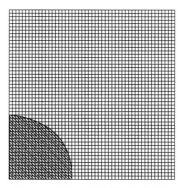

图 3.9　研究区域网格化示意图

3. 运算结果分析

采用显示迭代算法，时间步长为 $1.0\times10^{-11}\text{s}$。运算结果显示，胶点直径为岩块边长的 1/5 时，胶点对裂缝渗透率影响程度为 -6.78%。综合考虑制作难度与胶点对裂缝渗透率影响，胶点不宜过小或过大，建议胶点直径不超过岩块边长的 1/5。

3.1.4　方法验证

1. 实验与理论相互验证

采用 3.1.3 节优化后点胶方式，选用 40 目、60 目、80 目、100 目、120 目、140 目、160 目、180 目及 200 目玻璃微珠（目数与粒径对应关系见表 3.2）制作单裂缝渗流介质，并选取同样长度的纯管线用于对比实验，实验流程如图 3.10 所示，各单裂缝岩心及纯管线在驱替压力 3.2×10^{-2} atm 下的流量见表 3.3。

表 3.2　玻璃微珠目数与粒径对应关系

目数	40	60	80	100	120	140	160	180	200
粒径/μm	420.00	250.00	178.00	150.00	124.00	104.00	96.00	84.00	74.00

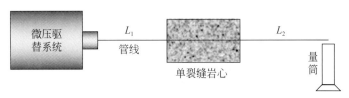

图 3.10　单裂缝介质驱替实验流程图

表 3.3　各种单裂缝渗流介质在微压驱替下流量

玻璃微珠目数	只有管线	40	60	80	100	120	140	160	180	200
3.2×10^{-2} atm 下流量/（mL/min）	118.00	107.00	84.50	61.50	37.00	21.50	12.50	8.55	5.00	4.60

当流体流动介质只有长度为 $L_1 + L_2$ 的管线时，流量为 118.00mL/min。根据水电相似原理，可由式（3.7）得出管线流动阻力。

$$R_0 = \frac{\Delta p}{Q_0} \qquad (3.7)$$

式中，Δp 为驱替压力，atm；Q_0 为流动介质只有管线时的流量，mL/min；R_0 为管线流动阻力，（atm·min）/mL。

当流体流动介质为管线与单裂缝岩心相连时，可根据式（3.8）得出单裂缝岩心两端有效驱替压力，见表 3.4。

$$\Delta p_1 = R_1 Q_1 = \Delta p - R_0 Q_1 = \Delta p \left(1 - \frac{Q_1}{Q_0}\right) \qquad (3.8)$$

式中，Δp_1 为单裂缝岩心两端有效驱替压力，atm；Q_1 为管线与单裂缝岩心相连作为流动介质时的流量，mL/min；R_1 为单裂缝岩心流动阻力，（atm·min）/mL。

表 3.4　不同粒径玻璃微珠所对应有效驱替压差

玻璃微珠目数	有效驱替压差/10^{-2} atm	流量/（mL/min）
40	0.30	107.00
60	0.91	84.50
80	1.53	61.50
100	2.20	37.00
120	2.62	21.50

续表

玻璃微珠目数	有效驱替压差/10^{-2}atm	流量/(mL/min)
140	2.86	12.50
160	2.97	8.55
180	3.06	5.00
200	3.08	4.60

　　根据式（3.9），可求出实验中各裂缝实际内蕴渗透率。再根据理论公式 $K_{ff}=b^2/12$，可求出各裂缝内蕴渗透率理论值。实验值与理论值对比关系如图 3.11 所示，可看出此单裂缝渗流介质制作方法误差较小，能够对裂缝渗透率进行精细定量控制。

$$Q_1 = K_{ff}\frac{ab\Delta p_1}{\mu \Delta L} \tag{3.9}$$

式中，a 为裂缝长度（实验取 5cm）；b 为裂缝开度（实验取玻璃微珠粒径）；μ 为流体黏度（实验取 1mPa·s）；ΔL 为岩心长度（实验取 5cm）；K_{ff} 为裂缝内蕴渗透率。

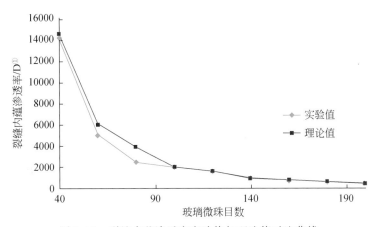

图 3.11　裂缝内蕴渗透率实验值与理论值对比曲线

2. 可重复性验证

　　按照此制作方法，选用 40 目、60 目、80 目、100 目、120 目、140 目、160 目、180 目及 200 目玻璃微珠，重复制作第 2 组单裂缝渗流介质。采用与第 1 组完全相同的实验条件，测量第 2 组单裂缝岩心流量，并以第 1 组流量为基准，第 2 组每种单裂缝岩心流量相对大小如图 3.12 所示。由图 3.12 可知该制作方法可重复性较好，可用于重复制作指定物性单裂缝岩心，再一次证明该方法可对单裂缝渗流介质物性实现精细定量控制。

---

①1D＝0.986×10^{-12}m²。

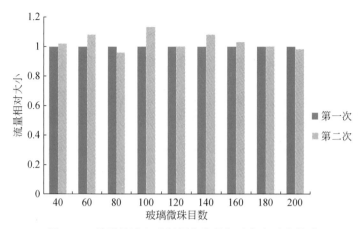

图 3.12 单裂缝岩心重复制作流量相对大小对比关系

3.2 三维大尺度裂缝性渗流介质制作方法

本节介绍物性分布定量化的三维大尺度裂缝性渗流介质的新型制作方法。

3.2.1 制作原理

基于离散化原理，首先将所模拟裂缝性油藏用网格线划分成多个方形的网格块。然后把裂缝性油藏的物性参数离散到各个网格块上，即令模型中的每一个网格块取其中心点的物性参数值，作为该网格块的物性参数，如图 3.13 所示。

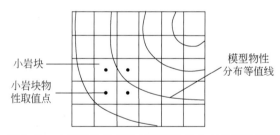

图 3.13 小岩块物性参数与模型物性分布关系示意图

在裂缝性油藏物理模型中，上述每一个网格块对应一个小岩块。小岩块的形状、尺度和数量及物性参数都与网格块完全相同。为了避免粘接面对模型渗流物性的方向性影响，小岩块在各个方向的尺度相等，因此网格块和小岩块的形状均为正方体。

小岩块的数量等于物理模型体积与单个小岩块体积之比，因此小岩块的数量决定于小岩块的尺度。小岩块尺度的确定原则是：一方面相对于整体物理模型，小岩块尺度应该足够小、数量足够多，以便精确地刻画模型内的物性分布；另一方面尺度应该尽量大，以便减少小岩块的数量，降低物理建模的工作量。同时，考虑到小岩块切割、运输、粘接等工艺过程的便利，立方体小岩块的边长一般取为 50mm。小岩块的边长大于或小于 50mm，都会给工艺过程带来不便。每一个小岩块的物性参数就是其在离散物理模型中对应的网格块的物性参数。油藏岩石介质物性主要包括渗透率、孔隙度等。渗透率较常见的取值范围为 $0.1 \times 10^{-3} \sim 3000 \times 10^{-3}$ mD，孔隙度常见的取值范围为 15% ~ 30%。

采用天然地层岩石为原材料，加工制作大量等尺度正方形小岩块，再将这些小岩块按特定方式粘接形成大尺度岩体，小岩块之间缝隙在大岩体内构成三维裂缝系统，如图 3.14 所示。每两个小岩块之间粘接方式事先确定，以此定量控制大岩体内裂缝分布，从而形成非均质裂缝各向异性渗流介质。

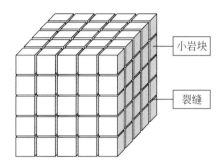

图 3.14　小岩块粘接形成的裂缝性多孔渗流介质岩体

3.2.2　岩块粘接方式

确定物理模型的制作方式后，首先选择合适的粘接剂。粘接剂的选择与配制原则是：①耐水、耐油；②粘接强度不低于天然岩块自身的强度；③易于调和；④所配制胶液的凝固时间稍长于粘接操作所需时间。据上所述，选择环氧树脂作为粘接剂。然后，确定粘接剂在粘接面上的涂布方式，包括涂布形状和面积。粘接剂的涂布方式对模型的渗透率参数有着非常重要的影响，对粘接剂的涂布要求如下：①尽量减少对垂直于粘接面方向渗流的影响；②消除小岩块之间缝隙的导流作用；③各个方向的几何形态相同；④与粘接剂的性状相符，容易涂布。

经过反复测试，粘接剂的涂布方式最终确定为：对称分布的点状形式及两组胶线（每组有 3 条平行的胶线）互相垂直的网状形式，如图 3.15 所示。

以点状形式粘接时，单元岩块之间的缝隙作为裂缝存在；以网状形式粘接时，单元岩块之间的缝隙被封堵，以非裂缝形式存在。点状粘接面和网状粘接面在物理模型中分布的位置不同，其相应的裂缝密度就不同。当每条裂缝的宽度近似相等时，裂缝的密度分布即对应着裂缝渗透率、裂缝孔隙体积和裂缝孔隙度等物性的分布。通过调整不同粘接面在物理模型中的分布，就可以定量控制裂缝密度、裂缝孔隙度、裂缝渗透率等物性参数。因此，通过单元岩块的粘接即可建立裂缝性物理模型。

1. 点状粘接方式

当粘接面之间需形成有效裂缝时，单元岩块之间粘接成"五点形式"，如图 3.16 所

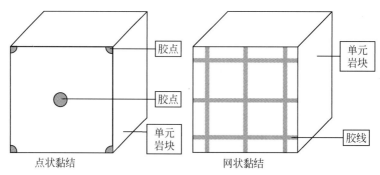

图 3.15　岩块粘接面示意图

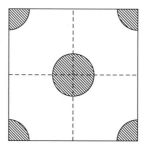

图 3.16　五点涂胶方式

示。粘接面上涂胶区域为圆形或扇形。

　　利用单元岩块的粘接面形成裂缝时，胶点大小以及胶点排列方式的确定，既要保证两个单元岩块的粘接强度，又要尽量减小其对裂缝导流能力的影响。胶点过小，粘接强度受到影响；胶点过大，又会影响流体渗流规律。为了掌握粘接面胶点大小对物理模型物性的影响规律，获得最佳的粘接效果，对单元岩块涂胶区域面积进行了研究，优化胶点大小，尽量减小粘接面对物理模型物性的影响。

　　根据平行板裂缝实验建立的立方定律可知，裂缝中的流体流动可写成等效达西定律形式。因此，单条裂缝导流能力可表示为裂缝渗透率，见式（3.10）：

$$Q = K \frac{A \Delta p}{\mu \Delta L} \tag{3.10}$$

式中，Q 为通过裂缝的流量，mL/s；K 为裂缝的渗透率，μm^2；Δp 为驱替压差，atm；A 为裂缝导流截面积，cm^2；ΔL 为岩心长度，cm；μ 为流体黏度，mPa·s。

　　由式（3.10）可知，当其他几个物理参数，如渗流面积、驱动压差、流体黏度和岩心长度相同时，渗透率 K 与产量 Q 成正比。涂胶以后，流量会发生变化，其他几个参数不变时，渗透率与流量成正比变化，见式（3.11）：

$$\frac{K'}{K} = \frac{Q'}{Q} \tag{3.11}$$

式中，Q' 为涂胶后通过裂缝的流量，mL/s；K' 为涂胶后裂缝的渗透率，μm^2。

　　通过涂胶前后产量的对比，可知涂胶对渗透率大小的影响规律。本节用数值模拟方法研究胶点大小对裂缝渗透率影响，并设计胶点的合理尺寸。

1）数学模型建立

以五点方式进行涂胶时，岩块表面胶点分布如图 3.16 所示。由于对称性，可取 1/4 岩块进行研究，如图 3.17 所示。

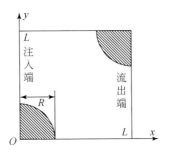

图 3.17　岩块表面的 1/4 单元

当单相不可压缩流体在点状涂胶岩块表面稳定渗流时，设其注入端面和出口端面定压，压力分别为 p_{in} 和 p_{out}，模型上下端面和涂胶区域均为封闭边界。建立的渗流控制方程见式（3.12）：

$$\begin{cases} \dfrac{\partial^2 p}{\partial x^2}+\dfrac{\partial^2 p}{\partial y^2}=0 \\[2mm] p\ (x,\ y)\ |_{x=0,R\leqslant y\leqslant L}=p_{in},\ \ p\ (x,\ y)\ |_{x=L,0\leqslant y\leqslant L}=p_{out} \\[2mm] \dfrac{\partial p}{\partial y}\bigg|_{R\leqslant x\leqslant L,y=0}=0;\ \ \dfrac{\partial p}{\partial y}\bigg|_{0\leqslant x\leqslant L-R,y=L}=0 \\[2mm] \dfrac{\partial p}{\partial r}\bigg|_{r=R}=0 \end{cases} \quad (3.12)$$

对上述问题，采用 CMG 软件建立数值模型研究胶点对渗透率影响，模拟结果见表 3.5。

表 3.5　胶点对裂缝渗透率影响

胶点半径/mm	渗透率变化比例/%
1	−0.23
2	−0.79
3	−1.50
4	−2.37
5	−3.40

2）结果分析

模拟结果表明，胶点直径为岩块边长的 1/5 时，胶点对裂缝渗透率影响程度为 −3.40%。实际涂胶时，胶点越小越不容易控制；胶点越大对裂缝物性影响越严重。综合考虑二者的影响，建议胶点半径不超过 5mm。

2. 网状粘接方式

当要形成无效裂缝时，单元岩块粘接面之间应粘接成网状形式。胶线宽度和胶线数量的确定，既要保证在垂直于裂缝面上两个单元岩块的粘接强度，又要尽量减小在垂直于裂缝面上对基质与裂缝之间流体交换能力的影响，同时要保证在平行于裂缝面上对流体形成有效阻挡，防止形成有效裂缝。因此，研究和控制粘接面对物性分布的影响是定量控制物理模型物性分布的关键。

设立方体单元岩块的边长为 a，相邻单元岩块之间的缝隙宽度为 b，粘接面上的胶线宽度为 $2c$，如图 3.18 所示。在垂直于裂缝粘接面方向和平行于裂缝粘接面的方向上，粘接面对模型渗透率的影响是不同的，需要分开进行分析。

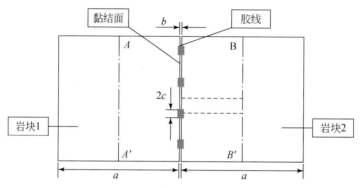

图 3.18　相邻岩块粘接剖面图

1）垂直于粘接面方向的渗透率变化

当流体垂直粘接面方向渗流时，两个粘接单元岩块和粘接缝之间为串联关系。由于胶线均匀分布在粘接面上，因此，由胶线划分的渗流区域内的流体流动是相同的。选取一个区域单元为研究对象，以中心点为坐标原点、两组垂直胶线的方向分别为 x 轴和 y 轴，建立直角坐系，如图 3.19 所示；考虑到对称性，选取其 1/4 单元为研究区域，如图 3.20 所示。

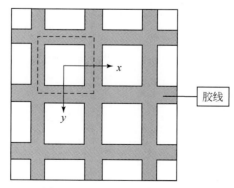

图 3.19　网状胶线粘接示意图

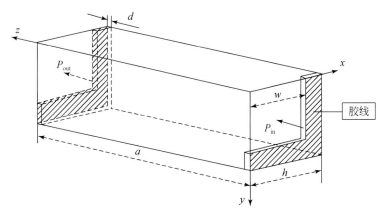

图 3.20 网状粘接时有效渗流区域的 1/4 单元

该区域的渗流可以看作边界为不渗透等压边界区域内的渗流。粘接剂在固化前会渗入岩块内，其深度 d 为 1.0mm。设每条胶线宽度为 $2c$，相邻两条胶线的间距为 $2h$，两条胶线之间垂直于粘接面方向的有效渗流区域宽度记为 $2w=2h-2c$，流体入口和流体出口的压力分别为 P_{in} 和 P_{out}。稳定渗流时其渗流数学模型如下：

$$\frac{\partial^2 P}{\partial x^2}+\frac{\partial^2 P}{\partial y^2}+\frac{\partial^2 P}{\partial z^2}=0 \tag{3.13}$$

$$\begin{cases} P\ (x,\ y,\ z)\ |_{0\leq x<w,0\leq y<w,z=0}=P_{in} \\ P\ (x,\ y,\ z)\ |_{0\leq x<w,0\leq y<w,z=a}=P_{out} \end{cases} \tag{3.14}$$

$$\begin{cases} \frac{\partial P}{\partial x}\Big|_{0\leq y\leq h,0<z<a,x=0}=0; \ \frac{\partial P}{\partial x}\Big|_{0\leq y\leq h,0<z<a,x=h}=0 \\ \frac{\partial P}{\partial y}\Big|_{0\leq x\leq h,0<z<a,y=0}=0; \ \frac{\partial P}{\partial y}\Big|_{0\leq x\leq h,0<z<a,y=h}=0 \end{cases} \tag{3.15}$$

$$\begin{cases} \frac{\partial P}{\partial x}\Big|_{0\leq y\leq w,0<z<d,x=w}=0; \ \frac{\partial P}{\partial x}\Big|_{0\leq y\leq w,a-d<z<a,x=w}=0 \\ \frac{\partial P}{\partial y}\Big|_{0\leq x\leq w,0<z<d,y=w}=0; \ \frac{\partial P}{\partial y}\Big|_{0\leq x\leq w,a-d<z<a,y=w}=0 \end{cases} \tag{3.16}$$

$$\begin{cases} \frac{\partial P}{\partial z}\Big|_{w\leq x\leq h,0\leq y\leq h,z=d}=0; \ \frac{\partial P}{\partial z}\Big|_{w\leq x\leq h,0\leq y\leq h,z=a-d}=0 \\ \frac{\partial P}{\partial z}\Big|_{0\leq x\leq w,w\leq y\leq h,z=d}=0; \ \frac{\partial P}{\partial z}\Big|_{0\leq x\leq w,w\leq y\leq h,z=a-d}=0 \end{cases} \tag{3.17}$$

式中，$P\ (x,y,z)$ 为流场压力分布函数。利用 CMG 软件建立数值模型，通过数值模拟方法研究胶线数量和胶线宽度对垂直于粘接面方向上渗透率的影响。

根据达西定律律可得

$$Q''=K''_{\perp}\frac{A\Delta P}{\mu a} \tag{3.18}$$

式中，$K''_{\perp}$ 为垂直于网状粘接面的平均渗透率，注采压差 $\Delta P=P_{in}-P_{out}$。

当单元岩块底面没有胶线时，根据达西定律可得

$$Q = K_\perp \frac{A\Delta P}{\mu a} \tag{3.19}$$

式中，$K''_\perp$ 为单元岩块的平均渗透率，μm^2。

式（3.18）和式（3.19）相除可得

$$\frac{K''_\perp}{K_\perp} = \frac{Q''}{Q} \tag{3.20}$$

当胶线宽度不同时，根据式（3.20）可以计算出相应胶线宽度时单元岩块的平均渗透率 $K''_\perp$。因此，由涂胶引起的单元岩块渗透率的变化率为

$$\varepsilon''_{K_\perp} = \frac{K''_\perp - K_\perp}{K_\perp} \tag{3.21}$$

不同胶线数量和胶线宽度的粘接面对边长为 50mm 的单元岩块渗透率的影响见表 3.6。

表 3.6　胶线数量和胶线宽度对应垂直方向渗透率的变化比例

胶线宽度/mm	胶线数量				
	2 条	3 条	4 条	5 条	6 条
2.0	−2.419%	−4.196%	−5.123%	−6.673%	−8.450%
2.5	−3.190%	−6.622%	−6.779%	−8.877%	−11.307%
3.0	−4.078%	−8.004%	−8.716%	−11.491%	−14.759%
3.5	−5.082%	−9.579%	−10.947%	−14.538%	−18.890%
4.0	−6.219%	−11.346%	−13.487%	−18.086%	−23.796%

根据计算结果可知，胶线宽度越大，胶线数量越多，垂直于粘接面方向的渗透率越低，且渗透率下降幅度越大。

采用实验方法对理论计算结果进行验证：选取 20 个岩块，分为 10 组对比实验。首先采用自制方形岩心夹持器测试各岩块的渗透率，测试结束后烘干，选择合适的岩块两两组合，两个岩块采用涂"十"字胶线的粘接方式。根据计算，当胶线的展布宽度在 3～4mm 时，可以保证两岩块的接触面至少有一半面积不被密封。实验结果见表 3.7，可得出串联后岩块渗透率实测值与理论计算值的差别。可看出当胶线宽度为 3mm（胶线面积占总面积的 42.24%）时，粘接串联后岩块的渗透率比没有胶线时的渗透率偏小，但差别不明显，平均误差控制在 4% 以内。实验测试结果与渗流理论计算结果具有相似的变化规律。

表 3.7　渗透率实测值与理论值的比较

实验编号	渗透率/mD				
	岩块 1	岩块 2	串联后测试值	串联后理论值	实测与理论误差/%
1	2.55	2.62	2.41	2.58	−6.75
2	15.62	15.58	14.75	15.60	−5.45
3	63.33	5.37	9.12	9.90	−7.88

实验编号	渗透率/mD				
	岩块 1	岩块 2	串联后测试值	串联后理论值	实测与理论误差/%
4	82.26	6.18	10.55	11.50	−8.23
5	100.69	20.72	32.21	34.37	−6.28
6	21.26	131.50	33.60	36.60	−8.20
7	58.32	59.55	54.54	58.93	−7.45
8	52.87	62.86	55.29	57.43	−3.73
9	125.68	123.36	114.16	124.51	−8.31
10	120.52	126.10	117.24	123.25	−4.87

2）平行于粘接面方向的渗透率变化

当渗流方向平行于粘接面裂缝时，取两个单元岩块中心截面 AA' 到 BB' 的区域为研究对象，如图 3.18 所示。此时两个单元岩块和粘接缝三部分区域并联。由于胶线的存在，封闭了粘接缝，粘接缝在平行于粘接面方向上的渗透率为 0。

对于该区域内平行于粘接面的渗流，根据达西定律可得

$$K' = \left(1 - \frac{b}{a+b}\right)\frac{K_1 + K_2}{2} \qquad (3.22)$$

式中，K' 为当渗流方向平行于粘接面时并联介质的平均渗透率。

当单元岩块间没有粘接剂时，并联介质的渗透率 K 为

$$K = \frac{K_1 + K_2}{2} \qquad (3.23)$$

对比式（3.22）、式（3.23）可知，平行粘接面方向的渗透率因为粘接面的存在而减小，其减小量 $\Delta K'$ 为

$$\Delta K' = K - K' = \frac{b}{a+b}\frac{K_1 + K_2}{2} \qquad (3.24)$$

渗透率的变化 ε'_K 为

$$\varepsilon'_K = \frac{b}{a+b} \leqslant 0.5\% \qquad (3.25)$$

由于单元岩体之间的粘接剂具有一定的支撑作用，所以粘接缝具有高导流作用。当流体流动时的渗流方向跟粘接面平行时，高导流的粘接缝会使岩体的渗透率增加。选取两条胶线之间的 1/4 区域作为研究对象，如图 3.18 中虚线所示。图 3.21 为该区域的几何参数和流动趋势。

以流动区域中裂缝和单元岩块相连部分的顶点为坐标原点，分别以横截面上平行于渗流方向和垂直于渗流方向作为 x、y 轴建立直角坐标系，如图 3.21 所示。

当流体在该区域稳定渗流时，建立其数学模型：

$$\frac{\partial^2 P}{\partial x^2} + \frac{\partial^2 P}{\partial y^2} = 0 \qquad (3.26)$$

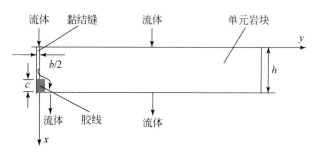

图 3.21　渗流方向平行于粘接面的流动示意图

$$\begin{cases} P\ (x,\ y)\ |_{x=0,0\leqslant y\leqslant a/2}=P_{in} \\ P\ (x,\ y)\ |_{0\leqslant x\leqslant w,y=0}=P_{in} \\ P\ (x,\ y)\ |_{x=h,d\leqslant y\leqslant a/2}=P_{out} \end{cases} \tag{3.27}$$

$$\begin{cases} \dfrac{\partial P}{\partial x}\Big|_{0\leqslant y\leqslant d,x=w}=0 \\ \dfrac{\partial P}{\partial y}\Big|_{w\leqslant x\leqslant h,y=d}=0 \\ \dfrac{\partial P}{\partial y}\Big|_{0\leqslant x\leqslant h,y=a/2}=0 \end{cases} \tag{3.28}$$

利用 CMG 软件建立数值模型，通过数值模拟方法研究胶线数量和胶线宽度对平行于粘接面方向上渗透率的影响。

对于单元岩块边长为 50mm 的情况，当胶线数量和胶线宽度不同时，粘接面引起单元岩块渗透率的变化，模拟结果见表 3.8。从结果可以看出，胶线宽度越大，胶线数量越多，并联介质渗透率增加比例越小。

表 3.8　胶线对平行渗流方向渗透率的影响

胶线宽度/mm	胶线数量				
	2 条	3 条	4 条	5 条	6 条
2.0	29.702%	15.279%	9.437%	5.877%	4.386%
2.5	25.960%	13.474%	8.142%	4.376%	3.389%
3.0	23.709%	11.911%	6.929%	3.828%	2.546%
3.5	21.735%	10.540%	5.870%	3.019%	1.823%
4.0	19.964%	8.370%	4.938%	2.310%	1.206%

采用实验方法对理论计算结果进行验证：首先挑选出加工精度符合要求的同一类型岩块，测试出每个岩块的渗透率值，并标记测试方向。把岩块按照渗透率大小进行分组，然后把分组之后的岩块用不同胶线条数和胶线宽度的胶线粘接组合，采用涂"十"字胶线的粘接方式。

实验测试结果见表 3.9，可得出粘接后平行粘接面方向的渗透率测试值与理论计算值之间的差别。比较测试值和理论计算值,得出粘接面增大了岩块平行粘接面方向的渗透率,随着粘接面上胶线条数和胶线宽度的增大,渗透率增加幅度减小。同时把测试值与理论计算值之间的差别与渗流理论计算结果相比较,差别不大,变化规律一致,由此得以相互验证。

表 3.9 涂胶粘接后的渗透率测试值与理论值的比较

胶线条数	胶线宽度/mm	渗透率/mD				实测与理论误差/%
		岩块 1	岩块 2	串联后测试值	串联后理论值	
2	3	42.2	42.5	45.9	42.4	8.5
2	4	40.5	41.0	43.1	40.8	5.6
3	3	40.5	41.2	43.2	40.9	5.6
3	4	39.8	40.2	43.3	40.0	8.2
4	3	41.5	42.0	43.8	41.8	2.5
4	4	40.2	40.3	41.3	40.3	5.2

根据粘接面对垂直于渗流方向和平行于渗流方向时渗透率变化的研究结果可知:

(1)粘接面对渗透率的影响与渗流方向有关。当粘接面垂直于渗流方向时,串联介质渗透率减小;当粘接面平行于渗流方向时,并联介质渗透率增大;随胶线数量和胶线宽度的增加,垂直于粘接面方向上渗透率下降的趋势愈加明显,平行于粘接面方向上渗透率增加的趋势则减小。

(2)对于垂直粘接面方向,胶线在整个岩块表面规则分布,对垂直于岩块表面的渗透率影响均匀;而对于平行粘接面方向,胶线仅会渗入岩块表面有限的区域内,对于平行方向渗透率的影响区域有限,因此后者更容易产生非均质效应。

(3)根据表 3.6 和表 3.8 的模拟结果可知,在粘接面垂直于渗流方向和平行于渗流方向的情况下,当单元岩块的渗透率变化比例均小于 10% 时,胶线数量和胶线宽度有多种组合方式能够满足要求,并且有多种组合同时满足垂直方向和平行方向渗透率变化都小于 10% 的要求。因此,胶线数量和胶线宽度的各组合之间对渗透率的影响也不是相互孤立的,而是相互影响的。优选胶线数量和胶线宽度时,尽量减小粘接面对岩块物性的影响,并且要考虑胶剂的性能及操作可行性。在目前的工艺条件下,胶线宽度在 2.0mm 以上可以保证胶线具有较好的连续性和较强的粘接强度。

因此,最终选定网状粘接时的参数,即胶线数量为 3~4 条,胶线宽度为 2.0~2.5mm。

3.2.3 物性控制方法

通过前述的物理模型的制作方法可知,基质系统和裂缝系统的物性都是可以定量控制的。

1. 基质物性

1）基质孔隙度和基质渗透率

基质孔隙度和基质渗透率取决于单元岩块的孔隙度和渗透率。每个单元岩块的孔隙度和渗透率可看作均质的，但从整个物理模型上看，基质孔隙度和基质渗透率的宏观分布是非均质的。通过事先测试和筛选每个单元岩块的孔隙度和渗透率，可以实现定量控制基质孔隙度和基质渗透率宏观分布。

2）基质与裂缝之间的渗吸作用

因为组成裂缝性介质的单元岩块是可以选择的，所以模型内任一点处基质与裂缝之间的渗吸作用是可以选择和控制的。为了使物理模型和实际油藏在裂缝与基质的流体交换及耦合流动方面具有相似性，应该根据实际油藏性质和相似准则确定基质岩块的渗吸特性数据，再根据这些数据选取符合要求的天然岩块，制作裂缝性油藏模型。

2. 裂缝物性

1）裂缝分布和裂缝渗透率

裂缝性岩体介质的裂缝分布可以是非均质和各向异性的。单元岩块之间以点状形式粘接时，单元岩块之间的缝隙作为有效裂缝存在。调整裂缝粘接面的分布，可以定量控制裂缝的密度、孔隙度、渗透率等物性分布。

2）裂缝宽度和孔隙度

裂缝宽度可以通过调整用胶量和在单元岩块之间加入不同粒度的支撑物微粒来控制。当单元岩块之间不加入任何支撑物时，所形成裂缝的宽度是最小的，由单元岩块切割加工精度和表面粗糙度决定。裂缝密度和裂缝宽度决定了裂缝系统的孔隙体积，也就决定了裂缝系统的孔隙度。

3.2.4　可重复性验证

按照此制作方法，选用 $7 \times 7 \times 1 = 49$ 个 $5cm \times 5cm \times 5cm$ 黄砂岩块，重复制作 2 个裂缝性小模型，各岩块间粘接面全部使用"胶点模式"，在小模型上布置 2 口井，如图 3.22 所示。采用 0.173atm 和 0.137atm 驱替压差，使用单相水，测量 2 个小模型稳定驱替时流量，如图 3.23 所示。由图 3.23 可知，相同注采压差下 2 个小模型可达到相同流量，证明 2 个模型注采井间小裂缝网络平均物性一致。该制作方法可实现物性定量控制和重复制作，因此该方法可以用于制作物性分布定量化三维大尺度裂缝性渗流介质。

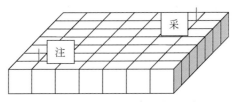

图 3.22　可重复性验证小模型示意图

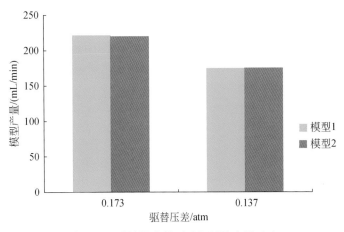

图 3.23　裂缝性小模型重复制作流量对比

3.3　原理模型渗流实验研究

为测试制作工艺、积累实验方面的经验，先期制作数组小型模型并投入使用。小模型长 30cm、宽 15cm、高 30cm；制作该模型共使用 6×3×6 = 108 个岩块。模型采用点状涂胶方式粘接，饱和方式为先抽真空使基质与裂缝中都饱和水，再进行油驱水，使裂缝中饱和油。模型制作过程及测试系统如图 3.24 所示。

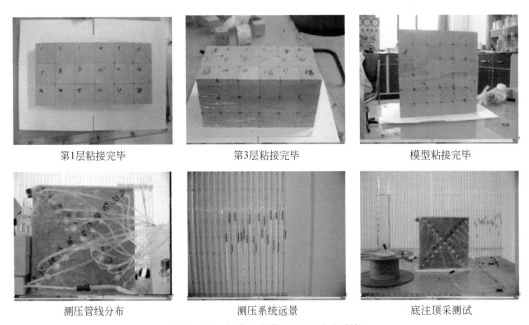

图 3.24　小模型制作过程及测试系统

实验室采用自来水（密度 1000kg/m³，黏度 1mPa·s）及 0#柴油（密度 850kg/m³，黏度 3.66mPa·s）进行水驱油实验，注采压差分别取 3.6cm 水柱、5cm 水柱及 7.5cm 水柱，实验过程中对产液量、产油量及测压管线压力进行了测量，并通过测压点对饱和度变化进行了观察。通过数据分析，发现注采压差由小变大，相应的注入水运动规律会由"底水均衡托进"逐渐过渡为沿注采井连线窜进。这一结论符合水驱油渗流规律，为大模型水驱油实验积累了经验，对油田实际也有一定的指导意义。

3.3.1 生产数据分析

1. 3.6cm 水柱注采压差下生产数据分析

结合图 3.25 与图 3.26 可知，生产井投产 19min 见水，含水率为 17.86%，见水时累积产油 44.2mL。见水后继续采液 13.6mL，含水率便由 17.86% 上升到 96.88%，具有明显的底水均衡托进特征。第 121min 时含水率达到 100%，此刻累积注水 208mL，累积产油 57mL。实验结束后累积产油为 56.5mL，而模型中共含油 75mL，得到模型的最终采收率为 75.33%。

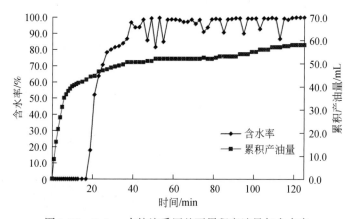

图 3.25 3.6cm 水柱注采压差下累积产油量与含水率

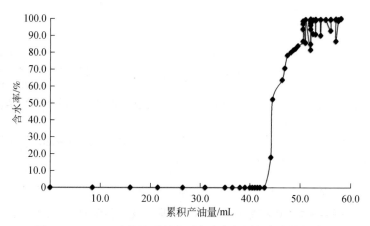

图 3.26 3.6cm 水柱注采压差下含水率与累积产油量的关系

　　由于生产井见水后累积产液的少量增加便导致含水率的大幅度上升，推测其驱替特征为底水均衡托进。

　　2. 5.0cm 水柱注采压差下生产数据分析

　　结合图 3.27 与图 3.28 可知，生产井投产 6min 见水，含水率为 24%，见水时累积产油 38.8mL。见水后继续采液 17mL，含水率便由 24% 上升到 87.50%，具有底水均衡托进特征；但将含水率提高同样的数值，相应的 3.6cm 水柱注采压差下的采液量更大。第 75min 时含水率达到 100%，此刻累积注水 278.8mL，累积产油 55mL。实验结束后累积产油为 60mL，而模型中共含油 77mL，得到模型的最终采收率为 77.92%。

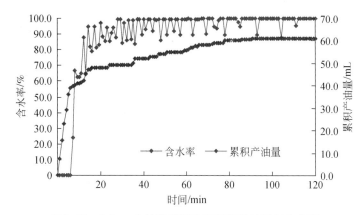

图 3.27　5.0cm 水柱注采压差下累积产油量与含水率

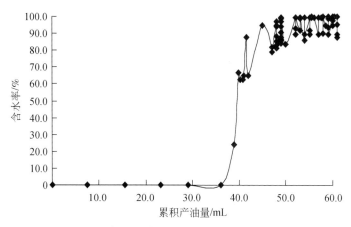

图 3.28　5.0cm 水柱注采压差下含水率与累积产油量的关系

　　综合以上分析，推断以 5cm 水柱注采压差生产时，驱替特征为远井区域底水均衡托进，生产井附近发生底水向生产井窜进。

　　3. 7.5cm 水柱注采压差下生产数据分析

　　结合图 3.29 与图 3.30 可知，生产井投产 3min 见水，含水率为 23.53%，见水前累积产油 20mL，无水采油量约为裂缝中总油量的 1/3。见水后继续采液 70mL，含水率才由

23.53% 上升到 85.71%，生产井见水后含水率上升速度较前 2 个实验缓慢。第 56min 时含水率达到 100%，此刻累积注水 396mL，累积产油 51mL。实验结束后累积产油为 54mL，而模型中共含油 79.5mL，得到模型的最终采收率为 67.92%。

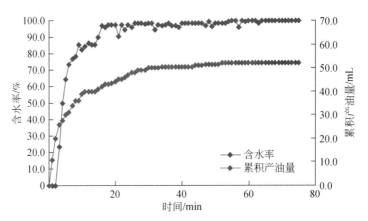

图 3.29　7.5cm 水柱注采压差下累积产油量与含水率

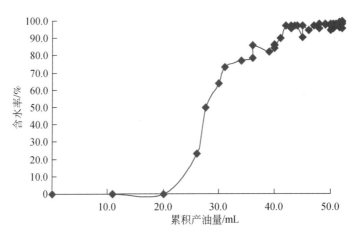

图 3.30　7.5cm 水柱注采压差下含水率与累积产油量的关系

综合以上分析，可知在驱替过程中注入水向生产井发生明显窜进。

4. 不同注采压差下开发指标的对比

统计不同注采压差下存水率与时间的关系，如图 3.31 所示。存水率越高，说明注入水利用率越高，所以底水均衡托进现象越明显。由图 3.31 可以看出，存水率由高到低依次是 3.6cm、5.0cm 和 7.5cm 水柱的注采压差，刚好验证了在 3 个注采压差下由不水窜、近井区域水窜到整体区域水窜的渐变过程。

统计不同注采压差下含水率与累积产油量的关系，如图 3.32 所示。见水前累积产油量越多，见水后含水率上升速度越快，则底水均衡托进现象越明显，反之水窜现象越明显。由图 3.32 分析所得结论同上。

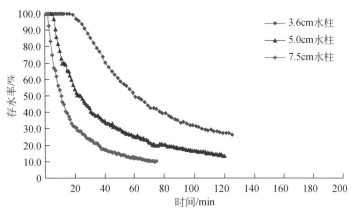

图 3.31　不同生产压差下存水率与时间的关系

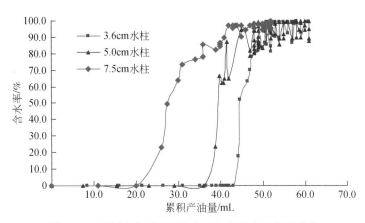

图 3.32　不同生产压差下含水率与累积产油量的关系

3.3.2　压力数据分析

图 3.33～图 3.35 反映了各个压力点从初始状态到平衡的过程。

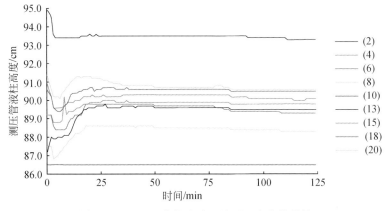

图 3.33　3.6cm 水柱注采压差下压力变化趋势

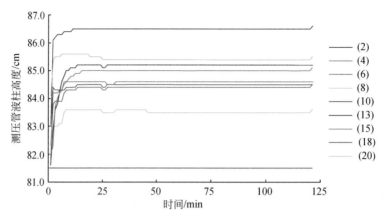

图 3.34　5.0cm 水柱注采压差下压力变化趋势

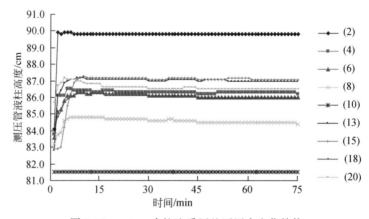

图 3.35　7.5cm 水柱注采压差下压力变化趋势

对压力数据进行分析，得出如下结论。

（1）3.6cm、5.0cm 和 7.5cm 水柱注采压差下，压力平衡以后，位于注采井连线上的 5 个测压点压力依次降低，且 2 号与 4 号之间的压差（P_2-P_4）和 8 号与 10 号的压差（P_8-P_{10}）明显大于 4 号与 6 号的压差（P_4-P_6）和 6 号与 8 号的压差（P_6-P_8），符合渗流规律。

（2）5.0cm 和 7.5cm 水柱注采压差实验，因为先使用等高油柱注油平衡测压管线，所以注水开始后，低部位测压管线（如 2 号）压力应快速上升并趋于平衡，高部位测压管线（如 20 号）压力应先升高再降低，然后趋于平衡。压力数据如实地反映了这一规律。

3.3.3　水驱油物理实验结论与认识

通过对生产数据、见水情况和压力数据的综合分析，得出如下结论与认识。

（1）以 3.6cm、5.0cm 和 7.5cm 水柱注采压差生产时，底水均衡托进现象逐次被打破，注入水窜进现象依次增强。以 3.6cm 水柱注采压差生产时驱替特点为远井区域底水均衡托进，生产井附近发生底水向生产井窜进。以 5.0cm 水柱注采压差生产时驱替特点为 6 号管线以下为底水均衡托进，底水托过半程后便发生向生产井的窜进。以 7.5cm 水柱注采压差生产时无水采油量约为裂缝中总油量的 1/3，表现出明显的水窜特征。

（2）3.6cm、5.0cm 和 7.5cm 水柱注采压差下，压力平衡以后，位于注采井连线上的 5 个测压点压力逐次降低，且 2 号与 4 号的压差（P_2-P_4）和 8 号与 10 号的压差（P_8-P_{10}）明显大于 4 号与 6 号的压差（P_4-P_6）和 6 号与 8 号的压差（P_6-P_8），符合渗流规律。

（3）测试过程中含水率会微幅振荡，这是由于裂缝水淹后，残留的分散状小油滴因界面张力作用附着于基质壁面，随着生产的进行，小油滴不断汇集，当变得足够大时，便可脱离对基质壁面的附着而流向生产井。这并非裂缝与基质的渗吸交换现象，所以小模型的渗流实验不能直接相似到油田实际情况，模型的饱和方式在后面大型主体模型中得到了改进和完善。

第4章 裂缝性油藏物理模型制作方法

第2章详细介绍了裂缝性渗流介质的研究和制作方法，第3章详细介绍了裂缝性油藏物理模拟相似理论。本章在前两章的基础上，以相似理论为理论基础，以裂缝性渗流介质制作方法为工具，详细介绍裂缝性油藏物理模型从设计到制作的全过程。

4.1 物理模型参数的确定

4.1.1 油藏参数获得及典型化处理

普通油藏均具有的普遍性参数，如油藏 x、y、z 方向尺度，基质岩石孔隙度，基质岩石束缚水与残余油饱和度，基质岩石渗吸半周期，裂缝孔隙度，地层油和地层水的黏度与密度，井筒半径及井筒表皮系数（裂缝性油藏由于裂缝孔隙度小，钻完井时易造成井底地层严重污染）等可通过测井方法、油藏工程方法、经验方法、矿场测试及实验室测试等常规方法获得。本节重点阐述裂缝性油藏裂缝各向异性渗透率确定方法（刘月田等，2011）。

针对如何确定裂缝性油藏各向异性渗透率这一难题，前人已进行了大量的研究工作。然而研究者对于量化裂缝性油藏各向异性渗透率的 2 个决定性因素——裂缝方位角和裂缝倾角，其定义只是沿用了传统地质面倾角定义和走向线方位角定义，无法全面方便地体现裂缝导流作用的各向异性特征。为此，本节分析了裂缝方位角和裂缝倾角对裂缝导流的方向性影响，并给出了裂缝方位角和裂缝倾角的新定义，并基于新定义建立了裂缝性油藏渗透率各向异性参数计算方法。利用油藏裂缝测井数据，采用本节方法即可求取裂缝各向异性渗透率主方向及各方向主值之比，再根据油田动态测试与生产数据可获得地层总体渗透率（即全体主值几何平均值），便可进一步得到总体渗透率张量各主值大小。

1. 裂缝方位角定义

根据地质学对方位角的定义，裂缝方位角可以理解为从裂缝上某点指北方向线起，依顺时针方向到裂缝走向线之间的水平角，取值 $0° \sim 360°$。但实际现场应用中很难区分裂缝方位是在 $0° \sim 180°$，还是在 $180° \sim 360°$，因而不方便现场使用。

为方便油田现场使用，裂缝方位角定义应尽量简洁且贴近实际。为此，本节用北东和北西 2 个象限内象限角定义裂缝方位角。若裂缝走向线落在北东象限内，则裂缝方位角为从裂缝上某点指北方向线起，依顺时针方向到裂缝走向线之间的水平角，取值 $0° \sim 90°$，如图 4.1（a）所示情况，设 $\beta = 65°$，则称该裂缝方位角为北东 65°；若裂缝走向线落在北西象限内，则裂缝方位角为从裂缝上某点指北方向线起，依逆时针方向到裂缝走向线之间的水平角，取值 $0° \sim 90°$，如图 4.1（b）所示情况，设 $\beta = 60°$，则称该裂缝方位角为北西 60°。

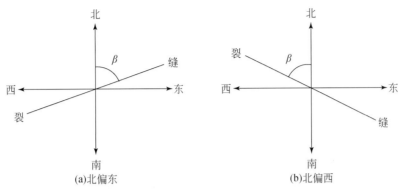

图 4.1　裂缝方位角

　　裂缝方位角的作用是将裂缝导流能力在水平面内的各坐标方向上进行劈分。若取北和东为坐标方向，裂缝方位角越接近 90°，裂缝对东方向导流能力贡献越大，对北方向导流能力贡献越小；反之，裂缝对东方向导流能力贡献越小，对北方向导流能力贡献越大。若裂缝方位角为北偏东 0°～90°，当流体沿裂缝从北向南流动时，必然同时向西流动；若裂缝方位角为北偏西 0°～90°，当流体沿裂缝从北向南流动时，必然同时向东流动。

　　2. 裂缝倾角定义

　　根据地质学对倾角的定义，裂缝倾角可理解为裂缝面与水平面所成夹角，取值 0°～90°，如图 4.2 所示。然而这种传统的定义方式无法区分相同倾角下的裂缝倾向（如图 4.2 中倾角同为 α 的裂缝 I 和裂缝 II）。

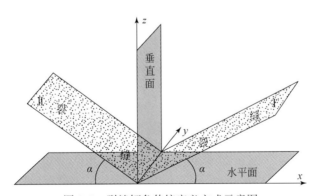

图 4.2　裂缝倾角传统定义方式示意图

　　考虑到裂缝各向异性对裂缝导流能力的影响，本节定义东倾和西倾来区分相同倾角下的不同裂缝倾向，如图 4.3 所示。若裂缝面倾向线落在东北或东南象限，则此裂缝面与水平面所成角称为东倾角，取值 0°～90°；若裂缝面倾向线落在西北或西南象限，则此裂缝面与水平面所成角称为西倾角，取值 0°～90°。

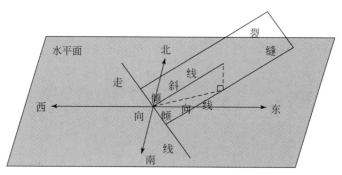

图 4.3　裂缝倾角定义方式示意图

　　裂缝倾角的作用是将裂缝导流能力在水平面和垂直面上进行劈分。裂缝倾角越大，裂缝对垂向导流能力贡献越大，对水平导流能力贡献越小；反之，裂缝对垂向导流能力贡献越小，对水平导流能力贡献越大。尽管相同倾角的两种裂缝（如图 4.2 中裂缝Ⅰ和裂缝Ⅱ）对垂向和水平导流能力贡献一致，但其对导流方向性影响存在差异。对于裂缝Ⅰ情况，当流体沿裂缝向$+x$方向流动时，必然同时向$+z$方向流动；而对于裂缝Ⅱ情况，当流体沿裂缝向$+x$方向流动时，必然同时向$-z$方向流动。

　　为建立统一的裂缝渗透率各向异性参数计算模型，首先需要把上述定义的裂缝方位角和裂缝倾角表征形式对应到用于计算模型的统一取值形式：裂缝北偏东方位角取正，北偏西方位角取负，东倾角取正，西倾角取负。按照该定义描述给定方位角北偏东β、东倾角α时，对应模型中方位角取值β、倾角取值α；按照该定义描述给定方位角北偏东β、西倾角α时，对应模型中方位角取值β、倾角取值$-\alpha$；按照该定义描述给定方位角北偏西β、东倾角α时，对应模型中方位角取值$-\beta$、倾角取值α；按照该定义描述给定方位角北偏西β、西倾角α时，对应模型中方位角取值$-\beta$、倾角取值$-\alpha$。

　　在此基础上，利用张量理论，即可计算得到裂缝总体渗透率张量K主值方向和各主值之比。再根据油田动态测试与生产数据可获得地层总体渗透率（即全体主值几何平均值），便可进一步得到总体渗透率张量各主值大小。

　　3. 裂缝各向异性渗透率参数计算方法

　　根据实际油藏裂缝参数，建立求解油藏内裂缝总体渗透率主方向及主值的方法。假设油藏内任意一组平行裂缝，方位角为β，倾角为α，平行于裂缝的渗透率为k，如图 4.4 所示。

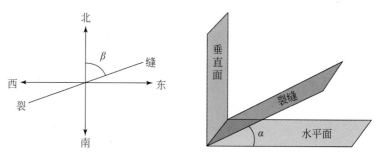

图 4.4　裂缝的方位（裂缝方位角为β，倾角为α）

首先以大地为参照物建立一个直角坐标系。以东、北、上三个方向为坐标线，它们分别对应三个单位坐标向量 $\vec{e}_1$，$\vec{e}_2$，$\vec{e}_3$；再以裂缝为参照物建立一个直角坐标系。以裂缝与水平面的交线为第 1 条坐标线，对应单位坐标向量 $\vec{f}_2$；在裂缝内取与 $\vec{f}_2$ 垂直的方向为第 2 条坐标线，对应单位坐标向量 $\vec{f}_1$；再取垂直于 $\vec{f}_1$ 和 $\vec{f}_2$ 的方向为第 3 条坐标线，对应单位坐标向量 $\vec{f}_3$。如图 4.5 所示。

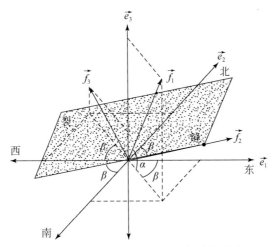

图 4.5　裂缝的立体方位及坐标转换关系

任何一个向量 $\vec{V}$ 可以在坐标系（$\vec{e}_1$，$\vec{e}_2$，$\vec{e}_3$）内表示为

$$\vec{V} = (V_{e_1},\ V_{e_2},\ V_{e_3}) \tag{4.1}$$

或者表示为

$$\vec{V} = (V_{e_1},\ V_{e_2},\ V_{e_3}) \cdot \begin{pmatrix} \vec{e}_1 \\ \vec{e}_2 \\ \vec{e}_3 \end{pmatrix} = V_{e_1}\vec{e}_1 + V_{e_2}\vec{e}_2 + V_{e_3}\vec{e}_3 \tag{4.2}$$

同时，向量 $\vec{V}$ 也可以在坐标系（$\vec{f}_1$，$\vec{f}_2$，$\vec{f}_3$）内表示为

$$\vec{V} = (V_{f_1},\ V_{f_2},\ V_{f_3}) \tag{4.3}$$

或者表示为

$$\vec{V} = (V_{f_1},\ V_{f_2},\ V_{f_3}) \cdot \begin{pmatrix} \vec{f}_1 \\ \vec{f}_2 \\ \vec{f}_3 \end{pmatrix} = V_{f_1}\vec{f}_1 + V_{f_2}\vec{f}_2 + V_{f_3}\vec{f}_3 \tag{4.4}$$

考察向量 $\vec{V}$ 在不同坐标系内的表达式，有

$$V_{e_1}\vec{e}_1 + V_{e_2}\vec{e}_2 + V_{e_3}\vec{e}_3 = V_{f_1}\vec{f}_1 + V_{f_2}\vec{f}_2 + V_{f_3}\vec{f}_3 \tag{4.5}$$

但是，（V_{e_1}，V_{e_2}，V_{e_3}）$\neq$（V_{f_1}，V_{f_2}，V_{f_3}）

（V_{e_1}，V_{e_2}，V_{e_3}）和（V_{f_1}，V_{f_2}，V_{f_3}）分别为向量 $\vec{V}$ 在坐标系（$\vec{e}_1$，$\vec{e}_2$，$\vec{e}_3$）和（$\vec{f}_1$，

$\vec{f}_2$，$\vec{f}_3$）内各坐标方向上的分量。在坐标系选定后，可以用坐标分量代表向量本身，记作：

$$\vec{V}_e = (V_{e_1},\ V_{e_2},\ V_{e_3})\ ;\quad \vec{V}_f = (V_{f_1},\ V_{f_2},\ V_{f_3}) \tag{4.6}$$

因此，求一个向量主要是求得它在指定坐标系中的坐标分量。

下面将向量表示方法推广到渗透率张量。

图 4.5 中裂缝的渗透率张量 $\overline{\boldsymbol{K}}$ 在坐标系（$\vec{e}_1$，$\vec{e}_2$，$\vec{e}_3$）中的表达式为

$$\overline{\boldsymbol{K}}_e = \begin{bmatrix} k_{e_{11}} & k_{e_{12}} & k_{e_{13}} \\ k_{e_{21}} & k_{e_{22}} & k_{e_{23}} \\ k_{e_{31}} & k_{e_{32}} & k_{e_{33}} \end{bmatrix} \tag{4.7}$$

还可以写为

$$\overline{\boldsymbol{K}} = (\vec{e}_1,\ \vec{e}_2,\ \vec{e}_3) \cdot \overline{\boldsymbol{K}}_e \cdot \begin{pmatrix} \vec{e}_1 \\ \vec{e}_2 \\ \vec{e}_3 \end{pmatrix} = \sum_{i=1}^{3} \sum_{j=1}^{3} k_{e_{ij}} \vec{e}_i \vec{e}_j \tag{4.8}$$

渗透率张量 $\overline{\boldsymbol{K}}$ 在坐标系（$\vec{f}_1$，$\vec{f}_2$，$\vec{f}_3$）中的表达式为

$$\overline{\boldsymbol{K}}_f = \begin{bmatrix} k_{f_{11}} & k_{f_{12}} & k_{f_{13}} \\ k_{f_{21}} & k_{f_{22}} & k_{f_{23}} \\ k_{f_{31}} & k_{f_{32}} & k_{f_{33}} \end{bmatrix} \tag{4.9}$$

还可以写为

$$\overline{\boldsymbol{K}} = (\vec{f}_1,\ \vec{f}_2,\ \vec{f}_3) \cdot \overline{\boldsymbol{K}}_f \cdot \begin{pmatrix} \vec{f}_1 \\ \vec{f}_2 \\ \vec{f}_3 \end{pmatrix} = \sum_{i=1}^{3} \sum_{j=1}^{3} k_{f_{ij}} \vec{f}_i \vec{f}_j \tag{4.10}$$

根据已知条件可得

$$\overline{\boldsymbol{K}}_f = \begin{bmatrix} k & 0 & 0 \\ 0 & k & 0 \\ 0 & 0 & 0 \end{bmatrix} \tag{4.11}$$

下面推导渗透率张量 $\overline{\boldsymbol{K}}$ 在大地坐标系（$\vec{e}_1$，$\vec{e}_2$，$\vec{e}_3$）中的分量表达式 $\overline{\boldsymbol{K}}_e$。

首先建立坐标系（$\vec{e}_1$，$\vec{e}_2$，$\vec{e}_3$）和坐标系（$\vec{f}_1$，$\vec{f}_2$，$\vec{f}_3$）的坐标向量之间的转换关系。根据图 4.5 所示裂缝的立体方位及两个坐标系间的空间关系，经观察分析并整理可得

$$(\vec{f}_1,\ \vec{f}_2,\ \vec{f}_3) = (\vec{e}_1,\ \vec{e}_2,\ \vec{e}_3) \cdot \begin{pmatrix} \cos\alpha \cdot \cos\beta & \sin\beta & -\sin\alpha \cdot \cos\beta \\ -\cos\alpha \cdot \sin\beta & \cos\beta & \sin\alpha \cdot \sin\beta \\ \sin\alpha & 0 & \cos\alpha \end{pmatrix} \tag{4.12}$$

记作：

$$(\vec{f}_1,\ \vec{f}_2,\ \vec{f}_3) = (\vec{e}_1,\ \vec{e}_2,\ \vec{e}_3) \cdot \overline{\boldsymbol{T}} \tag{4.13}$$

其中，

$$\overline{\boldsymbol{T}} = \begin{pmatrix} \cos\alpha \cdot \cos\beta & \sin\beta & -\sin\alpha \cdot \cos\beta \\ -\cos\alpha \cdot \sin\beta & \cos\beta & \sin\alpha \cdot \sin\beta \\ \sin\alpha & 0 & \cos\alpha \end{pmatrix} \tag{4.14}$$

由式（4.12）可得

$$\begin{pmatrix} \vec{f}_1 \\ \vec{f}_2 \\ \vec{f}_3 \end{pmatrix} = \overline{\boldsymbol{T}}^{\mathrm{T}} \cdot \begin{pmatrix} \vec{e}_1 \\ \vec{e}_2 \\ \vec{e}_3 \end{pmatrix} \tag{4.15}$$

式中，$\overline{\boldsymbol{T}}^{\mathrm{T}}$ 为 $\overline{\boldsymbol{T}}$ 的转置矩阵。

由式（4.8）和式（4.10）可得

$$(\vec{e}_1, \ \vec{e}_2, \ \vec{e}_3) \cdot \overline{\boldsymbol{K}}_e \cdot \begin{pmatrix} \vec{e}_1 \\ \vec{e}_2 \\ \vec{e}_3 \end{pmatrix} = (\vec{f}_1, \ \vec{f}_2, \ \vec{f}_3) \cdot \overline{\boldsymbol{K}}_f \cdot \begin{pmatrix} \vec{f}_1 \\ \vec{f}_2 \\ \vec{f}_3 \end{pmatrix} \tag{4.16}$$

将式（4.13）和式（4.15）代入式（4.16）可得

$$(\vec{e}_1, \ \vec{e}_2, \ \vec{e}_3) \cdot \overline{\boldsymbol{K}}_e \cdot \begin{pmatrix} \vec{e}_1 \\ \vec{e}_2 \\ \vec{e}_3 \end{pmatrix} = (\vec{e}_1, \ \vec{e}_2, \ \vec{e}_3) \cdot \overline{\boldsymbol{T}} \cdot \overline{\boldsymbol{K}}_f \cdot \overline{\boldsymbol{T}}^{\mathrm{T}} \cdot \begin{pmatrix} \vec{e}_1 \\ \vec{e}_2 \\ \vec{e}_3 \end{pmatrix} \tag{4.17}$$

由此可知

$$\overline{\boldsymbol{K}}_e = \overline{\boldsymbol{T}} \cdot \overline{\boldsymbol{K}}_f \cdot \overline{\boldsymbol{T}}^{\mathrm{T}} \tag{4.18}$$

将式（4.11）和式（4.14）代入式（4.18）可得

$$\overline{\boldsymbol{K}}_e = k \begin{pmatrix} \cos^2\alpha \cdot \cos^2\beta + \sin^2\beta & \sin^2\alpha \cdot \cos\beta \cdot \sin\beta & \cos\alpha \cdot \sin\alpha \cdot \cos\beta \\ \sin^2\alpha \cdot \cos\beta \cdot \sin\beta & \cos^2\alpha \cdot \sin^2\beta + \cos^2\beta & -\cos\alpha \cdot \sin\alpha \cdot \sin\beta \\ \cos\alpha \cdot \sin\alpha \cdot \cos\beta & -\cos\alpha \cdot \sin\alpha \cdot \sin\beta & \sin^2\alpha \end{pmatrix} \tag{4.19}$$

4. 讨论

1）油藏内只有一组裂缝

此时可取裂缝方位为大地坐标线，使 $\beta = 90°$。由式（4.19）可得

$$\overline{\boldsymbol{K}}_e = k \begin{pmatrix} 1 & 0 & 0 \\ 0 & \cos^2\alpha & -\cos\alpha \cdot \sin\alpha \\ 0 & -\cos\alpha \cdot \sin\alpha & \sin^2\alpha \end{pmatrix} \tag{4.20}$$

2）油藏内有两组方位相同、倾角对称的裂缝

设第 1 组为右倾，其倾角 α；第 2 组为左倾，倾角为 $180°-\alpha$。由式（4.19）可得第 1、第 2 组裂缝渗透率张量分别为

$$\overline{\boldsymbol{K}}_{1e} = k \begin{pmatrix} 1 & 0 & 0 \\ 0 & \cos^2\alpha & -\cos\alpha \cdot \sin\alpha \\ 0 & -\cos\alpha \cdot \sin\alpha & \sin^2\alpha \end{pmatrix} \tag{4.21}$$

$$\overline{\boldsymbol{K}}_{2e} = k \begin{pmatrix} 1 & 0 & 0 \\ 0 & \cos^2\alpha & \cos\alpha \cdot \sin\alpha \\ 0 & \cos\alpha \cdot \sin\alpha & \sin^2\alpha \end{pmatrix} \tag{4.22}$$

由式（4.21）和式（4.22）得两组裂缝的总体渗透率张量：

$$\overline{\boldsymbol{K}}_e = \overline{\boldsymbol{K}}_{1e} + \overline{\boldsymbol{K}}_{2e} = 2k \begin{pmatrix} 1 & 0 & 0 \\ 0 & \cos^2\alpha & 0 \\ 0 & 0 & \sin^2\alpha \end{pmatrix} \tag{4.23}$$

3）油藏内相同倾角裂缝的方位角呈 360° 均匀分布

将 360° 方位均分为 $8N$ 个小区间，则每个区间内的裂缝为一组近似平行的裂缝，设其平行渗透率均为 k。

第一步：取第 1 个方位角小区间，设其角平分线的方位角为 β_1，则取 $\beta=\beta_1$、$\beta=180°-\beta_1$、$\beta=180°+\beta_1$、$\beta=360°-\beta_1$ 所对应的 4 组裂缝代入式（4.19）再相加，可得

$$\overline{\boldsymbol{K}}'_{1e} = 4k \begin{pmatrix} \cos^2\alpha \cdot \cos^2\beta + \sin^2\beta & 0 & 0 \\ 0 & \cos^2\alpha \cdot \sin^2\beta + \cos^2\beta & 0 \\ 0 & 0 & \sin^2\alpha \end{pmatrix} \tag{4.24}$$

第二步：再令 $\beta=90°-\beta_1$，重复第 1 步，可得

$$\overline{\boldsymbol{K}}''_{1e} = 4k \begin{pmatrix} \cos^2\alpha \cdot \sin^2\beta + \cos^2\beta & 0 & 0 \\ 0 & \cos^2\alpha \cdot \cos^2\beta + \sin^2\beta & 0 \\ 0 & 0 & \sin^2\alpha \end{pmatrix} \tag{4.25}$$

第三步：由式（4.24）与式（4.25）相加可得

$$\overline{\boldsymbol{K}}_{1e} = 4k \begin{pmatrix} \cos^2\alpha + 1 & 0 & 0 \\ 0 & \cos^2\alpha + 1 & 0 \\ 0 & 0 & 2\sin^2\alpha \end{pmatrix} \tag{4.26}$$

从 $\beta=\beta_1$ 到 $\beta=\beta_N$ 重复第 1 步~第 3 步，得到 $\overline{\boldsymbol{K}}_{1e} = \overline{\boldsymbol{K}}_{2e} = \cdots = \overline{\boldsymbol{K}}_{Ne}$，最后得到总体渗透率张量：

$$\overline{\boldsymbol{K}}_e = \overline{\boldsymbol{K}}_{1e} + \overline{\boldsymbol{K}}_{2e} + \cdots + \overline{\boldsymbol{K}}_{Ne} = 4Nk \begin{pmatrix} \cos^2\alpha + 1 & 0 & 0 \\ 0 & \cos^2\alpha + 1 & 0 \\ 0 & 0 & 2\sin^2\alpha \end{pmatrix} \tag{4.27}$$

通过上述研究可知，无论油藏中存在多少组裂缝，也无论裂缝的方位、密度及张开度等如何分布，都可以通过张量计算得到油藏内裂缝系统总体各向异性渗透率的主方向和主值，即等价转换为简化各向异性张量形式。

4.1.2　相似准则的应用

根据目标油藏的实际资料数据，计算表 2.1 中所列各种无量纲量的取值。物理模型的取值要使表 2.1 中各参数与实际油藏保持一致，以达到渗流特征相似，从而预测实际油藏开发效果。

1. 模型尺度和形状的确定（$\pi_1 \sim \pi_3$）

首先根据目标油藏尺度、实验室空间大小、模型精度等确定物理模型特征长度 L_m，然后根据 $\pi_1 \sim \pi_3$，即式（4.28）进行设计。

$$\left(\frac{x}{L}\right)_m = \left(\frac{x}{L}\right)_r ; \quad \left(\frac{y}{L}\right)_m = \left(\frac{y}{L}\right)_r ; \quad \left(\frac{z}{L}\right)_m = \left(\frac{z}{L}\right)_r \tag{4.28}$$

式中，m 和 r 分别表示模型和油藏。获得了实际油藏数据以后，就可以根据式（4.28）计算确定物理模型的各种几何参数。

2. 模型井筒半径的确定（π_4）

物理模型特征长度选定后，根据式（4.29）可以计算出满足相似准数 π_4 的物理模型井筒的尺寸。

$$\left(\frac{r_w}{L}\right)_m = \left(\frac{r_w}{L}\right)_r \tag{4.29}$$

3. 模型裂缝系统的建立（$\pi_5 \sim \pi_8$）

非均质各向异性裂缝性油藏相似物理模型的设计，就是依据相似性，对物理模型内不同区域、不同方向的裂缝密度进行设计，使物理模型与实际油藏相对应的区域、方向的渗透率比值相同，从而建立相似性的裂缝物理模型。该设计方法的基础是利用张量渗透率对油藏裂缝参数的处理。通过该方法设计的物理模型，裂缝的具体形态并不与实际油藏相同，但是可以满足物理模型裂缝系统渗透率的宏观分布与实际油藏相似的特点，从而通过该方法实现对实际裂缝性油藏的模拟。

首先要确定裂缝张开度。当裂缝面内填充有支撑物时，裂缝张开度为支撑物的直径。通常情况下，为了模型制作方便，单元岩块之间的裂缝内除粘接剂外不添加任何支撑物，此时模型内所有的裂缝张开度均为最小值，通过室内实验确定。

1）各向异性渗透率与裂缝密度的关系

由第 3 章建立的裂缝性油藏物理模型制作方法可知，单元岩块的粘接面是互相垂直的，形成了垂直正交的三维裂缝系统。以垂直正交的粘接面分别为三个坐标轴方向，建立直角坐标系 (x, y, z)，该坐标轴分别与单元岩块的三个粘接面平行，那么 x、y、z 三个方向即为裂缝各向异性渗透率张量的三个主值方向。

根据裂缝渗透率张量分析，上述三组裂缝的渗透率张量分别表示为

$$\boldsymbol{K}_{ex} = N_x K \begin{bmatrix} 0 & 0 & 0 \\ 0 & 1 & 0 \\ 0 & 0 & 1 \end{bmatrix} ; \quad \boldsymbol{K}_{ey} = N_y K \begin{bmatrix} 1 & 0 & 0 \\ 0 & 0 & 0 \\ 0 & 0 & 1 \end{bmatrix} ; \quad \boldsymbol{K}_{ez} = N_z K \begin{bmatrix} 1 & 0 & 0 \\ 0 & 1 & 0 \\ 0 & 0 & 0 \end{bmatrix} \tag{4.30}$$

式中，K_{ex}、K_{ey}、K_{ez} 分别为垂直于 x、y、z 方向的裂缝产生的各向异性渗透率张量；N_x、N_y、N_z 分别为垂直于 x、y、z 方向的裂缝密度；K 为单位密度的裂缝在平行于其自身方向的渗透率。

根据张量运算的叠加原理，裂缝系统的总体各向异性渗透率为

$$\boldsymbol{K}_e = \boldsymbol{K}_{ex} + \boldsymbol{K}_{ey} + \boldsymbol{K}_{ez} = K \begin{bmatrix} N_y + N_z & 0 & 0 \\ 0 & N_x + N_z & 0 \\ 0 & 0 & N_x + N_y \end{bmatrix} \tag{4.31}$$

x、y、z 三个方向的裂缝渗透率主值之比与裂缝密度之间的关系如下：

$$K_x : K_y : K_z = (N_y+N_z) : (N_x+N_z) : (N_x+N_y) \qquad (4.32)$$

可等价转化为

$$N_x : N_y : N_z = (K_y+K_z-K_x) : (K_z+K_x-K_y) : (K_x+K_y-K_z) \qquad (4.33)$$

式中，K_x、K_y、K_z 分别为裂缝渗透率在 x、y、z 方向的主值。

2）各向异性油藏相似模型

设实际油藏内裂缝各向异性渗透率的三个主值分别为 K_1，K_2，K_3。根据各向异性相似性要求，模型渗透率主值与油藏渗透率主值之间必须满足如下比例关系：

$$K_x : K_y : K_z = K_1 : K_2 : K_3 \qquad (4.34)$$

联立式（4.33）和式（4.34）可得

$$(N_y+N_z) : (N_x+N_z) : (N_x+N_y) = K_1 : K_2 : K_3 \qquad (4.35)$$

由式（4.35）可得

$$N_x : N_y : N_z = (K_2+K_3-K_1) : (K_3+K_1-K_2) : (K_1+K_2-K_3) \qquad (4.36)$$

或写为

$$\frac{N_x}{K_2+K_3-K_1} = \frac{N_y}{K_3+K_1-K_2} = \frac{N_z}{K_1+K_2-K_3} \qquad (4.37)$$

式中，K_1、K_2 和 K_3 为实际储层内对应区域渗透率测试值，为已知量。

式（4.37）即为使各向异性渗透率满足相似性要求的不同方向裂缝密度分布条件。

建立了简化各向异性模型设计方法后，可依据上述方法进行非均质简化各向异性裂缝模型的设计。

假设模型中任意的两个区域 A 和 B，分别与油藏中的两个区域 A' 和 B' 相对应。

当物理模型与实际油藏相似时，模型和油藏的渗透率主值满足如下关系：

$$\frac{K_{Ax}}{K_{Bx}} = \frac{K_{A1}}{K_{B1}}; \quad \frac{K_{Ay}}{K_{By}} = \frac{K_{A2}}{K_{B2}}; \quad \frac{K_{Az}}{K_{Bz}} = \frac{K_{A3}}{K_{B3}} \qquad (4.38)$$

式中，K_{Ax}、K_{Ay}、K_{Az} 和 K_{Bx}、K_{By}、K_{Bz} 分别为模型中两个区域裂缝渗透率主值；N_{Ax}、N_{Ay}、N_{Az} 和 N_{Bx}、N_{By}、N_{Bz} 分别为模型中两个区域垂直于 x、y、z 方向的裂缝密度；K_{A1}、K_{A2}、K_{A3} 和 K_{B1}、K_{B2}、K_{B3} 分别为油藏内对应区域裂缝渗透率主值。

根据式（4.37）可得

$$\frac{N_{Ay}+N_{Az}}{N_{By}+N_{Bz}} = \frac{K_{Ax}}{K_{Bx}}; \quad \frac{N_{Az}+N_{Ax}}{N_{Bz}+N_{Bx}} = \frac{K_{Ay}}{K_{By}}; \quad \frac{N_{Ax}+N_{Ay}}{N_{Bx}+N_{By}} = \frac{K_{Az}}{K_{Bz}} \qquad (4.39)$$

由式（4.38）与式（4.39）可得

$$\frac{N_{Ay}+N_{Az}}{N_{By}+N_{Bz}} = \frac{K_{A1}}{K_{B1}}; \quad \frac{N_{Az}+N_{Ax}}{N_{Bz}+N_{Bx}} = \frac{K_{A2}}{K_{B2}}; \quad \frac{N_{Ax}+N_{Ay}}{N_{Bx}+N_{By}} = \frac{K_{A3}}{K_{B3}} \qquad (4.40)$$

$$\frac{N_{Ax}}{K_{A2}+K_{A3}-K_{A1}} = \frac{N_{Bx}}{K_{B2}+K_{B3}-K_{B1}}$$

$$= \frac{N_{Ay}}{K_{A3}+K_{A1}-K_{A2}} = \frac{N_{By}}{K_{B3}+K_{B1}-K_{B2}} = \frac{N_{Az}}{K_{A1}+K_{A2}-K_{A3}} = \frac{N_{Bz}}{K_{B1}+K_{B2}-K_{B3}} \qquad (4.41)$$

当物理模型与实际油藏满足非均质性和各向异性相似时，式（4.41）即为物理模型中的裂缝设计所需满足的条件。由以上设计方法可知，当地层中发育不同岩相、不同泥质含量、不同韵律、不同隔夹层时，根据式（4.41），可以设计与地层相似的物理模型。该物理模型在裂缝渗透率非均质性与各向异性方面与实际油藏是相似的，即满足相似准数 $\pi_5 \sim \pi_7$：

$$\left(\frac{K_x}{\overline{K}}\right)_m = \left(\frac{K_x}{\overline{K}}\right)_r \; ; \; \left(\frac{K_y}{\overline{K}}\right)_m = \left(\frac{K_y}{\overline{K}}\right)_r \; ; \; \left(\frac{K_z}{\overline{K}}\right)_m = \left(\frac{K_z}{\overline{K}}\right)_r \quad (4.42)$$

当裂缝张开度为常数时，裂缝渗透率与裂缝孔隙度成正比，因此，裂缝渗透率的相似也实现了裂缝孔隙度的相似，即式（4.43）的成立满足 π_8：

$$\left(\frac{\phi}{\overline{\phi}}\right)_m = \left(\frac{\phi}{\overline{\phi}}\right)_r \quad (4.43)$$

4. 其他相似准数（$\pi_9 \sim \pi_{13}$）的实现

根据相似准数 π_9，按式（4.44）选择符合黏度要求的流体，即可满足 π_9：

$$\left(\frac{\mu_o}{\mu_w}\right)_m = \left(\frac{\mu_o}{\mu_w}\right)_r \quad (4.44)$$

驱替流体和被驱替流体选定后，$(\Delta\gamma)_m$ 随之确定。

根据动力相似性准数 π_{11} 计算确定物理模型的注采压差 $(\Delta p)_m$，则模型自然满足 π_{10}：

$$\left(\frac{\Delta\gamma \cdot L}{\Delta p}\right)_m = \left(\frac{\Delta\gamma \cdot L}{\Delta p}\right)_r \quad (4.45)$$

通过测试选取具有合适物性的天然岩块，使物理模型满足裂缝与基质原油储存能力之比的相似性准数 π_{12}，以及基质渗吸速度与裂缝渗流速度之比的相似性准数 π_{11}：

$$\left(\frac{R}{\phi}\right)_m = \left(\frac{R}{\phi}\right)_r \; ; \; \left(T_a \Big/ \frac{\mu_w L^2 \overline{\phi}}{\overline{K}\Delta p}\right)_m = \left(T_a \Big/ \frac{\mu_w L^2 \overline{\phi}}{\overline{K}\Delta p}\right)_r \quad (4.46)$$

选择模型实验相对应的时间，即相似性准数 π_{13}：

$$\left(t \Big/ \frac{\mu_w L^2 \overline{\phi}}{\overline{K}\Delta p}\right)_m = \left(t \Big/ \frac{\mu_w L^2 \overline{\phi}}{\overline{K}\Delta p}\right)_r \quad (4.47)$$

4.1.3　基于相似准则的特殊油藏参数处理

在裂缝性油藏物理模拟中，由于成本控制、实验室技术条件、操作水平等因素的制约，部分相似准数难以直接满足，需要进行特殊处理，以达到物理模型与实际油藏渗流特征相似的效果。

1. 井筒表皮系数

实际裂缝性油藏由于近井地层污染和完井过程缺陷，井筒表皮系数往往大于 0，而实验室物理模型的井筒表皮系数为 0，难以与实际油藏直接相似。对井筒表皮系数对油藏开发的影响进行分析，油水渗流阻力随着表皮系数的增大而增大，根据平面径向流产能公式可得式（4.48）。由该式可看出，实际裂缝性油藏的井筒表皮系数为 S 时，以注采压差 Δp 油藏生产，其等价于井筒表皮系数为 0 时，以注采压差 $\Delta p'$ 油藏生产。

$$Q = \frac{2\pi Kh}{\mu B_o} \cdot \frac{\Delta p_{油藏}}{\ln\dfrac{R_{e油藏}}{r_{w油藏}} + S} = \frac{2\pi Kh}{\mu B_o} \cdot \frac{\Delta p'_{油藏}}{\ln\dfrac{R_{e油藏}}{r_{w油藏}}} \quad (4.48)$$

式中，Q、μ、K 和 h 分别为油井产量、流体黏度、地层渗透率和地层厚度；B_o 为原油体积系数；S 为油井表皮系数；$\Delta p_{油藏}$ 和 $\Delta p'_{油藏}$ 分别为表皮系数为 S 和 0 时所对应的注采压差；$r_{w油藏}$ 为油藏井径；$R_{e油藏}$ 为油藏单井等效供给半径。

在实验室物理模拟参数设计中，将 $\Delta p'_{油藏}$ 作为实际油藏的有效注采压差，这样就解决了物理模型与实际油藏表皮系数不相同的问题。

2. 井筒半径

实际油藏布井开发时，面积注采单元往往大于 $10 \times 10^4\,\mathrm{m}^2$，井筒半径为 5 ~ 10cm。然而，实验室物理模型面积注采单元一般不超过 $2\mathrm{m}^2$，根据几何相似（相似准数 π_6），其井筒半径不应超过 0.5mm。如果采用如此小的井径，井筒摩阻效应将会严重阻碍流体流动，从而大大影响模拟结果的精度和可靠性，因此必须采用其他方法进行等效处理。

根据压降漏斗原理，圆形定压供给边界中心 1 口井定压生产时，各等压线均为圆形，井筒本身也是一圈等压线。根据圆形供给边界压力和井筒压力，便可确定供给边界到井筒间的压力分布。井筒半径由小变大时，大井筒位置必然与采用小井筒时一条等压线重合。变化井径时，通过相应地变化井筒处压力，便可保持供给边界和井筒间压力分布不变。进而，采用两种不同半径井筒时产量变化规律完全相同，如图 4.6 所示。

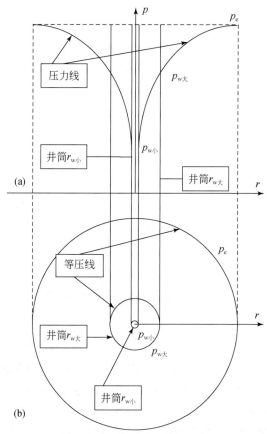

图 4.6　不同井径与压力关系

图（a）为侧视图，图（b）为顶视图

这种等效处理方法首先要确定单井供液区域。五点注采井网单元如图 4.7 所示，假设正方形注采单元边长为 L，则注采单元面积为 L^2。五点井网单元中心 1 口井，角上 4 口角井，共计 2 口井，则单井控制面积为 $L^2/2$，五点注采井网等价于面积为 $L^2/2$ 的正方形定压供给边界，中心 1 口井定压生产；进而等价于等面积圆形定压供给边界，中心 1 口井生产，如图 4.7 所示。由等效圆形供给边界面积，可以求得等效供给半径。然后进行井径等价处理，注采定压生产时井间压力分布如图 4.8 所示，小井筒本身为一等压线，大井筒与以小井筒生产时的一条等压线近似重合。根据渗流理论，采用两个不同井径井筒时，若井筒到供给边界间压力分布相同，则两井筒产量变化规律完全相同。由平面径向流产能公式可得式（4.49）和式（4.50）。

$$Q = \frac{2\pi K h\left(p_e - p_{w小}\right)}{\mu \ln \dfrac{R_e}{r_{w小}}} = \frac{2\pi K h\left(p_e - p_{w大}\right)}{\mu \ln \dfrac{R_e}{r_{w大}}} \tag{4.49}$$

$$\frac{\Delta p_小}{\Delta p_大} = \frac{p_e - p_{w小}}{p_e - p_{w大}} = \frac{\ln\left(\dfrac{R_e}{r_{w小}}\right)}{\ln\left(\dfrac{R_e}{r_{w大}}\right)} \tag{4.50}$$

式中，下标"小"代表小井径对应参数，下标"大"代表大井径对应参数。根据式（4.49）和式（4.50），实验室设计时即可采用放大井径 $r_{w大}$ 代替原始相似井径 $r_{w小}$，注采压差使用大井径对应的注采压差 $\Delta p_大$。这种等效处理方法很好地解决了井径过小时流体渗流摩阻过大的问题，渗流效果（压力分布与产量变化规律）与小井径时完全相同。

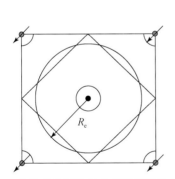

图 4.7　五点注采井网单元中等效供给边界示意图

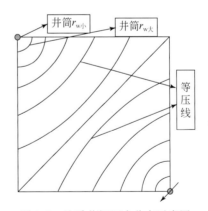

图 4.8　注采井间压力分布示意图

3. 基质裂缝可动油之比

对于裂缝性油藏，绝大部分的油储存于基质中，基质中的油能否采出、采出多少将直接关系到裂缝性油藏整体开发效果，而相似准数 π_{11} 正是保证物理模型与实际油藏基质裂缝贡献率相似的关键。理论上实验者可以通过筛选不同物性的基质岩块达到物理模型与实际油藏 π_{11} 完全一致的目的，但实际操作中由于经济、时间成本的问题，可行性较差。因此在进行裂缝性油藏物理模拟时，需要采用特殊的饱和技术来定量控制基质与裂缝之间可动油的比例，从而满足相似准则 π_{11} 的要求，这是裂缝性物理模拟的关键技术之一。

　　该方法是依据油藏的润湿性、饱和流体次序等对油气水分布的影响，利用有限抽真空饱和的方法实现基质可动油的定量控制，如图4.9、图4.10所示，基本原理如下：通过定量控制抽出水的体积，再饱和等体积的油，实现基质岩块中可动油量的定量控制。该过程包括两次有限抽真空饱和流体的过程。第一次进行抽真空饱和水时，通过控制真空度，将基质岩块中的部分气体抽出，然后饱和水，从而达到未被抽出的气体占据岩块深部孔道，而其余孔隙被饱和水占据的状态；第二次抽真空饱和油时，通过定量抽取饱和水的体积，然后饱和等体积油的方法实现定量控制基质可动油的体积。此时，油占据岩块表层附近孔道中间，而气体占据岩块深部孔道中间，水则以水膜形式覆盖于所有孔道壁面以及岩块中部孔道。

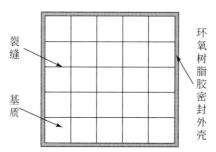

图4.9　密封的裂缝性渗流介质示意图

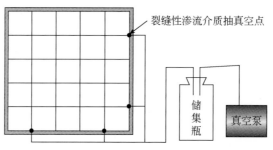

图4.10　裂缝性渗流介质抽真空装置图

　　所谓有限抽真空饱和方法，就是采用真空装置对物理模型抽真空，在达到完全真空状态之前，当压力达到某一真空度时即停止抽真空，并立即采用饱和流体的方法。该方法通过控制真空度抽出物理模型中部分气体，同时在物理模型中留存部分气体，使物理模型处于有限真空状态，并非完全真空状态。达到目标真空度后，在负压条件下立即对物理模型饱和流体，直至整个模型压力恢复初始状态。

　　图4.11给出了岩心在不同表压时含水饱和度的变化曲线，可以看出，当压力低于1个标准大气压时，随着压力的增加，岩心含水饱和度逐渐降低，大量实验的统计结果表明，含水饱和度与表压呈线性关系，不同的真空度对应着不同的含水饱和度。因此，通过控制不同的真空度，可以实现对流体饱和度的控制。通过大量实验数据验证了通过控制真空度实现可动油定量控制方法的可靠性。

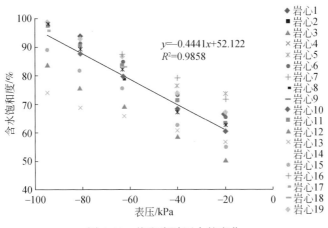

图 4.11　饱和度随压力的变化

当油藏亲水时，有限抽真空饱和过程中油气水的分布特征如下。第一次有限抽真空饱和水过程，岩块中的流体为水和气，其中水为润湿相，气为非润湿相。抽真空之前，岩块中的孔隙全部被气相占据；饱和水之后，岩块表层至中部的孔隙全部被水占据，岩块深部孔隙的中间孔道被残留的气团占据，在深部孔隙的壁面由水附着形成水膜。第一次有限抽真空饱和水过程中，是润湿相水驱出非润湿相气的过程，因此该过程为吸吮过程。有限抽真空方法通过控制真空度可以控制一部分气团留存在岩块的深部孔喉中。第一次有限抽真空饱和水以后，气水分布如图 4.12 所示。第二次有限抽真空饱和油时，岩块中的流体为油气水三相，其中水为润湿相，油和气为非润湿相。与第一次有限抽真空饱和水的吸吮过程不同，第二次有限抽真空饱和油的过程是非润湿相油驱出润湿相水的过程，即驱替过程。由于水是润湿相，会在孔喉壁面形成一层水膜。薄膜形态的水具有较高的流动阻力，油很难把水膜从孔喉表面驱走。因此，第二次抽真空饱和油以后，油气水呈如下的分布状态：油占据岩块内部表层附近区域的孔隙中间部位，水的分布则可以分为两部分，一是在油相波及的岩块内部表层区域，以水膜形式附着于岩块内部靠近表层的孔隙壁面；二是在油相未波及的岩块中深部区域，以连续相存在于岩块中部的孔道以及以水膜形式存在深部孔道的壁面；而气相则仍然以残留气团形式占据岩石深部孔道中间。油气水在第二次抽真空饱和油以后的分布如图 4.13 所示。

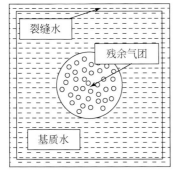

图 4.12　饱和水后岩块中的气水分布

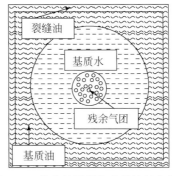

图 4.13　饱和油后岩块中的油气水分布

实际操作过程中，可按如下步骤定量控制基质中的可动油量。

1）建立裂缝性物理模型

挑选足够数量的合格单元岩块，按3.2节提出的粘接方式制作裂缝性物理模型，单元岩块就是物理模型的基质，单元岩块间以点状粘接的缝隙是裂缝物理模型的裂缝。

2）密封裂缝性物理模型

将裂缝性物理模型用选定的粘接剂密封。

3）连接抽真空装置

将模型抽真空位置处的管线与真空装置连接。

4）第一次有限抽真空饱和水

用真空装置对干燥的岩块抽真空，通过控制真空度将部分空气抽出，使岩块处于有限真空状态，即岩块中残留部分气团，并非完全真空状态。在负压作用下对裂缝模型饱和水，直至整个模型压力恢复初始状态。

5）油驱水与计算裂缝孔隙体积

通过上注下采进行油驱水实验，直至产出液达到稳定状态，并且全部是连续的油相，含水率为0%，计量前后油的体积差及驱出水的体积。由于油藏是亲水油藏，油是非润湿相，在常压下油不能进入亲水岩石的孔隙中，油相占据的是裂缝的体积。因此，油驱水过程实际是油驱出裂缝体系中的水。通过计量前后油的体积差或驱出水的体积，就可以计算出裂缝的孔隙体积。

6）按照目标可动油比例，计算基质中需要饱和油的体积

根据已经计算出的裂缝体积，按照设计的基质与裂缝可动油的比例，计算出基质中需要饱和油的体积。

7）第二次有限抽真空饱和油

对模型进行第二次有限抽真空，按照已经计算出的基质中需饱和油的体积，定量控制抽出水的体积。在负压作用下对裂缝模型饱和油，直至整个模型压力再次恢复至初始状态。油气水在岩块饱和油以后的分布，如图4.13所示。

4.2　物理模型制作配套技术

进行裂缝性油藏的物理模拟研究，除了要有合适的物理建模方法以外，还要有合适的配套技术。本节在第3章基于离散化思想的裂缝性物理模型建立方法的基础上，介绍应用于裂缝性油藏物理模拟中的井筒内置方法、井筒封堵方法、油水饱和度测试方法等配套技术。

4.2.1　井筒内置方法

在油藏物理模拟中，不可避免地需要制作满足实验要求的井筒模型，特别是由于复杂结构井在油气田开发中的普及应用，给油藏模型井筒制作技术提出了更高的要求。复杂结构井通过增大油气藏的泄油面积来提高油气井产量，是油气藏开发井型的发展趋势，其渗

流过程和规律一直是人们关注的问题，并希望能够通过物理模拟手段开展深入研究。但是，此前尚未发现较成功的复杂结构井油藏物理模拟研究报道，原因之一是实验室在现有条件下难以制作满足油藏模拟要求的复杂结构井筒模型。

1. 制作原理

该井筒制作方法是以离散化油藏物理模型为基础的。首先依据物理模拟中井型和井筒结构的设计要求，在指定岩块中按照一定方式钻孔得到小井筒段，再将小井筒段所在岩块按照一定顺序粘接就可以组成完整的井筒。井筒的组合方式如图 4.14 所示。

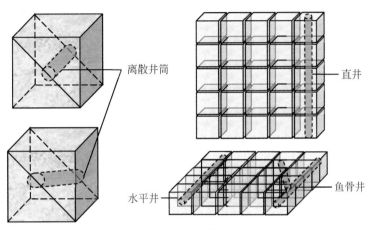

图 4.14　内置井筒示意图

单个小岩块具有不同的钻孔方式（孔眼位置和方向），依据实验设计井型及小岩块在模型中所处的位置，就可以形成具有不同井型和不同井段长度的井筒。

采用特殊的钻孔加工技术，对井筒穿过的小岩块进行处理。井型设计和井位选取时保证井筒在小岩块内部穿过，避免在岩块之间平行于岩块表面穿行，给工艺过程带来不便。

经钻孔的小岩块之间用选定的胶液（环氧树脂）相粘接，按照预定的顺序粘接在一起。

因为上述油藏模型中井筒是由若干个小井段粘接组合而成的，井筒的形式和各种参数是由小岩块的钻孔方式决定的，所以可称作离散井筒。

该井筒的建立方法具有一定的优势，一方面井筒的形式和各种参数由单元岩块的钻孔方式决定，可以精确控制井筒半径和形状，使物理模型的井筒与实际油藏具有相似的半径、相同的倾斜角和方位角，实现井筒的相似性；另一方面，只要在物理模型建立之前完成目标井型的设计，就可以在模型中预置各种复杂井型，即井筒与模型的建立具有同步性，消除井筒建立过程中对物理模型的污染。应用该方法可以在裂缝性油藏物理模型中建立直井、水平井、复杂结构井等多种井型井筒。

2. 制作步骤

1）井筒模型离散化

首先设计出油气藏物理实验模型中所需的井型结构，然后根据离散化原理，把所需井型的井筒划分成多个用于制作渗流模型的小岩块中的小井筒段。每个小岩块的钻孔方位由井型结构和网格块所处的位置决定。不同井型井段的井筒模型离散不同，对于直井采用垂直段的离散方式，对于水平井采用水平段的离散方式，对于复杂结构井采用垂直段、水平段和分支段组合的离散方式。

物理实验模型中井筒的尺度由小岩块的尺寸、小岩块的数量和小岩块的钻取方式决定。可以制作任意尺度大小和任意井型的物理模拟井筒模型。

2）小岩块的加工制备

筛选符合物性参数要求的天然地层岩石，并将其作为制作小岩块的原材料。天然岩石的材质应尽量均匀，以保证小岩块的物性分布均匀。

然后切割加工天然地层岩石制作小岩块。小岩块形状必须是严格的立方体，任何边长和角度的误差都不超过 0.5%。

3）井筒小岩块的钻取

首先确定出油气藏物理实验模型中井筒部分的小岩块，筛选出的岩块按照设计井型结构、模型中所处位置选择合适的钻孔方式。

对于物理模型中井筒的垂直段和水平段，小岩块的钻取方法相对较简单，采用常规井筒钻取设备。为保证井筒位置的对称性和制作工艺的方便，钻孔位置位于小岩块的中心位置，即要求岩块的进口点和出口点都位于岩块表面的中心。

对于分支段，小岩块的钻取方式相对复杂，岩块的进口点和出口点都不再是位于岩块表面的中心，而是根据岩块在物理模型所处的位置，按照井筒轨迹设计钻入和钻出点在岩块表面上的位置。钻孔工艺技术如图 4.15 所示，岩块进入点的位置由下部三角形垫块的角度决定，当小岩块的钻入点确定后，选择合适角度的三角形垫块。通过以上方法可得到具有任意钻孔方位的小岩块，由此可以制作出在三维空间任意方向的分支井段。

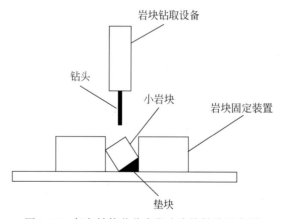

图 4.15　复杂结构井分支段小岩块钻孔示意图

4）井筒小岩块的粘接

采用特定的粘接剂（环氧树脂）将已钻孔的小岩块粘接在一起，构成满足实验要求的井筒。

3. 实钻井筒

根据离散化原理，首先将目标井筒离散到物理模型中，然后按照离散井筒所在的单元岩块顺序编号，再按照离散井筒的方位和倾角进行钻取，最后将钻取的离散井筒按原顺序粘接形成完整的井筒，实钻井筒如图 4.16 所示。

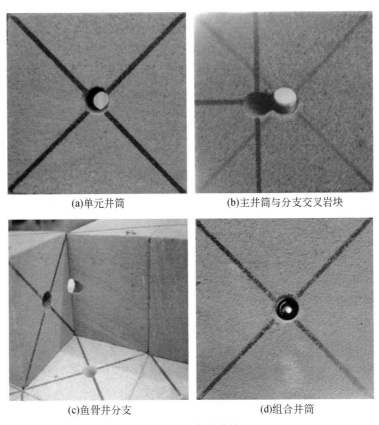

(a)单元井筒　　　　　　　　　(b)主井筒与分支交叉岩块

(c)鱼骨井分支　　　　　　　　(d)组合井筒

图 4.16　实钻井筒

4.2.2　井筒封堵方法

在裂缝性油藏物理模拟中，当进行多种开采方案的对比及优化时，由于制作物理模型工作量繁重、所需空间大、制作成本高，客观上难以制作多个物理模型。因此，有必要对同一个物理模型重复利用，模拟多种井型开发方案。经过研究表明，在研究单一井型时，必须对其他井型井筒进行封堵，以消除其对模型内渗流的影响。为了在一个物理模型中完成多种不同方案的对比及优化，同时消除预置井筒对渗流的干扰，围绕井筒、流体及油藏岩体间的相互作用关系，设计了一种内置井筒封堵装置。在物理模型内置井筒中应用该装置，能够实现井筒中任意井段的封堵和解封，从而在一个物理模型中完成多组实验方案。该装置的发明提高了模型的利用率、多方案的可对比度，减少了模型成本及实验周期。

1. 封堵原理及装置结构

该装置能够实现对内置井筒的封堵和解封，其原理如下：在物理模型的井筒内放置可膨胀和收缩的弹性管线，通过模型外部压力源调节弹性管线内流体的压力，从而引起弹性管线的膨胀和收缩，达到封堵和解封井筒的目的。

弹性管线易于变形，将弹性管线放入内置的井筒时，井筒内壁粗糙、摩擦阻力大等原因可能导致弹性管线变形、弯曲、堵塞，造成不能顺利放入井筒的问题。为了确保弹性管线顺利放入井筒，将一根刚性管线内套于弹性管线，利用刚性管线将弹性管线送入井筒，利用弹性管线进行封堵。刚性管线的作用包括：①流体导流作用，通过刚性管线管壁上开的通孔，流体能流入刚性管线与弹性管线的环形空腔内，使环形空腔与压力源保持相同压力；②引导支撑作用，弹性管线内套一根刚性管线，将弹性管线的两端通过密封装置与刚性管线固定密封连接，刚性管线做弹性管线进入井筒的载体，通过刚性管线的引导，将弹性管线送入内置的井筒。弹性管线的作用为实现井筒的动态开启与封堵。

井筒封堵装置主体由刚性管线和弹性管线两部分组成，示意图和实物图分别如图 4.17 和图 4.18 所示。在刚性管线的侧壁至少设置一个通孔，将弹性管线套于刚性管线外部，并将弹性管线两端分别密封在刚性管线上，从而两条管线的环空形成一个空腔。该空腔与刚性管线通过预置通孔连通，从而共享一个压力系统，通过控制刚性管线内的压力即可控制空腔内的压力。刚性管线的一端封闭，另一端与压力源连接，连接及试压流程如图 4.19 所示。

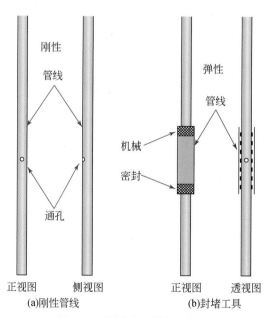

图 4.17　封堵装置结构示意图

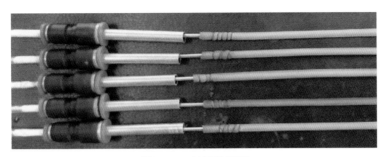

图 4.18　封堵装置图

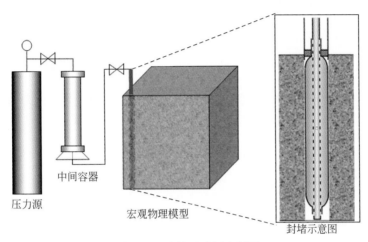

图 4.19　连接及试压流程图

压力源通过通孔与环形空腔连通，压力源和环形空腔为同一压力系统，可以通过调节压力源控制环形空腔内的压力。压力源通过中间容器与刚性管线连接。中间容器包括容器壳体和设置在中间容器内的活塞。在中间容器内，活塞的一侧为充满气体的气体腔，另一侧为充满液体的液体腔，压力源与气体腔连通，刚性管线的另一端与液体腔连通。

当一定压力的流体经刚性管线的通孔进入刚性管线与弹性管线所形成的环形空腔，弹性管线开始膨胀时，则环形空腔内的流体压力、弹性管线的弹性力和封堵深度处的液柱压力之间存在式（4.51）的关系：

$$P_{lf} > P_{lp} + P_{lh} \tag{4.51}$$

式中，P_{lf} 为环形空腔内的流体压力，kPa；P_{lp} 为弹性管线的弹性力，kPa；P_{lh} 为封堵深度所对应的液柱压力，kPa。

式（4.51）成立时，弹性管线逐渐膨胀直至紧贴井筒内壁，在井筒内壁的约束下不再膨胀，实现对井筒的封堵。此时作用在弹性管线上的力，除了弹性管线内的流体压力和弹性管线自身的弹性力外，还有井筒内壁作用在弹性管线上的力以及油藏内井壁处流体的压力，各种作用力之间的平衡关系见式（4.52）：

$$P_{lf} = P_{lp} + P_{rf} + P_{wp} \tag{4.52}$$

式中，P_{rf}为井壁处流体压力，kPa；P_{wp}为井壁对弹性管线的作用力，kPa。

在式（4.52）中，P_{lf}由压力源控制；P_{lp}取决于弹性管线的材质，在筛选管线时可以测定；对于P_{lh}，只要确定了封堵深度，根据液柱静压力公式即可计算出；P_{rf}取决于实验时确定的油藏条件；P_{wp}是动态变化的，取决于弹性管线的膨胀状态以及实验条件。当弹性管线膨胀半径小于井筒半径时，即

$$r_{po} < r_{wi} \tag{4.53}$$

式中，r_{po}为弹性管线的膨胀半径，mm；r_{wi}为内置井筒半径，mm；

井筒内壁对弹性管线上的作用力等于0，即

$$P_{wp} = 0 \tag{4.54}$$

当弹性管线紧贴井筒不再膨胀时，弹性管线膨胀半径与井筒半径相等，即

$$r_{po} = r_{wi} \tag{4.55}$$

此时，井筒内壁对弹性管线上的作用力大小满足式（4.52）。

只有满足

$$P_{wp} > P_{rf} \tag{4.56}$$

才能确保井筒的有效封堵，封堵之后，井筒的流量为0。因此，可以通过井筒的流量变化判断该井筒的封堵状态。

考虑实验过程中存在压力波动，给出压力修正关系式：

$$P_{wp} = P_{rf} + \alpha P_{rf} \tag{4.57}$$

式中，α为修正系数，可取0.2。压力修正系数α的引入，可以确保压力波动情况下也能有理想的封堵效果。

若要解除对井筒的封堵，只要满足式（4.54）即可，但在实验条件下，通常将井筒封堵装置内的流体压力调至最低，即可实现对井筒的解封。解封之后，该井筒在实验驱替压力下将可以正常生产。因此，可以通过井筒的流量变化判断井筒是否已经解封。

为了便于实际操作，对于刚性管线，优选刚性为主并略有弹性的管线，既能利用刚性管线的支撑作用，又能利用弹性变形、适应性强的特点，将管线送入井筒。对于弹性管线，其膨胀半径要大于井筒半径，确保不会因为弹性管线膨胀过小而导致对井筒内壁封堵不严，或者直接导致弹性管线破裂；弹性管线还要具备一定的耐油性，以免长时间与油接触，被油腐蚀。

管线的优选要求如下：

对于直径的选取，遵循$D_{wi} > D_{po}$、$D_{pi} > D_{ro}$的原则，确保弹性管线内套刚性管线后，能顺利送入内置的井筒，其中，D_{wi}为内置井筒内径，mm；D_{po}为弹性管线外径，mm；D_{pi}为弹性管线内径，mm；D_{ro}为刚性管线外径，mm。

在实际制作过程中，建议选择外径为Φ2mm至Φ3mm的钢管或铜管作为刚性管线，选择外径为Φ4mm至Φ5mm的乳胶管作为弹性管线。

2. 制作步骤

封堵装置制作的具体步骤如下：

（1）根据内置井筒内径的大小，选取适当直径的刚性管线和弹性管线。

（2）截取长度为1.2倍井筒长度的刚性管线，截取长度为封堵段长度1.1倍的弹性

管线。

（3）确定井筒封堵的井段与刚性管线所对应的位置及长度，在封堵井段内对应的刚性管线上钻取适当数量的通孔，封堵井段较长时，建议钻取 3～4 个通孔。

（4）将已钻通孔的刚性管线内套于弹性管线，并使通孔位置处于弹性管线的中间，将弹性管线两端密封在刚性管线上，同时密封刚性管线的底端，使用机械、粘接两种方式密封。

（5）按照试压流程连接，进行试压。试压合格后泄压，将其放入内置的井筒内，调整封堵装置的位置，使其与设计的封堵井段相符；将封堵装置送入井筒的过程中，可将弹性管线置于负压状态，使其紧贴刚性管线的外壁，更利于将封堵装置送入井筒。

（6）对刚性管线和弹性管线抽真空后，将刚性管线连接至有恒压压力源的中间容器，打开供液阀，以试压合格时记录的压力为参考，调节压力源的压力至井筒没有流量为止，根据式（4.41）计算封堵压力。

（7）在模型的表面，对刚性管线与井筒的环空进行密封。

3. 封堵方式

可以实现的封堵方式包括单一段局部封堵、多段同时封堵、全井段封堵，如图 4.20 所示。

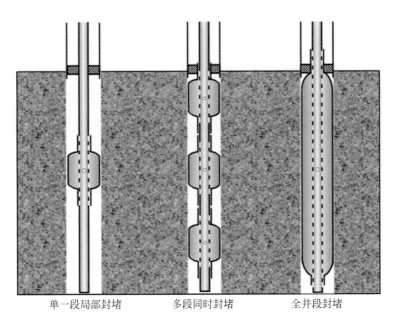

单一段局部封堵　　　　多段同时封堵　　　　全井段封堵

图 4.20　封堵状态透视图

1）单一段局部封堵

确定单一段局部封堵的位置及封堵长度，选取所对应的刚性管线和弹性管线的长度，即可实现单一段局部封堵。

2）多段同时封堵

当刚性管线上有多个通孔时，每个通孔可以单独制作一个封闭的环形空间，实现多个封堵段的封堵。确定多段封堵的位置及封堵长度，选取所对应的刚性管线和弹性管线的长度，对每个封堵段分别密封，各封堵段通过通孔使其处于同一个压力系统，通过调节恒压源的压力，即可实现多个井段同时封堵。

3）全井段封堵

选取全井段长度所对应的刚性管线和弹性管线，即可实现全井段封堵。全井段封堵时，可在刚性管线侧壁上设置 3～4 个通孔。

4. 效果检测

试压是检验该封堵装置对井筒封堵效果的重要环节。进行试压就是要确保该封堵装置的封堵效果，确定封堵压力。

试压前，将压力源（如氮气瓶）连接在装有流体（如水）的中间容器上，中间容器的液体空腔与刚性管线连接。通过调节压力源的压力，可以控制该井筒封堵装置对井筒的封堵及解封。

试压分入井前试压和入井后试压两个阶段进行。第一阶段为入井前试压。为了方便观察、检测，选择与井筒内径相同的透明管线，将已经密封的封堵工具置于透明管线内，透明管线的长度要大于刚性管线的长度，确保弹性管线全部在透明管线之内，打开压力源，进行试压，并记录压力。该阶段的优点是可以清晰观察封堵工具的膨胀及封堵状态、位置，精确定位需要调整的部位；缺点是透明管线内壁光滑，不能反映井筒内的真实情况。第二阶段为入井后试压。以第一阶段封堵试压为基础，可调节压力至第一阶段确定的压力，观察封堵井筒的流量。通过微调压力源的压力，确保井筒的流量为零。当井筒不再有流体流出时，认为达到封堵效果。考虑实验过程中存在的压力波动，可根据式（4.41）调整压力，在确保压力波动的情况下，也能有较理想的封堵效果。通过两个阶段的试压，确保封堵工具在实际井筒内有较理想的封堵效果。

4.2.3 油水饱和度测试方法

在油藏物理模拟研究中，油水饱和度是一个重要的参数，模拟驱替过程中的波及系数和驱油效率都由其数值变化来体现。先前研究者使用的油水饱和度测试方法主要有两种：第一种是在模型本体上安装监测双电极探头进行在线监测，此方法多用于填砂模型中，但由于探头尺寸较大，会对裂缝性模型中的裂缝系统渗流造成较大干扰，同时，阴阳两极间距离过小，油水交替流经探头时会引起测试结果的不稳定，因此并不适用于裂缝性油藏物理模拟中；第二种是采用 CT 扫描技术，一般适用于较小面积的平板模型，不适用于较大尺度的三维裂缝性模型。因此难以使用以前的油水饱和度测试技术监测实验中裂缝性油藏物理模型中的油水饱和度变化。本节提出的裂缝性油藏物理模型油水饱和度测试系统，可方便地实现裂缝性油藏物理模型内部裂缝各点的油水饱和度测量，从而得到不同驱替条件下的注入水波及系数和驱油效率，为裂缝性油藏渗流机理及开发规律研究提供了关键技术手段。

1. 方法原理

由于注入水的电阻率远低于模拟油，两个固定点之间区域的不同油水饱和度会对应不同的电阻率。两点间区域的电阻率越大，两点间的平均含油饱和度也就越大。

在建立裂缝性油藏物理模型的过程中，在模型内部各裂缝交点处埋设多组直径不超过 0.5mm 的单电极探头。实验中通过测量不同两点单电极间的电阻值，经由数据处理软件即可转化为两点间区域的平均含油饱和度，通过瞬时改变通电单电极点的组合即可检测不同位置的含油饱和度。该系统可以在裂缝性油藏物理模拟实验中测得任意时刻下裂缝性油藏物理模型内部任意区域的含油饱和度分布，从而可知不同驱替条件下的注入水波及系数和驱油效率。

2. 实施步骤

1）单电极的材料选择与制作

裂缝性油藏物理模拟中，裂缝系统的渗流对干扰是非常敏感的，所以单电极探头及引线尺寸要尽量小。电极探头及引线应具有强导电性，引线四周应具有绝缘体保护。选取直径不超过 0.5mm 的漆包铜质绝缘线作为电极引线，引线端点位置将绝缘层小心刮去，作为单电极探头。

2）埋设单电极探头

物理模型建立过程中，每粘接完一层模型，需埋设该层的单电极探头。将电极探头置于四块岩块相接的交叉缝中点，引线沿裂缝面引出。其中引线需用少量黏胶固定在裂缝上以避免偏移。根据需要，每一层可布置数排单电极探头。为降低引线对裂缝系统渗流的干扰以及方便与电阻率测定仪有序连接，不同电极探头的引线应避免交叉并排列有序，如图 4.21 所示。该层电极探头埋设完毕后，进行下一层的岩块粘接。模型粘接完毕后外接三维示意图如图 4.22 所示。

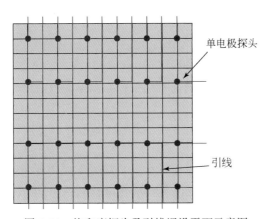

单电极探头

引线

图 4.21　饱和度探头及引线埋设平面示意图

3）数据采集

选用具有巡回检测功能的电阻率测定仪进行各测点间电阻测量，同一时间只启用两个测点，测试电阻值等于两点间裂缝内流体的电阻值。各测试点间互不干扰，避免了多点同时测试时模型内部复杂电场造成的干扰。巡检时间间隔小于 0.2s，保证不同测点组合测得的电阻值为相同时间步的取值。

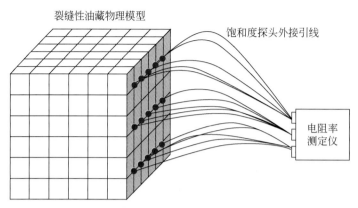

图 4.22　裂缝性油藏物理模型及饱和度测试系统三维示意图

4）数据转换

根据电阻率与含油饱和度的标定实验结果，建立裂缝性物理模型中裂缝两点间平均含油饱和度与单位距离电阻值的对应关系，该关系与物理实验中采用的模拟油与注入水性质相关。在测试实验中采用 0# 柴油（密度为 $850kg/m^3$，黏度为 $3.66mPa \cdot s$）及自来水（密度为 $1000kg/m^3$，黏度为 $1mPa \cdot s$），测得裂缝性物理模型中裂缝两点间平均含油饱和度与单位距离电阻值有如下对应关系。

当单位距离电阻值在 $0.5 \sim 0.8M\Omega/m$ 时：

$$S_0 = 1.17035R - 0.58517 \tag{4.58}$$

当单位距离电阻值在 $0.8 \sim 52M\Omega/m$ 时：

$$S_0 = -0.000075R^2 + 0.01045R + 0.35615 \tag{4.59}$$

当单位距离电阻值在 $52 \sim 20000M\Omega/m$ 时：

$$S_0 = 0.000001R + 0.78167 \tag{4.60}$$

编制程序即可将实验中不同时间、不同测点间测得的电阻值转化为对应区域的平均含油饱和度。

根据上述步骤，就可以实现对裂缝性油藏物理模型中任意时间点任意位置的油水饱和度的测量。

4.3　物理模型制作过程

首先要根据实际油藏储层物性及相似准则确定制作模型所使用的基质天然露头或人造岩样，需要考虑基质渗透率、孔隙度、润湿性及渗吸半周期等因素。挑选符合物性要求的岩样，经过原料去粗取精处理后，加工规格为 5cm×5cm×5cm 的正方体岩块，要求尺寸误差小于 0.1mm、角度误差小于 0.5°，作为粘接所需岩块。

岩块粘接及模型密封材料：环氧树脂。

井筒及测压管线材料：井筒采用裸眼完井方式，外接管线采用外径为 6mm、内径为 4mm 的聚氯乙烯透明管材，测压管线采用外径为 4mm、内径为 2.5mm 的聚氯乙烯透明管材。

下面详细介绍模型建立的实际操作过程：

（1）为了避免物理模型某处应力集中，造成模型损坏，建立模型之前，在工作台上放置足够大且平整的橡胶板及钢板，作为模型的底座。

（2）在钢板上画出标记线，以保证模型建立过程中岩块对齐。

（3）虽然每个岩块都经过了精挑细选，但为使模型的裂缝张开度达到最小并尽量保证每条裂缝面都能对齐成一个平面，在粘接每一层以前，都要对这一层预先进行岩块的挑选和排布，并加以必要的修正和调整。

（4）根据预先设计好的打井位置，对需要打井的岩块先钻孔。

（5）对排好的一层岩块进行粘接。根据裂缝各向异性相似性设计，需要打开的裂缝面，对其相邻的岩块涂胶点；需要封死的裂缝面，对其相邻的岩块涂胶线。为定量控制裂缝渗透率，点胶过程使用点胶机严格控制出胶量。

（6）粘接完毕后，用环氧树脂胶对模型外表面进行密封，等胶彻底凝固后，再密封一层，如此反复共密封3层，目的是保证模型外表耐压性，以免在实验过程中损坏。

（7）密封完成后，在指定位置打饱和孔和测压孔，并连接饱和管线与测压管线。

（8）确定管线与模型密封性能良好，无漏气漏液现象，模型制作完毕。

第5章　潜山裂缝性油藏复杂结构井开采机理研究

本章针对辽河潜山类油藏共同特点，应用本书所介绍的非均质各向异性裂缝性油藏物理模拟方法，以兴古 7 潜山油藏为具体参考对象，建立裂缝性油藏大尺度相似物理模型，用以研究水平井、复杂结构井开采该类油藏的机理和规律，为潜山油藏高效开发设计提供可靠依据。

5.1　油藏概况及研究内容

5.1.1　兴古 7 油藏概况

兴古 7 潜山油藏区块由两条相交的正断层和一条逆断层控制，山势南面和西面较缓，东面和北面地势陡，如图 5.1 所示，构造面积为 6km²。

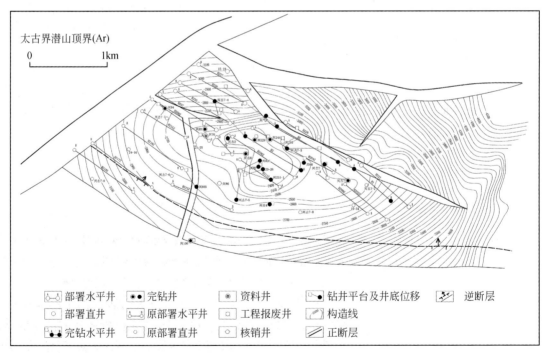

图 5.1　兴古七潜山面构造

注：图中无字头井前均为"兴古7-"

　　兴古 7 区块油藏类型为裂缝性块状岩性–构造油藏。根据该块完钻井的录井、测井、试油、试采资料，确定该块油藏埋深 2335～3960m，未发现边底水。

　　兴古 7 潜山油藏构造缝发育，其次是节理缝，溶蚀缝洞不发育。裂缝中高角度缝占 32.8%，斜交缝占 66.9%，低角度缝只占 0.3%，反映该区构造裂缝以中高角度裂缝为主，如图 5.2 所示。

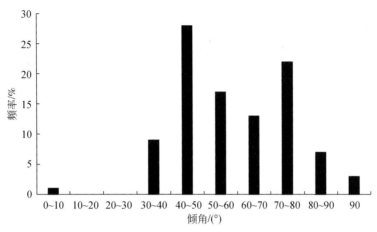

图 5.2　兴古 7 潜山岩性统计裂缝倾角直方图

　　兴古 7 潜山原油性质好，地层密度为 0.6442g/cm^3，地层黏度为 0.384mPa·s；地面密度为 0.8207g/cm^3，地面黏度为 3.57mPa·s；原油原始溶解气油比为 147，饱和压力为 20MPa；含蜡量为 9.2%，凝固点为 27℃，为轻质原油。

　　试油认识：平面上全区块含油，纵向上整体含油，无气顶，未见底水；潜山上、中、下段均有产能，多数井具有自喷能力；压裂有一定效果。

　　试采认识：储层有一定非均质性；油藏天然能量不充足；水平井产能高、递减小；井间干扰显而不彰。

5.1.2　复杂结构井适应性分析

1. 水平井注水开发特点分析

　　利用水平井开发油气田是提高采收率的一项重要技术。水平井投资成本为常规直井的 2～3 倍，而产量则是直井的 4～8 倍。水平井可以动用直井无法开发的区块，提高油层的钻遇率，单井产量高，油气的采收率高。此外，水平井还可以减少地面设施，减少生产占地，降低环境污染，避免部分地面风险。在过去，水平井主要是作为生产井，从油藏中获得油井所允许的最大经济效益；20 世纪 90 年代初，有研究人员提出水平井注水技术，之后这项技术得到了迅速发展，特别是在低渗透油田开发中取得了较好的经济效益。

　　1991 年美国德士古公司首次利用水平井对 NewHope 油田进行注水开发试验，使该油田的单井产量从原来的 14t/d 增加到 56t/d，达到了该油田 45 年来的最高水平，取得了很好的开发效果。评价结果表明，利用水平井注水，2 口水平井可以代替 6 口直井。至此，水平井注水技术迅速发展，相继在美国阿拉斯加州的 Prudhoe 湾油田、Valhalla Boundary Lake "M" 油藏、Thamama 油藏、Yibal 油田等各大油田中都得到了成功的应用。在阿曼苏丹国的 Saih Rawl 油田、Yibal 油田、Safah 等油田中，利用水平井注水技术，油田整体采收率平均提高了 10%～15%，最终采收率平均为 30%～35%。特别是 Yibal 油田，其注水最终采收率达到了 50%，取得了显著的开发效果。

从国内的水平井注水开发实践来看，较为成功的实例之一是塔里木油田。2003 年，塔里木哈得 4 油田薄砂层油藏利用水平井注水，取得了较好的开发效果。截至 2004 年 2 月，薄砂层油藏已累计注水 $18.1825 \times 10^4 \mathrm{m}^3$，其中 2003 年 9 月 30 日后累计注水量为 $14.4377 \times 10^4 \mathrm{m}^3$，平均地层压力较投注前恢复约 5MPa。日产液量已由注水井投注前的 639t/d 上升到 2004 年 2 月的 868t/d，日产油量由 602t/d 上升到 726t/d。国内其他油田也在依靠科技进步和技术创新，大力推进水平井注水的规模应用。

作为一种高效的油气田开采技术，水平井注水技术对低渗透油田的开发效果有极大的改善作用。世界范围成功的水平井注水先例证明，水平井注水不仅可提高注水量，增大驱油效率和波及系数，还可提高油藏的压力维持程度，从而获得良好的经济效益。

J. J. Taber 等研究的结果表明：2 口平行的水平井（一注一采）与直井的五点法井网相比较，水平井注水能够增加数十倍的注入量，区域驱油效率能够增加 25%～40%。此外，若油层较薄，且井网较稀，水平井则能够发挥更大的优势。另外，应用水平注水井和生产井结合技术能够大幅度提高波及效率，对于较薄地层和较稀井网，波及效率能够达到最大（最高波及效率可以达到 90%）。同时水平井水驱采油具有的压力优势是直井无法相比的，水平井注采时的压力降不会集中在某一点，而是分散在比较长的井段上，压力降较小，油水前缘界面变形也小，并且具有很好的稳定性，可以有效减缓注入水沿主流线的推进速度，因此可以延迟注入水到生产井的突破时间或使含水率增速变缓。对于以高角度裂缝为主的裂缝性油藏，水平井与直井相比可以提高裂缝钻遇率，增加油藏泄油面积，从而获得较高产能。

2. 鱼骨井开发特点分析

鱼骨型分支井钻井技术是在水平井钻井技术基础上发展起来的，是指在水平井水平段的左右两侧或单侧再钻进两个或两个以上分支井眼的一种钻井新技术。

分支井技术起源于 20 世纪 50 年代，第一批分支井开始于苏联的俄罗斯和乌克兰地区，第二批分支井于 1968 年开钻于苏联的西伯利亚地区。直到 1995 年以后，随着水平井完井技术的发展和三维地震技术的普及，鱼骨型分支井技术才得到了迅速的发展。到 2005 年左右，鱼骨井已成为油藏开发的热门技术，引起了世界石油工业的广泛关注。

与常规水平井相比，鱼骨型分支井有助于以较低的成本开发多产层油藏、形状不规则油藏以及低渗、稠油、薄层、枯竭油藏和裂缝性油藏等。从钻井角度看，鱼骨型分支井可以大大节约钻井成本和时间，增加油层裸露面积，减少占用土地及有利于环境保护。

现场资料显示，兴古 7 部分井附近地层污染严重，表皮系数在 20 以上，相邻生产井受效不显著。

对兴古 7 油藏局部采用鱼骨井注水。鱼骨井注水分支可延伸到生产井正下方，如图 5.3 所示。所以采用鱼骨井注水时，多个分支同时注水，可增大注水面积，更有利于形成

"底水均衡托进"的注水模式，从而改善局部注采状况，获得理想的开发效果。

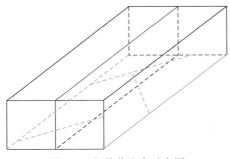

图 5.3 鱼骨井注水示意图

3. 兴古 7 油藏复杂结构井立体井网开发设想

兴古 7 油藏复杂结构井开发初步设计井网如图 5.4 所示。设计水平井段长为 600 ~ 1000m。纵向上水平主干井筒交错叠置，为立体五点注采井网，注采井距 200m，如图 5.5 所示。

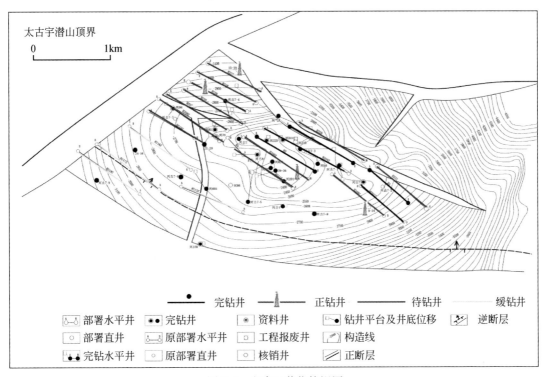

图 5.4 兴古 7 井位俯视图

注：图中无字头井前均为"兴古7-"

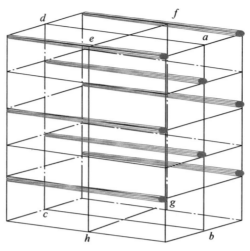

图 5.5　水平井立体五点注采井网

5.1.3　研究内容

（1）基于裂缝性渗流介质制作技术，研究建立满足相似准则的油藏宏观物理模型及测试方法；

（2）水平井、鱼骨井油藏适应性及筛选标准研究；

（3）鱼骨井及多底井的主干段和分支段合理长度、合理角度研究；

（4）水平井、鱼骨井合理井网配置及分段、交错部署驱替规律物理模拟研究；

（5）水平井、鱼骨井、多底井底部注水、对应层段注水和顶部注水的注水机理和注采规律、产量变化规律预测方法研究。

5.1.4　研究方法

（1）理论分析、物理实验、数值模拟相结合；

（2）理论分析为基础，包括相似理论、渗流理论、油藏工程理论等；

（3）物理实验为主干，研究主要的影响因素和影响规律；

（4）数值模拟为辅助，延伸物理实验成果，完善项目研究内容。

5.1.5　技术路线

（1）裂缝介质制作方法选定；

（2）人造裂缝介质孔渗参数的测试与控制；

（3）相似性分析，包括油藏、井网、井筒、流体介质等各项主要参数；

（4）注水开发机理分析，考虑注采压力、重力、黏性阻力和毛细管力及其彼此之间的相互作用；

（5）裂缝性油藏物理模型设计、制作，多种模型，考虑油藏、井网、井筒、流体介质等各项因素；

（6）模型辅助系统设计，包括供液、供压系统、流体循环系统、压力与流量测试系统等；

（7）实验方案设计，多种方案，包括模型的饱和、驱替过程及数据测试类型、时段、频率、位置等；

（8）实验过程，多人多项操作同时进行，密切配合，随时观察实验过程是否正常；

（9）实验结果数据的整理、分析，井网、井型优化；

（10）油藏数值模拟建模与模拟方案设计；

（11）数值模拟计算与结果分析，井网、井型优化；

（12）全面分析比较，总结规律，提出开发建议。

5.2　裂缝性油藏渗流理论分析

油井的产液量和含水率是油藏开发过程中的重要参数，决定着油井的产量。对于裂缝性油藏，油井的产液量与裂缝发育程度及地层能量有关。含水上升速度的主要影响因素则包括：注入水沿主流线的突进、油水窜流作用，以及基质–裂缝的渗吸作用，如图 5.6 所示。

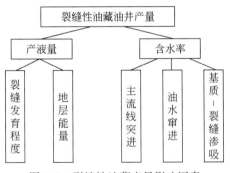

图 5.6　裂缝性油藏产量影响因素

5.2.1　油藏渗流综合受力分析

对于纵向尺度较大的裂缝性油藏，常采用立体注采井网开发。立体注采井网是低部位注水，高部位采油。裂缝性油藏水平井立体注采井网及其油水受力分析如图 5.7 所示。在油藏渗流与开发过程中，注采压差表现为驱动力；黏滞力表现为阻力；重力对油水在垂向上的运动起到一定的分异作用，对水相表现为阻力，对油相则表现为动力；毛细管力为基质–裂缝渗吸交换的动力。

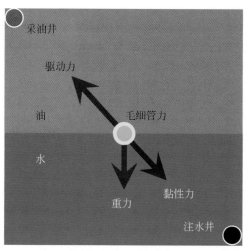

图5.7　裂缝性油藏立体注采井网油水受力分析及渗流机理

　　理想的水驱开发模式如图5.8所示。注入水形成"人造底水"，平缓而均衡地向上托进，无注入水窜进及突进现象，渗吸交换瞬间完成，油水界面清晰。然而油藏实际开采过程中受基质-裂缝渗吸作用、油水窜进和注入水沿主流线突进作用的影响，很难实现或保持如此清晰的油水分界面。如果水的黏度比油小，而注采压差过大时，水就会克服重力分异作用，突破油水界面而超越到油前面，造成注入水窜进现象（图5.9）。如果水的黏度比油大，则不会在油水界面上发生窜进，然而注采压差过大时，主流线的水突进速度比其他流线快，也会先于其他流线中的油相进入生产井，造成注入水突进现象（图5.10）。当没有渗吸作用影响时，油水界面清晰，界面以上为油，界面以下是水（图5.11）。然而在裂缝性油藏中，水将裂缝中的油驱走，并沿裂缝向生产井流动，基质依靠渗吸作用向裂缝系统供油，导致裂缝系统中油水界面不清晰，出现油水两相共存区域（图5.12）。

图5.8　理想的水驱开发情况

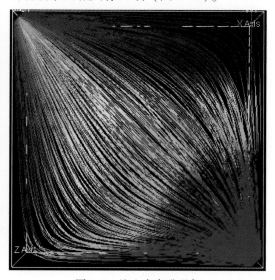

图5.9　注入水窜进现象

图 5.10　注入水沿主流线突进现象

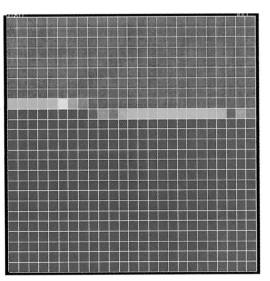

图 5.11　无渗吸作用影响的情况

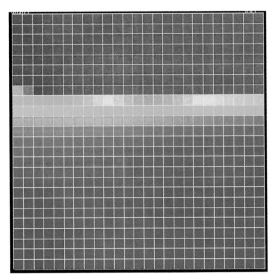

图 5.12　存在渗吸作用影响的情况

5.2.2　重力分异作用下的临界注采压差理论分析

由于水的密度大于油的密度，重力分异会对注入水向上窜进起到一定的抑制作用。

针对取流场内油水界面上任意一个微元（图 5.13），认为油水运动为活塞式驱替（即不考虑毛细管力），则有

$$\vec{v}_{o\perp} = -\frac{K}{\mu_o}\left(\frac{\partial P}{\partial z} - \rho_o g\right) ; \quad \vec{v}_{w\perp} = -\frac{K}{\mu_w}\left(\frac{\partial P}{\partial z} - \rho_w g\right) \tag{5.1}$$

当水刚好不发生向上窜进现象时，有

$$\vec{v}_{o\perp} = \vec{v}_{w\perp} \tag{5.2}$$

即

$$\frac{K}{\mu_o}\left(\frac{\partial P}{\partial z_{临界}} - \rho_o g\right) = \frac{K}{\mu_w}\left(\frac{\partial P}{\partial z_{临界}} - \rho_w g\right) \tag{5.3}$$

可得

$$\frac{\partial P}{\partial z_{临界}} = \frac{\mu_o \rho_w - \mu_w \rho_w}{\mu_o - \mu_w} \cdot g \tag{5.4}$$

所以，当 $\frac{\partial P}{\partial z} < \frac{\partial P}{\partial z_{临界}}$ 或 $\mu_o \leqslant \mu_w$ 时，不会出现底水上窜现象。

由于注采井连线上压力梯度最大，且压力梯度为注采压差 ΔP 的函数，即

$$\frac{\partial P}{\partial z} = f(\Delta P) \tag{5.5}$$

故存在临界注采压差 $\Delta P'$，当 $\Delta P < \Delta P'$ 时，刚好满足：

$$\frac{\partial P}{\partial z} < \frac{\partial P}{\partial z_{临界}} \tag{5.6}$$

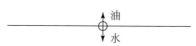

图 5.13　油水界面上的微元

5.2.3　渗吸作用与注采速度的关系

　　裂缝性油藏在水驱开发过程中，裂缝先见水，基质系统与裂缝之间形成饱和度差，在毛细管力的作用下，裂缝中的水通过渗吸作用进入基质并置换出其中的油。

　　渗吸半周期是反映基质与裂缝间渗吸作用强弱的一个量，渗吸半周期短意味着渗吸过程可以较快进行。油藏基质岩石的渗吸半周期是一定的，当以适当的速度进行注水开发时，裂缝与基质间的渗吸交换较充分，基质中较多的油被置换出来。渗吸作用降低了生产井的含水上升速度，也提高了油藏的最终采收率。反之，当注水速度过大时，注入水在裂缝中快速运动，生产井过早见水，基质与裂缝间的渗吸交换尚不充分；同时由于基质向裂缝中的供油速度相对缓慢，生产井含水上升迅速，很快水淹乃至开发终止，从而降低了油藏最终采收率。

5.3　三维裂缝性各向异性渗流模型制作

　　本节详细阐述实验室模型的制作过程。首先是油藏物性参数的获得。在此基础上，以模拟油藏实际开发效果为目标，以相似准则为理论指导，展开三维裂缝性各向异性渗

流模型的制作。制作过程分三步：模型岩体的制作、实验流体的选择及渗吸现象的相似。

5.3.1 油藏物性参数及计算方法

1. 目标油藏的物性参数

兴古 7 油藏各物性参数见表 5.1。

表 5.1 兴古 7 油藏物性参数

物性	数值	物性	数值
X 方向裂缝渗透率/mD	1.97	地层油密度/(g/cm³)	0.64
Y 方向裂缝渗透率/mD	0.985	水油密度差/(g/cm³)	0.36
Z 方向裂缝渗透率/mD	1.48	体积系数	1.616
基质孔隙度/%	4.6	地面油密度/(g/cm³)	0.821
基质束缚水饱和度/%	37.5	地层原油黏度/(mPa·s)	0.384
基质残余油饱和度/%	34.3	地层水黏度/(mPa·s)	0.533
裂缝孔隙度/%	1.0	油水黏度比	0.72
基质与裂缝可动油量比	1.3:1		

各物性参数获得过程：除裂缝渗透率外，其他参数均来自兴古 7 内部资料。

2. 目标油藏各向异性渗透率的确定

1）裂缝各向异性渗透率计算

兴古 7 油藏裂缝渗透率利用各向异性渗透率张量理论由实际生产测试数据计算得到。该油藏裂缝分布为式（5.7）所属情况，将裂缝方位取作 Y 坐标轴，则 $\beta=0°$，可得

$$\begin{cases} k_x = 2k \\ k_y = 2k\cos^2\alpha \\ k_z = 2k\sin^2\alpha \end{cases} \tag{5.7}$$

裂缝中高角度缝（70°~90°，取 80°）占 32.8%，斜交缝（20°~70°，取 45°）占 66.9%，低角度缝（小于 20°，取 10°）只占 0.3%。

得到主方向裂缝渗透率：$(k_x, k_y, k_z) = 2k \times (1, 0.352, 0.649)$。

共轭方向裂缝渗透率：$(k_x, k_y, k_z) = 2k \times (0.352, 1, 0.649)$。

根据现场资料，主方向裂缝与共轭方向裂缝比例关系为 5:1。

从而得到总的渗透率：$(k_x, k_y, k_z) = 2k \times (1.05, 0.55, 0.8)$。

即各方向渗透率的比例关系 $k_x : k_y : k_z = 4:2:3$。

2）应用直井（兴古 7-1 井）生产资料及产能公式计算油藏渗透率

根据兴古 7-1 井测井解释，纵向上将储层分成三段：上段，2600~2900m；中段，3100~3450m；下段，3500~3800m。

　　三段的有效厚度见表5.2。结合井史给出兴古7-1井射孔井段（3704.5~3774.0m），射穿的有效厚度为45.5m，结合表5.2可知兴古7-1井初期的射孔井段为下段。该井在钻井过程中井底有污染，表皮因子为19.4。

表5.2　集中段有效厚度统计

井号	上段			中段			下段		
	总有效厚度/m	集中段有效厚度/m	集中段占比例/%	总有效厚度/m	集中段有效厚度/m	集中段占比例/%	总有效厚度/m	集中段有效厚度/m	集中段所占比例/%
兴古7-1	133.8	120.0	89.7	155.0	103.8	66.9	61.3	61.3	100.0

　　由平面径向流产量公式可知：

$$Q = \frac{2\pi Kh(P_e - P_w)}{\mu B\left(\ln\dfrac{R_e}{R_w} + S\right)} \tag{5.8}$$

$$K = \frac{Q\mu B\left(\ln\dfrac{R_e}{R_w} + S\right)}{2\pi h(P_e - P_w)} \tag{5.9}$$

式中，$Q = 23.4\text{m}^3/\text{d}$；$R_w = 0.07\text{m}$；$R_e = 230\text{m}$；$B = 1.616$；$S = 19.4$；$h = 45.5\text{m}$；$P_e = 41.24\text{MPa}$；$P_{wf} = P_{套压} + P_{动液面} = 2.5 + 644.2 \times 10 \times 3700 \times 10^{-6} = 26.34\text{MPa}$。

　　代入以上相关数据得到兴古7-1井附近地层渗透率为1.08mD。

　　3）应用水平井（兴古7-H1井）生产资料及产能公式计算油藏渗透率

　　水平井产能公式为

$$Q = \frac{\dfrac{2\pi Kh(P_e - P_w)}{\mu B_0}}{\ln\left[\dfrac{a + \sqrt{a^2 - \left(\dfrac{L}{2}\right)^2}}{L/2}\right] + \dfrac{h}{L}\left[\ln\left(\dfrac{h}{2\pi r_w}\right) + S\right]} \tag{5.10}$$

$$K = \frac{\mu B_0 Q \cdot \left(\ln\left[\dfrac{a + \sqrt{a^2 - \left(\dfrac{L}{2}\right)^2}}{\dfrac{L}{2}}\right] + \dfrac{h}{L}\left[\ln\left(\dfrac{h}{2\pi r_w}\right) + S\right]\right)}{2\pi h(P_e - P_w)} \tag{5.11}$$

式中：h 为油藏高度，m；P_e 为原始油藏压力，MPa；P_w 为生产井井底流压，MPa；L 为水平井长度，m；r_w 为井筒半径，m；a 为泄油椭圆区域长半轴，$a = \left(\dfrac{L}{2}\right)\left[0.5 + \sqrt{\left(\dfrac{2r_{eh}}{L}\right)^4 + 0.25}\right]^{0.5}$，m；$r_{eh}$ 为水平井泄油半径，m；μ 为地层原油黏度，mPa·s；B_0 为地层原油体积系数，m³/m³；Q 为产液量，m³/d。

　　根据兴古7-H1井动态资料得到相关数据如下：$h = 400\text{m}$；$Q = 128\text{m}^3/\text{d}$；$r_{eh} = 700\text{m}$；$L = 1000\text{m}$；$r_w = 0.07\text{m}$；$a = 794.16\text{m}$；$P_e = 36.88\text{MPa}$；$P_{wf} = 34.18\text{MPa}$；$S = 25$；$\mu = 0.384\text{mP·s}$。

　　代入相关数据得到兴古7-H1井附近地层渗透率为1.76mD。

4）兴古 7 油藏平均渗透率及各向异性渗透率主值

将由兴古 7-1 井和兴古 7-H1 井计算得到的地层渗透率取算术平均，作为兴古 7 油藏的平均渗透率：

$$K_{平均} = (K_{7-1} + K_{7-H1})/2 = (1.08\mathrm{mD} + 1.76\mathrm{mD})/2 = 1.42\mathrm{mD} \tag{5.12}$$

根据上述研究结果，兴古 7 油藏各向异性渗透率主值之比为

$$K_x : K_y : K_z = 4 : 2 : 3 \tag{5.13}$$

同时，根据各向异性渗流理论，有

$$(K_x \cdot K_y \cdot K_z)^{1/3} = K_{平均} = 1.42\mathrm{mD} \tag{5.14}$$

由上述两式计算可得

$$K_x = 1.97\mathrm{mD};\ K_y = 0.985\mathrm{mD};\ K_z = 1.48\mathrm{mD} \tag{5.15}$$

5.3.2　模型岩体的制作

1. 各向异性裂缝分布设计方法

对于裂缝性油藏物理模型，假设 x 方向垂直缝（$\beta = 90°$，$\alpha = 90°$）条数为 N_x，y 方向垂直缝（$\beta = 0°$，$\alpha = 90°$）条数为 N_y，水平缝（$\beta = 90°$，$\alpha = 0°$）条数为 N_z，则有

$$k_{eN_x} = N_x \begin{bmatrix} 1 & 0 & 0 \\ 0 & 0 & 0 \\ 0 & 0 & 1 \end{bmatrix} \tag{5.16}$$

$$k_{eN_y} = N_y \begin{bmatrix} 0 & 0 & 0 \\ 0 & 1 & 0 \\ 0 & 0 & 1 \end{bmatrix} \tag{5.17}$$

$$k_{eN_z} = N_z \begin{bmatrix} 1 & 0 & 0 \\ 0 & 1 & 0 \\ 0 & 0 & 0 \end{bmatrix} \tag{5.18}$$

以上裂缝系统产生的 x、y、z 方向渗透率主值之比为

$$k_x : k_y : k_z = (N_x + N_z) : (N_y + N_z) : (N_x + N_y) \tag{5.19}$$

根据上述研究结果，$k_x : k_y : k_z = 4 : 2 : 3$，代入式（5.19）可得：$N_x : N_y : N_z = 5 : 1 : 3$。以上得出的各方向裂缝条数比例用于裂缝性油藏物理模型的制作。

2. 模型压力测试方法

模型表面布置若干测压点，用以反映模型内部的压力分布，如图 5.13 所示。

如图 5.14 所示，共布置两排测压点，一排布置在沿注采井连线上，另一排布置在注采井中间的等势线上，测压点均打在基质岩块之间的十字交叉缝上。压力分布情况可反映裂缝性渗流介质的制作水平，也可为解释模型内部的渗流机理起到辅助作用。

常规测压表精度为 0.005MPa，即 50cm 水柱。由于模型采用 4m 水柱以下的微压驱动，常规测压表精度太低，无法达到实验要求。基于这一困难，实验过程中采用了自制的测压系统进行测压，如图 5.15 所示。根据连通器原理，刻度板上的读数即为测压点的真实压

力值，误差为 0.1cm 水柱，满足实验精度要求。

实验中测压管线选用透明塑料管，这样也方便观察模型中油水界面的运动情况，从而实现对饱和度的测试。

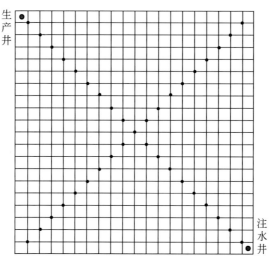

图 5.14　模型表面测压点分布

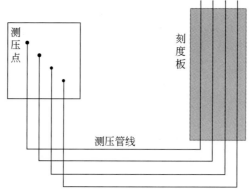

图 5.15　测压系统原理示意图

3. 材料选择、岩块加工及挑选

经过近半年时间的尝试与选择，先后从山西、云南、四川选取并调运砂岩露头，进行了 536 次岩心测试实验，最终确定模型制作材料如下：

渗流介质材料：选取平均渗透率为 30mD、孔隙度 16% 的黄砂岩。

挑选符合孔渗参数要求的天然砂岩露头，经过原料去粗取精处理后，加工规格为 5cm×5cm×5cm 的 9500 块正方体岩块，作为初选岩块。由于加工工艺方面的限制，制作的岩块难免会有误差，需进一步进行筛选。从备选岩块中挑选尺寸误差小于 0.1mm、角度误差小于 0.5° 的 6500 块，作为粘接所需岩块。

岩块粘接及模型密封材料：环氧树脂。

井筒及测压管线材料：井筒采用裸眼完井方式，外接管线采用外径为 6mm、内径为 4mm

的聚氯乙烯透明管材，测压管线采用外径为 4mm、内径为 2.5mm 的聚氯乙烯透明管材。

4. 模型建立过程

（1）为了方便操作，在实验室内制作高 50cm，长宽均为 150cm 的水平实验台。

（2）为了避免渗流模型某处应力集中，造成模型破坏，模型的底座采用"橡胶板+钢板"结构。在实验台指定位置放置一块厚 2cm、长 110cm、宽 50cm 的橡胶板（长宽与模型一致）。在橡胶板上面放置厚 2cm、长 120cm、宽 60cm 的平钢板。调整位置使橡胶板位于钢板正中间。

（3）在钢板上画标线，以保证岩块对齐，同时保证模型落在钢板正中间。

（4）虽然每个岩块都经过了精挑细选，但为使模型的裂缝张开度达到最小并尽量保证每条裂缝面都能对齐成一个平面，在粘接每一层以前，都要对这一层进行挑块、排块，并修正、调整，如图 5.16 所示。

选块排块　　　　　　　　　　排块后近景

图 5.16　粘接前排块

（5）对排好的一层岩块进行粘接。根据 4.2.1 节的计算结果，三个方向的裂缝密度为 5∶1∶3。经研究分析决定，X 方向的 9 个垂直裂缝面全部打开，Y 方向的 21 个垂直裂缝面仅保留第 3 条、第 8 条、第 14 条和第 19 条，21 个水平裂缝面封死 7 个，分别为第 2 条、第 5 条、第 8 条、第 11 条、第 14 条、第 17 条、第 20 条。需要打开的裂缝面，对其相邻的岩块涂胶点；需要封死的裂缝面，对其相邻的岩块涂胶线。为定量控制裂缝渗透率，点胶过程使用点胶机严格控制出胶量。

（6）预先设计好打井位置，对需要打井的岩块先钻孔，再粘接，如图 5.17 所示。

图 5.17　指定岩块打井过程

（7）重复步骤（5）和步骤（6）。该模型的制作共需粘接 $22×10×22＝4840$ 个岩块，如图 5.18 所示。

第1层粘接完毕　　　　　　　第2层粘接完毕　　　　　　　第13层粘接完毕

除组件外粘接完毕　　　　　　　粘接完毕　　　　　　　检验

图 5.18　模型粘接全过程

（8）粘接完毕后，用环氧树脂胶对模型外表面进行密封，等胶彻底凝固后，再密封一层，如此反复共密封 3 层，目的是保证模型外表耐压性，以免在实验过程中损坏。

（9）密封完成后，在指定位置打饱和孔和测压孔，并连接饱和管线与测压管线。

（10）确定管线与模型密封性能良好，无漏气漏液现象，模型制作完毕，如图 5.19 所示。

图 5.19　制作完毕的模型

5.3.3　实验流体的选择

根据相似准则 π_9，油水黏度比是必须满足的一个相似准数。因此，实验必须选择合适黏度的流体。包括被驱替剂（油）的选择及驱替液的选择。

考虑到安全性，具有较强挥发性和毒性的轻质油不适合在实验室内使用。最终选择了挥发性和毒性小、黏度 3.4mP·s 的柴油。然后需要配置 4.72mP·s 的驱替液，以达到油水黏度比 0.72，与兴古 7 油藏实际保持一致。

实验室尝试并研究了多种流体作为驱替剂的可行性：

（1）18℃时纯水的黏度是 1mPa·s，黏度太小。

（2）向水中添加盐可以增黏，然而在室温 18℃ 下，盐水最大浓度约为 27%，黏度仅为 1.6mPa·s

（3）聚丙烯酰胺的增黏效果较好，可以达到需要黏度。但聚合物溶液为絮状混合物，容易堵塞渗流通道；另外其渗流机理尚不完全明确，会给实验带来更多不确定因素，故弃用。

（4）经调研，大庆油田做过用糖水增黏的矿场试验，浓度为 38% 的糖水就可达到黏度 4.72mPa·s，且糖水对物理模型伤害小，故最终确定用浓度为 38% 的糖水做驱替剂。

5.3.4　渗吸现象的相似

根据相似准则 π_{11} 和 π_{12}，裂缝与基质的可动油量比和无量纲渗吸半周期是渗吸现象相似必须满足的两个相似准数。因此，实验室模拟时必须定量控制基质与裂缝的可动油量比和基质的渗吸半周期。

兴古 7 油藏基质与裂缝中可动油量之比为 1.3:1，油田实际尚无基质岩块渗吸半周期数据，通过调研得知，潜山裂缝性油藏基质岩块渗吸半周期平均为 1 年。根据相似准则 π_{11} 和 π_{12}，实验室模型基质与裂缝可动油量比应为 1.3:1，渗吸半周期应为 12min。

制作方法：把基质中饱和水（图 5.20），再用抽真空的方法抽出基质中的部分水，然后再把裂缝与基质都饱和油（图 5.21），通过控制抽出基质中水量的多少，就可以定量地控制基质与裂缝中的可动油比例。通过尝试不同的岩石，可以找出定基质可动油量时，渗吸半周期为 12min 的石材，从而实现模型与油藏渗吸作用的相似。

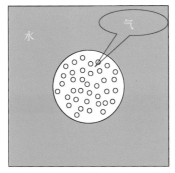 

图 5.20　饱和水后岩块中的气水分布　　　图 5.21　饱和油后岩块中的油气水分布

　　实验选材：经过历时近半年的尝试与选择，进行了 536 次岩心测试实验，最终确定模型制作材料为平均渗透率 30mD、孔隙度 16% 的四川黄砂岩露头。

　　下面通过实验详细阐述 2 个相似准数 π_{11} 和 π_{12} 的实现过程。

　　实验目的：得到合理的基质饱和油量，使基质的可动油量与裂缝油量的比值为 1.3：1，并选择在该油量下，渗吸半周期 12min 的岩样。

　　实验思路：如图 5.22 所示。

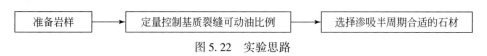

图 5.22　实验思路

　　实验流体：黏度为 3.4mPa·s、密度为 0.82g/cm³ 的 0# 柴油，黏度为 4.72mPa·s、密度为 1.16g/cm³ 的糖水。

　　实验设备：真空泵，用从几十种砂岩露头中选出的 13 种岩样分别制作的 10cm×10cm×10cm（8 块 5cm×5cm×5cm 的岩块通过点状粘胶粘接而成）的小模型若干（图 5.23），部分岩样如图 5.24 所示。

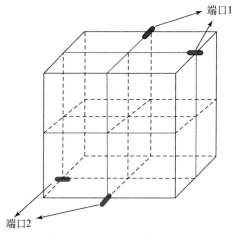

图 5.23　裂缝性小模型示意图

　　山西黄砂岩　　　　　　山西绿砂岩　　　　　　山西青砂岩　　　　　　山西深红砂岩

四川粉砂岩　　　　四川黄砂岩　　　　云南粉红砂岩　　　　云南灰纹

图 5.24　部分岩石样品

实验步骤如下：

（1）对每种岩样的裂缝性小模型，逐次尝试并最终定量控制其基质裂缝可动油比例，流程如图 5.25 所示。

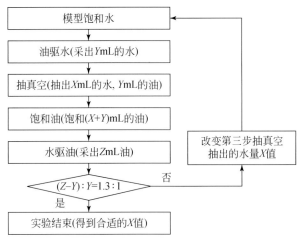

图 5.25　定量控制基质裂缝可动油比例实验流程

（2）选择渗吸半周期为 12min 的岩样。选择各种岩样的标准岩块，根据步骤（1）的结论，对不同岩样的岩块用抽真空排水的方式饱和油，保证每个岩块的可动油量为 1.5mL。将各岩块完全浸泡在黏度为 4.72mPa·s 的糖水中，在渗吸作用下，12min 采出 0.75mL 的岩样即是所求。

最终确定四川黄砂岩为实验所需，通过折算，该物理模型需要饱和 38.7L 油。

5.3.5　相似性设计总结

相似准则是物理模拟的理论基础，整个物模的设计思路也是围绕相似准则展开的。

相似准数 $\pi_4 = r_w/L$，其物理意义为井筒半径与注采井距之比。物模实验的井径应为 1mm，如此小的井径，井筒中的摩阻效应会严重限制流体在其中的流动，从而影响物模实验与油藏实际的相似关系。为了解决这一问题，实验室采用了 6mm 井径，根据压降漏斗的原理，r_w 由 1mm 变为 6mm，只需相应的把压差 ΔP_1 变成 ΔP_6。

相似准数 π_5、π_6、π_7，其物理意义为不同方向渗透率主值之比。反映了油藏内裂缝的方位和倾角分布情况。

相似准数 $\pi_9 = \mu_o / \mu_w$，其物理意义为油水黏度比。兴古 7 油藏地层水的黏度大于原油黏度，稠水驱稀油，是抑制底水上窜的一个有利条件。油藏油水黏度比为 0.72，为了模拟这一有利条件，同时也为了满足相似准则的要求，实验室使用 0#柴油和糖水溶液，柴油黏度为 3.4mP·s，糖水黏度为 4.72mP·s，黏度比为 0.72。

相似准数 $\pi_{10} = L \cdot \Delta\gamma / \Delta P$，其物理意义为重力压差与注采压差之比。实际油藏是水驱油，水油密度差为 0.36g/mL。实验室采用糖水驱柴油，密度差尽量向 0.36g/mL 靠拢。考虑井径与表皮因子的差异，通过等价折算后，油藏 20MPa 以下注采压差对应实验室 4m 以下水柱的注采压差，均在可接受的范围内。

相似准数 $\pi_{11} = R/\phi$，其物理意义为基质与裂缝能提供的油量之比，是两个裂缝性渗流介质的渗吸现象相似所必须满足的一个准则。实际油藏基质与裂缝中可动油量之比为 1.3∶1，实验室模型为了达到可动油 1.3∶1 的要求，首先把基质中饱和水，再用抽真空的方法抽出基质中的部分水，然后再把裂缝与基质都饱和油，通过控制抽出基质中水量的多少，就可以定量地控制基质与裂缝中的可动油比例，从而实现模型与油藏渗吸作用最终贡献油量的相似。

相似准数 $\pi_{12} = T^*/T$，其物理意义为无量纲渗吸半周期，反映的是渗吸作用的强弱。油藏中的基质满块含油，渗吸交换进行到基质岩块内部时已经相当缓慢，渗吸半周期为 1 年；实验室模型由于采用抽真空方法抽水又饱和油，油仅在基质岩块内邻近表面一层的孔道中，并未深入基质岩块，渗吸交换比较顺畅。通过尝试不同的岩样，最终确定四川黄砂岩，其渗吸半周期为 12min，满足相似准则要求。

满足所有主要相似准则之后，实际油藏与大尺度物理模型参数对比见表 5.3、表 5.4，相似准数对应关系见表 5.5。

表 5.3　兴古 7 油藏物性参数

物性	数值	物性	数值
X 方向裂缝渗透率/mD	1.97	地层油密度/(g/cm³)	0.64
Y 方向裂缝渗透率/mD	0.985	水油密度差/(g/cm³)	0.36
Z 方向裂缝渗透率/mD	1.48	体积系数	1.616
基质孔隙度/%	4.6	地面油密度/(g/cm³)	0.821
基质束缚水饱和度/%	37.5	地层原油黏度/(mPa·s)	0.384
基质残余油饱和度/%	34.3	地层水黏度/(mPa·s)	0.533
裂缝孔隙度/%	1.0	油水黏度比	0.72
基质与裂缝可动油量比	1.3∶1		

表5.4　模型物性参数

物性	数值	物性	数值
X 方向裂缝渗透率/mD	6007	基质与裂缝可动油量比	1.3:1
Y 方向裂缝渗透率/mD	3003	实验水密度/(g/cm³)	1.16
Z 方向裂缝渗透率/mD	4505	实验油密度/(g/cm³)	0.825
基质孔隙度/%	16	水油密度差/(g/cm³)	0.335
基质束缚水饱和度/%	54.2	实验油黏度/(mPa·s)	3.4
基质残余油饱和度/%	21.8	实验水黏度/(mPa·s)	4.72
基质残余气饱和度/%	16.7	油水黏度比	0.72
裂缝孔隙度/%	1.0		

表5.5　油藏与模型相似准数表

相似准数	表达式	油藏参数	油藏相似准数值	模型参数	模型相似准数值
π_1	x/L	176.7m/250m	0.707	1m/1.414m	0.707
π_2	y/L	88.4m/250m	0.354	0.5m/1.414m	0.354
π_3	z/L	176.7m/250m	0.707	1m/1.414m	0.707
π_4	r_w/L	0.1m/250m	4×10^{-4}	0.06cm/141.4cm	4×10^{-4}
π_5	$K_x/\bar{K}$	1.97mD/1.97mD	1	6007mD/6007mD	1
π_6	$K_y/\bar{K}$	0.985mD/1.97mD	0.5	3003mD/6007mD	0.5
π_7	$K_z/\bar{K}$	1.48mD/1.97mD	0.751	4505mD/6007mD	0.751
π_8	$\phi/\bar{\phi}$	1.0%/1.0%	1	1.0%/1.0%	1
π_9	μ_o/μ_w	0.384mPa·s/0.533mPa·s	0.72	3.4mPa·s/4.72mPa·s	0.72
π_{10}	$\Delta\gamma\cdot L/\Delta p$	(3528N/m³·250m)/10MPa	0.0882	(3283N/m³·1.414m)/0.0526MPa	0.0882
π_{11}	$R/\bar{\phi}$	1.3%/1.0%	1.3	1.3%/1.0%	1.3
π_{12}	$T_a/\left[L\bar{\phi}/\left(\dfrac{\bar{K}}{\mu_w}\cdot\dfrac{\Delta p}{L}\right)\right]$	525600min/[250m · 1.0%/($\dfrac{1.97\text{mD}}{0.533\text{mPa·s}}$ · $\dfrac{10\text{MPa}}{250\text{m}}$)]	31082	12min/[1.414m · 1.0%/($\dfrac{6007\text{mD}}{4.72\text{mPa·s}}$ · $\dfrac{0.0526\text{MPa}}{1.414\text{m}}$)]	31082
π_{13}	$t/\left[L\bar{\phi}/\left(\dfrac{\bar{K}}{\mu_w}\cdot\dfrac{\Delta p}{L}\right)\right]$	525600min/[250m · 1.0%/($\dfrac{1.97\text{mD}}{0.533\text{mPa·s}}$ · $\dfrac{10\text{MPa}}{250\text{m}}$)]	31082	12min/[1.414m · 1.0%/($\dfrac{6007\text{mD}}{4.72\text{mPa·s}}$ · $\dfrac{0.0526\text{MPa}}{1.414\text{m}}$)]	31082

各物性参数获得过程：水和油的黏度、密度、基质孔隙度均为实验室测得，基质的束缚水、残余油、残余气均为抽真空饱和时测得。

至此，基于相似准则，模型参数已经与油田实际完全对应，其实验结果将直接反映油田开发效果。

考虑到井筒相似及表皮系数影响，实验中模型实际选用压力 $\Delta P'$ 与表 5.5 中压力 ΔP 有如下关系（详见 5.5.1 节）：

$$\Delta P' = \Delta P \cdot \frac{\ln \dfrac{L_\mathrm{m}}{\sqrt{\pi} \cdot r_\mathrm{wm}} + S_\mathrm{m}}{\ln \dfrac{L_\mathrm{r}}{\sqrt{\pi} \cdot r_\mathrm{wr}} + S_\mathrm{r}} = \Delta P \times 0.266 = 0.0526\mathrm{MPa} \times 0.266 = 0.014\mathrm{MPa}$$

式中，L_r 为实际油藏井距，m；L_M 为实验模型井距，m；r_wr 为实际油藏井筒半径，m；r_wm 为实验模型井筒半径，m；S_r 为实际油藏表皮系数，无因次；S_m 为实验模型表皮系数，无因次。

5.4　水平井、鱼骨井分层、交错部署驱替规律物理模拟研究

利用大型裂缝性油藏物理模型进行了水平井交错注采、水平井叠置注采、水平井分层注采、鱼骨井注水及天然能量开采 5 类 11 次油藏宏观物理模拟实验。实验分析了各种井网井型的注采规律，可作为兴古 7 油藏注水开发的直接参考依据（Ding et al.，2010）。

5.4.1　水平井交错注采驱替规律研究

水平井交错注采井位如图 5.26 所示。共进行了不同注采压差下的 5 个驱替实验，分别为 0.5m 水柱、1.1m 水柱、1.4m 水柱、2m 水柱及 3m 水柱。

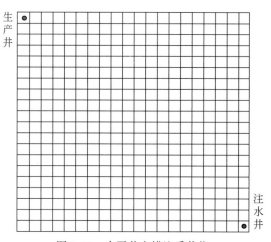

图 5.26　水平井交错注采井位

1. 0.5m 水柱注采压差下的生产数据分析

由于水相密度和黏度均大于油相,随着驱替时间延续,模型内水淹区域不断扩大,使渗流中的重力阻力、黏性阻力不断增加,从而引起产液量的持续下降。

结合图 5.27 与图 5.28 可知,从投产到第 168min,产液量不断下降且产量递减速度基本恒定。由于注采压差小,注入水平缓而均衡地向上托进,渗流阻力稳步增加。从第 169min 到第 196min,产量递减突然加快。因为在生产井附近,注入水向生产井发生突进。渗流阻力迅速增加。图 5.28 也显示生产井在这一时间段见水,且含水率上升迅速。196min 以后,产量递减速度明显降低,含水上升速度也有所降低。油水界面已推进到生产井,大部区域已经水淹,渗流阻力不会再有较大幅度的增加;基质和未水淹边角区域裂缝内的剩余油,在渗吸作用和水驱作用下继续流向生产井,生产井的含水率平缓上升,直至所有可采油被采出,含水率近似达 100%。

结合图 5.28 与图 5.29 可知,生产井投产 181min 见水,见水时累积产油 8688mL。当生产井含水 100% 时实验结束,累积注水 21332mL,累积产油 11884mL。模型中共含油 38700mL,得到模型的最终采收率为 30.71%。

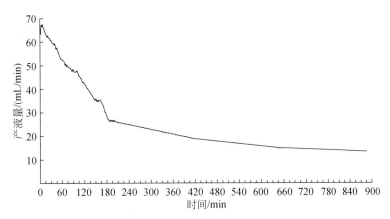

图 5.27　0.5m 水柱注采压差下产液量变化曲线

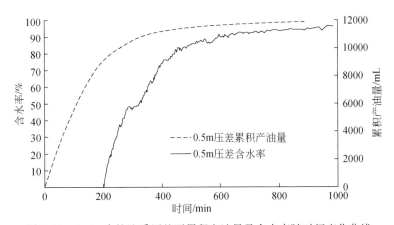

图 5.28　0.5m 水柱注采压差下累积产油量及含水率随时间变化曲线

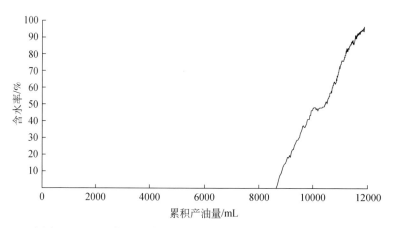

图 5.29　0.5m 水柱注采压差下含水率与累积产油量的关系曲线

2. 1.1m 水柱注采压差下的生产数据分析

结合图 5.30 与图 5.31 可知，从投产到第 68min，产液量不断下降且产量递减速度基本恒定。由于注采压差较小，注入水平缓地向上托进，渗流阻力稳步增加。从第 69min 到第 85min，产量递减突然加快。因为在生产井附近，注入水向生产井发生突进，渗流阻力迅速增加。图 5.31 也显示生产井在这一时间段见水，且含水率上升迅速。85min 以后，产量递减速度明显降低，含水上升速度也有所降低。油水界面已推进到生产井，大部分区域已经水淹，渗流阻力不会再有较大幅度的增加；基质和未水淹边角区域裂缝内的剩余油，在渗吸作用和水驱作用下继续流向生产井，生产井的含水率平缓上升，直至所有可采油被采出，含水率近似达 100%。

结合图 5.31 与图 5.32 可知，生产井投产 80min 见水，见水时累积产油 8252mL。当生产井含水 100% 时实验结束，累积注水 23961mL，累积产油 11321mL。模型中共含油 38700mL，得到模型的最终采收率为 29.25%。

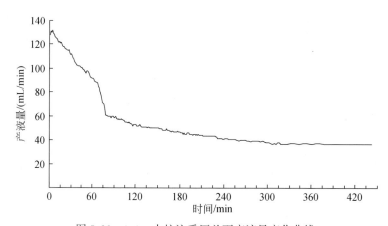

图 5.30　1.1m 水柱注采压差下产液量变化曲线

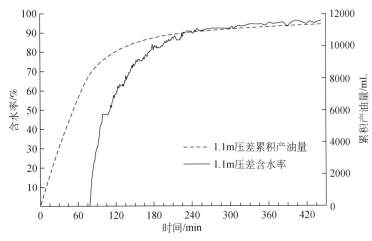

图 5.31　1.1m 水柱注采压差下累积产油量及含水率随时间变化曲线

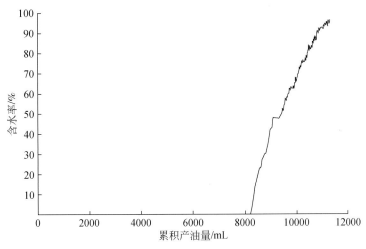

图 5.32　1.1m 水柱注采压差下含水率与累积产油量的关系曲线

3. 1.4m 水柱注采压差下的生产数据分析

结合图 5.33 与图 5.34 可知，从投产到第 56min，产液量不断下降且产量递减速度基本恒定。由于注采压差较小，注入水平缓地向上托进，渗流阻力稳步增加。从第 56min 到第 64min，产量递减突然加快。因为在生产井附近，注入水向生产井发生突进，渗流阻力迅速增加。图 5.34 也显示生产井在这一时间段见水，且含水率上升迅速。64min 以后，产量递减速度明显降低，含水上升速度也有所降低。油水界面已推进到生产井，大部区域已经水淹，渗流阻力不会再有较大幅度的增加；基质和未水淹边角区域裂缝内的剩余油，在渗吸作用和水驱作用下继续流向生产井，生产井的含水率平缓上升，直至所有可采油被采出，含水率近似达 100%。

结合图 5.34 与图 5.35 可知，生产井投产 60min 见水，见水时累积产油 7780mL。当生产井含水 100% 时实验结束，累积注水 26061.5mL，累积产油 11178mL。模型中共含油

38700mL，得到模型的最终采收率为 28.88%。

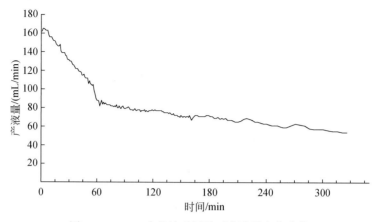

图 5.33　1.4m 水柱注采压差下产液量变化曲线

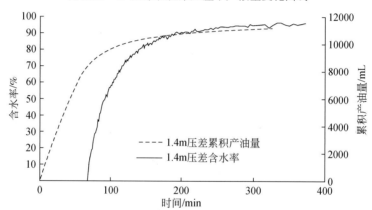

图 5.34　1.4m 水柱注采压差下累积产油量及含水率随时间变化曲线

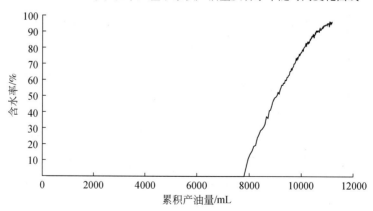

图 5.35　1.4m 水柱注采压差下含水率与累积产油量的关系曲线

4. 2.0m 水柱注采压差下的生产数据分析

结合图 5.36 与图 5.37 可知，从投产到第 18min，产液量不断下降且产量递减速度基本恒定。这是因为注水开发初期，注入水平缓地向上托进，渗流阻力稳步增加。从第19min到第37min，产量递减突然加快。产量加速递减历时18min，时间长于1.4m水柱注采压差时的情况。因为2.0m水柱注采压差较大，注入水托过半程，便向生产井发生突进。渗流阻力迅速增加。图5.37也显示生产井在这一时间段见水，且含水率上升迅速。从第37min以后，产量递减速度明显降低，含水上升速度也有所降低。油水界面已推进到生产井，大部区域已经水淹，渗流阻力不会再有较大幅度的增加；基质和未水淹边角区域裂缝内的剩余油，在渗吸作用和水驱作用下继续流向生产井，生产井的含水率平缓上升，直至所有可采油被采出，含水率近似达100%。由于整个开采过程历时仅为1.4m水柱注采压差时的0.61倍，基质与裂缝的渗吸交换相对不完全，导致最终累积产油量偏低。

结合图5.37与图5.38可知，生产井投产36min见水，见水时累积产油7121mL。当生产井含水100%时实验结束，累积注水25291mL，累积产油10281mL。模型中共含油38700mL，得到模型的最终采收率为26.56%。

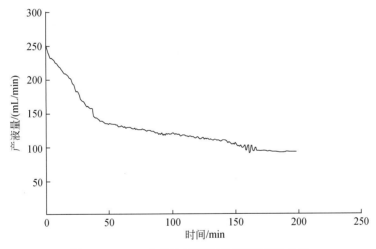

图5.36　2.0m水柱注采压差下产液量变化曲线

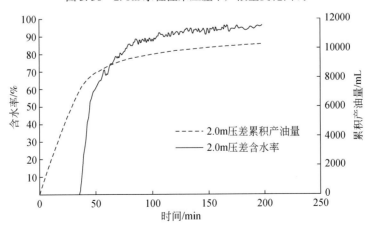

图5.37　2.0m水柱注采压差下累积产油量及含水率随时间变化曲线

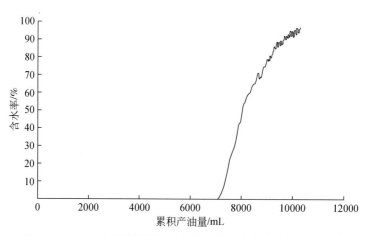

图 5.38   2.0m 水柱注采压差下含水率与累积产油量的关系曲线

5. 3.0m 水柱注采压差下的生产数据分析

结合图 5.39 与图 5.40 可知，从投产到第 28min，产液量不断下降且产量递减速度不断增加，说明渗流阻力在不断增加。这是由于注采压差大，水驱特点表现为较强的突进。随着水驱前缘的推进，突进区域不断延伸，渗流阻力不断增加，直到注入水推进到生产井时，渗流阻力达到最大，产量达到极小值。图 5.40 也显示生产井在这一时间段见水，且含水率上升迅速。从第 28min 到第 51min，产量先稳定后略有增加，反映渗流阻力先稳定后略有降低。这是因为在投产时注入水便从注水井开始向上突进，形成两相渗流，流体总流动系数下降；随着水驱油过程的继续，水突进区域（主流线区域）逐渐被单相的水所淹没，从而降低了整个模型的渗流阻力。从第 51min 以后，产量稳步降低，递减速度基本恒定。这是由于模型自下而上逐渐被水淹没，重力阻力稳步递增。由于生产井被突进的水"封锁"，未突进区域在驱动压力作用下仅能以较慢的速度向生产井供油，表现为生产井产油量降低。由于整个开采过程历时仅为 1.4m 水柱注采压差时的 0.49 倍，基质与裂缝的渗吸交换不完全，导致最终累积产油量偏低。

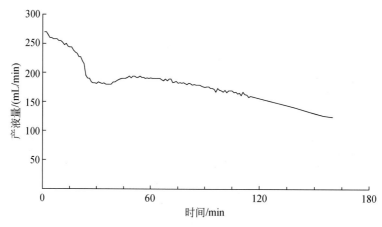

图 5.39   3.0m 水柱注采压差下产液量变化曲线

　　结合图 5.40 与图 5.41 可知，生产井投产 23min 见水，见水时累积产油 5683mL。当生产井含水 100% 时实验结束，累积注水 28604mL，累积产油 9274mL。模型中共含油 38700mL，得到模型的最终采收率为 23.96%。

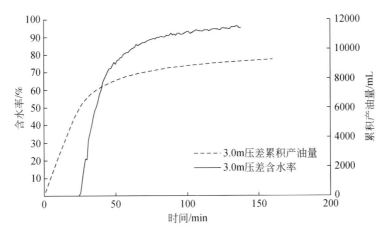

图 5.40　3.0m 水柱注采压差下累积产油量及含水率随时间变化曲线

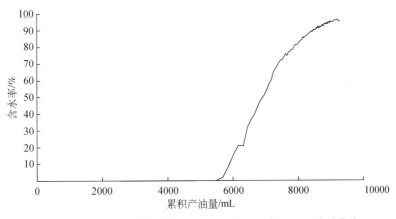

图 5.41　3.0m 水柱注采压差下含水率与累积产油量的关系曲线

6. 不同注采压差下开发指标的对比

　　统计不同注采压差下产液量与时间的关系，如图 5.42 所示。可知注采压差越大，产能越大，但递减越快。

　　统计不同注采压差下含水率与时间的关系，如图 5.43 所示。可知注采压差越大，含水率上升越快，说明基质来不及通过渗吸作用向裂缝供油，所以开发效果越差；反之则越好。由图 5.43 可以看出，以 2.0m、3.0m 水柱注采压差生产时，注水速度过快，突进现象严重，导致含水快速上升，开发效果不佳。

　　统计不同注采压差下累积产油量与时间的关系，如图 5.44 所示。虽然以 0.5m 水柱注采压差生产时开发时间最长，渗吸过程最彻底，但与 1.1m 和 1.4m 水柱注采压差相比，累积产油增幅不明显。以 0.5m、1.1m 及 1.4m 水柱注采压差生产时，渗吸过程均较彻底，开发效果明显优于 2.0m、3.0m 水柱注采压差的情况。

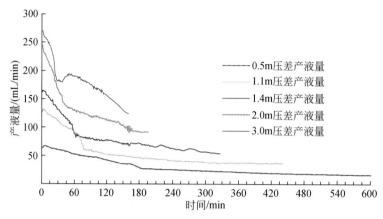

图 5.42　不同注采压差下产液量变化曲线对比

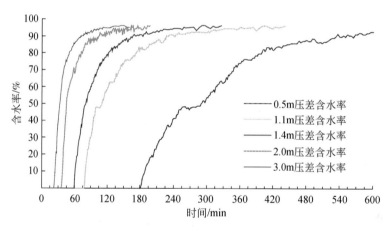

图 5.43　不同注采压差下含水率变化曲线对比

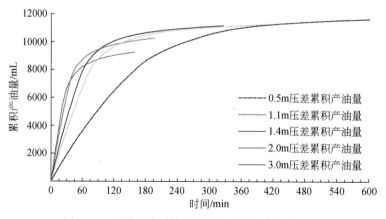

图 5.44　不同注采压差下累积产油量变化曲线对比

综上所述，2.0m、3.0m 水柱注采压差过大，注入水突进现象明显，导致采收率偏低，开发效果不佳；0.5m 水柱注采压差虽能获得较高的采收率，但产量偏低，开发时间过长；以 1.1m 与 1.4m 水柱注采压差生产时，注水速度合适，产量适中，使渗吸过程可以较充分地进行，又不至于发生突进现象，可获得较好的开发效果。所以 1.1m 与 1.4m 水柱注采压差可作为合理生产压差。

5.4.2　水平井叠置注采驱替规律研究

水平井叠置注采井位如图 5.45 所示，在该井位条件下进行了 1.4m 水柱注采压差下的驱替实验。

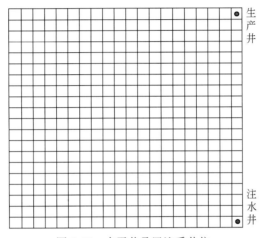

图 5.45　水平井叠置注采井位

1. 水平井叠置注采生产数据分析

结合图 5.46 与图 5.47 可知，从投产到第 37min，产液量不断下降且产量递减速度基本恒定。这是由于注采压差比较合理，注入水平缓地向上托进，渗流阻力稳步增加。从第 37min 到第 53min，产量递减加快。因为在生产井附近，注入水向生产井发生突进。渗流阻力迅速增加。图 5.46 也显示生产井在这一时间段见水，且含水率上升迅速。第 70min 以后，产量递减速度明显降低，含水上升速度也有所降低。因为油水界面已推进到生产井，大部区域已经水淹，渗流阻力不会再有较大幅度的增加；基质和未水淹边角区域裂缝内的剩余油，在渗吸作用和水驱作用下继续流向生产井，生产井的含水率平缓上升，直至所有可采油被采出，含水率近似达 100%。

结合图 5.47 与图 5.48 可知，生产井投产 39min 见水，见水时累积产油 5286mL。当生产井含水 100% 时实验结束，累积注水 22232mL，累积产油 9537.5mL。模型中共含油 38700mL，得到模型的最终采收率为 24.64%。

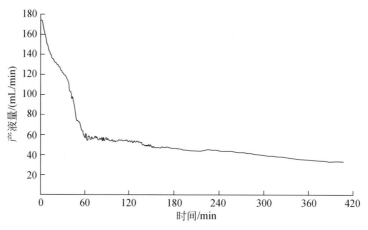

图 5.46　1.4m 水柱注采压差下叠置注采产液量变化曲线

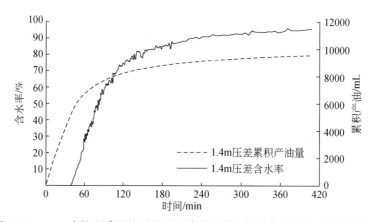

图 5.47　1.4m 水柱注采压差下叠置注采累积产油量及含水率随时间变化曲线

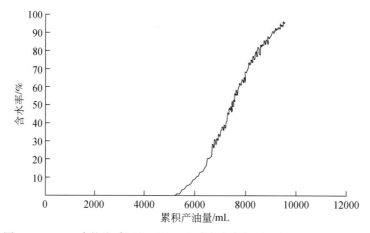

图 5.48　1.4m 水柱注采压差下叠置注采含水率与累积产油量的关系曲线

2. 叠置与交错注采开发指标对比

如图 5.49 和图 5.50 所示，水平井交错注采累积产油较多，开发效果优于水平井叠置注采。因为相同注采压差下，叠置注采井距相对较小，注入水易沿注采井连线发生脊进，导致波及体积不及交错注采，最终累积产油量偏低。

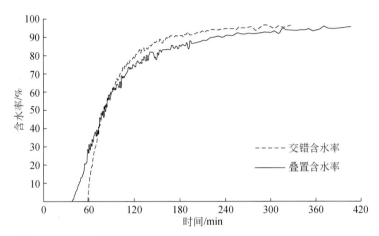

图 5.49　1.4m 水柱注采压差下交错与叠置注采含水率变化曲线对比

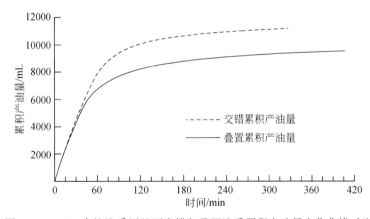

图 5.50　1.4m 水柱注采压差下交错与叠置注采累积产油量变化曲线对比

5.4.3　水平井分层注采驱替规律研究

水平井分层注采井位如图 5.51 所示。在 1.0m 水柱注采压差下共进行了 3 个分层注采实验，分别为 1 号井注水，2 和 4 号井采油；3 号井注水，2 号和 4 号井采油；1 号和 3 号井注水，2 号和 4 号井采油。

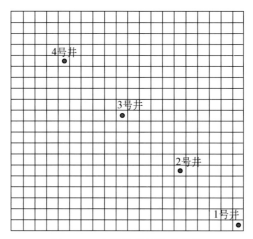

图 5.51　水平井分层注水井位

1. 1 号井注水，2 号和 4 号井采油

1）2 号井生产数据分析

由图 5.52 可知第 13min 后产液量下降缓慢，这说明生产井已经水淹。到 2 号井关井时，累积产油 417.2mL，累积注水 1384.5mL。由图 5.53 可知，2 号井投产 4min 见水，无水采油量为 276mL。见水后含水上升迅速，13min 以后稳定在 90% 以上，之后因渗吸作用含水上升缓慢，且上下波动。综合上述分析可知 2 号生产井在高压差低井距的条件下发生了注入水突进。

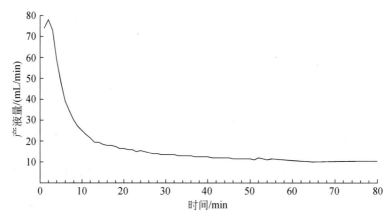

图 5.52　1m 水柱注采压差下 2 号井产液量变化曲线

2）4 号井生产数据分析

结合图 5.54 与图 5.55 可知，4 号井投产到第 71min，产液量不断下降且产量递减速度基本恒定。见水后含水率缓慢上升，这说明当主流线上的水先到达生产井后其他流线上的水继续驱替模型的油向油井推进。水驱特点表现为底水均衡托进。在距生产井较远区

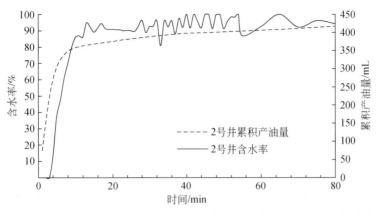

图 5.53　1m 水柱注采压差下 2 号井累积产油量及含水率随时间变化曲线

域，注入水形成"人造底水"平缓而均衡地向上托进，渗流阻力稳步增加。从第 60min 到第 80min，产量递减突然加快。因为在生产井附近，注入水向生产井发生突进。渗流阻力迅速增加。图 5.55 也显示生产井在这一时间段见水，且含水率上升迅速。第 71min 以后，产量递减速度明显降低，含水上升速度也有所降低。油水界面已推进到生产井，大部分区域已经水淹，渗流阻力不会再有较大幅度的增加；基质和未水淹边角区域裂缝内的剩余油，在渗吸作用和水驱作用下继续流向生产井，生产井的含水率平缓上升，直至所有可采油被采出，含水率近似达 100%。

结合图 5.55 与图 5.56 可知，4 号生产井投产 71min 见水，见水时累积产油 4842mL。当生产井含水 100% 时实验结束，累积注水 11946.5mL，累积产油 6682.1mL。综上可知，模型底部注水，上部生产井分层采油易使靠近注水井的生产井过早水淹，导致最终采收率过低，影响开发效果。

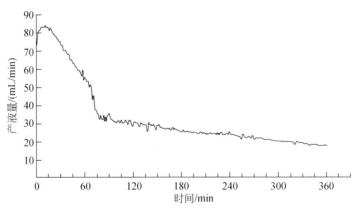

图 5.54　1m 水柱注采压差下 4 号井产液量变化曲线

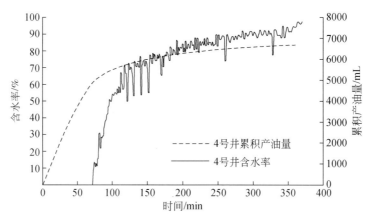

图 5.55　1m 水柱注采压差下 4 号井累积产油量及含水率随时间变化曲线

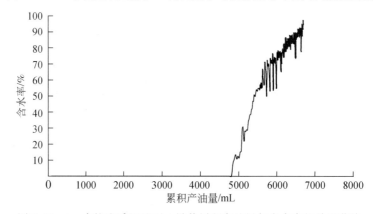

图 5.56　1m 水柱注采压差下 4 号井累积产油量与含水率的关系曲线

2. 3 号井注水, 2 号和 4 号井采油

1) 2 号井生产数据分析

结合图 5.57 ~ 图 5.59 可知, 2 号井投产 5min 见水且含水上升迅速, 见水时累积产油 228mL。从第 23min 到第 105min, 产量递减速度明显降低, 含水率也一直维持在 50% 左

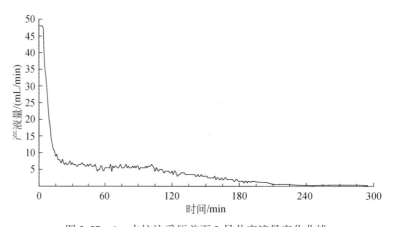

图 5.57　1m 水柱注采压差下 2 号井产液量变化曲线

右。这说明一部分注入水在注采压差和油水重度差同时作用下沿主流线突进到生产井；另一部分注入水先运动到模型底部形成"人造底水"将油上托。因此含水率有一个维持稳定期。实验结束时，累积注水 3040.1mL，累积产油 1253.9mL。从累积产油量这一点也可以看出有底水均衡托进的发生。综上所述，可知 2 号生产井的水驱特点为注入水突进，同时伴有一定的底水均衡托进。

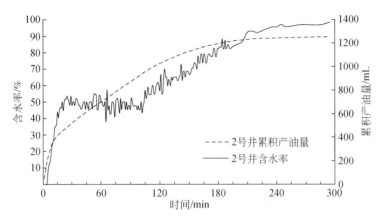

图 5.58　1m 水柱注采压差下 2 号井累积产油量及含水率随时间变化曲线

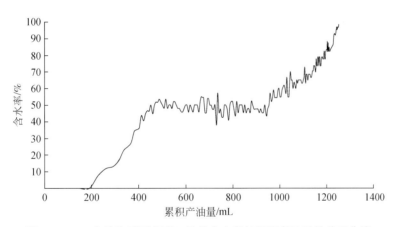

图 5.59　1m 水柱注采压差下 2 号井含水率与累积产油量的关系曲线

2）4 号井生产数据分析

由图 5.62 可知 4 号生产井投产 72min 见水，对比 2 号生产井投产 5min 见水，两者在注采井距相同的情况下见水时间差别巨大，可见注入水是在油水重度差作用下先流到模型底部，形成"人造底水"并平缓向上托进。由图 5.60 可知，产液量先急速升高后缓慢降低。这是因为从开始到第 23min 注入水快速向 2 号井突进的同时，注水井与 2 号井间阻力迅速增加，2 号井产液量骤减，2 号井附近压力快速升高，因此注入水转而更多地流向 4 号井，使 4 号井产液量明显上升。从第 23min 到第 50min 注入水同时流向 2 号井和 4 号井及模型底部，使 2 号井水淹程度（突破流线数）增加，产液量进一步缓慢降低，4 号井的产量基本不变。从第 50min 到 72min，4 号井阻力缓慢增加，产量缓慢下降。从第 72min 到第 88min，4 号井产量递减突然加快，这是因为注入水突进到 4 号井，并且随着突破到 4 号井的流线数不断增加，流动阻力也迅速增大；同时 2 号井因此受益，产液量略有增大。到第 105min，底部积聚的注入水托进到 2 号井，导致 2 号井含水率出现二次快速上升，产液量也转增为降；同时 4 号井仍然受到注入水突进的影响，含水率继续上升，产液量继续下降直至注采过程结束。

结合图 5.60 与图 5.61 可知，生产井投产 72min 见水，见水时累积产油 3037mL。此次分层注水实验结束时，累积注水 12543.6mL，累积产油 6593.8mL。

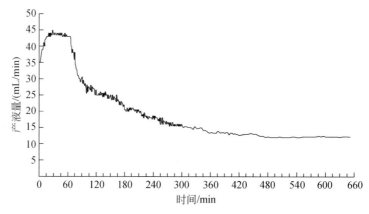

图 5.60　1m 水柱注采压差下 4 号井产液量变化曲线

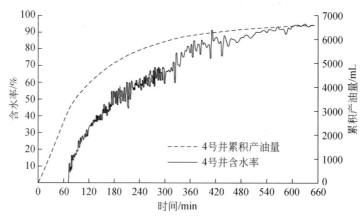

图 5.61　1m 水柱注采压差下 4 号井累积产油量及含水率随时间变化曲线

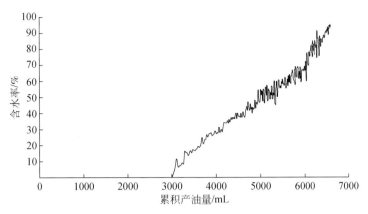

图 5.62　1m 水柱注采压差下 4 号井含水率与累积产油量的关系曲线

3）2 号井、4 号井生产指标对比

结合图 5.63 和图 5.64，4 号井第 72min 见水，明显晚于 2 号井的见水时间，4 号井累积产油 6593.8mL，是 2 号井的 5.26 倍。该结果说明了在模型高部位注水的情况下，注入水首先向低部位生产井突进，同时向模型的底部和高部位生产井渗流，形成"注入水突进到低位油井→注入水突进到高位油井→底部注入水托进到低位油井"的过程。

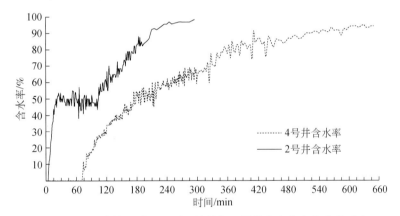

图 5.63　1m 水柱注采压差下 4 号井与 2 号井含水率变化曲线对比

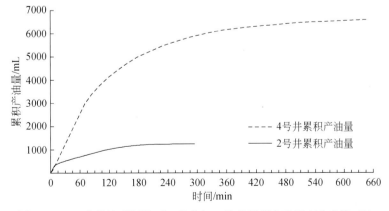

图 5.64　1m 水柱注采压差下 4 号井与 2 号井累积产油量变化曲线对比

3. 1 号、3 号井注水，2 号、4 号井采油

1）2 号井生产数据分析

结合图 5.65～图 5.67 可知，投产 4min 见水，见水时累积产油 425mL。到第 12min 含水率已经猛增至 50%。此后含水率开始缓慢上升，而且产量递减速度也明显降低。可见 2 号井的含水上升规律与 3 号注 2 号、4 号采（含水率先升后平稳再上升），以及 1 号注 2 号、4 号采（含水率急速上升至 90%）时的含水上升规律都不同。这说明 3 号井的注入水在注采压差和重力压差的双重作用下首先窜进 2 号生产井，造成含水率急速上升，随后 1 号井的注入水也窜进到 2 号生产井，但是 2 号井含水率并没有继续急速上升，而是缓慢上升，这说明 3 号井的注入水有一部分在油水重力压差作用下先到达模型底部形成"人造底水"，减缓了 2 号井的含水上升速度。2 号井关井时，累积注水 4667.04mL，累积产油 1479.54mL。

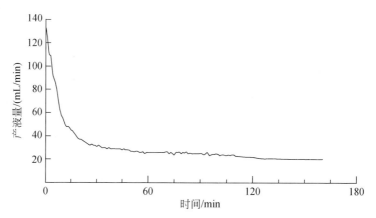

图 5.65　1m 水柱注采压差下 2 号井产液量变化曲线

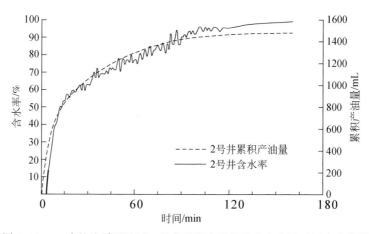

图 5.66　1m 水柱注采压差下 2 号井累积产油量及含水率随时间变化曲线

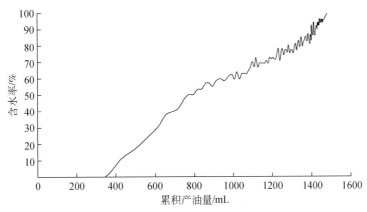

图 5.67　1m 水柱注采压差下 2 号井含水率与累积产油量的关系曲线

2）4 号井生产数据分析

结合图 5.70，4 号生产井投产 40min 见水，对比 2 号生产井投产 4min 见水，可知注入水是因为油水重度差用先流到模型底部，形成"人造底水"并平缓向上托进。同时由图 5.68 可知，产液量的变化规律与 3 号注 2 号、4 号采条件下类似。即产液量先急速升高后缓慢降低。说明 3 号注入井的注入水有一部分先运动到模型底部，随注入水不断向模型底部运动使油水重度差不断增大，无形中加大了注采压差，使产液量不断增大。随注入水量的增多，渗流阻力变大；同时底水不断上托，重力压差也不断变小，产液量也随之下降。从第 41min 到第 52min，产量递减突然加快，这是因为底水均衡托进到生产井附近，由于近井区域压力梯度较大，底水向生产井发生突进。底水向上突进使得水淹区域加快向生产井延伸，注采井间渗流通道上渗流阻力也加速增大，导致产量递减速度大于底水均衡托进阶段。

结合图 5.69 与图 5.70 可知，4 号生产井投产 40min 见水，含水率为 1.59%，见水时累积产油 2692mL。实验结束时，累积注水 12798.5mL，累积产油 6902.8mL。

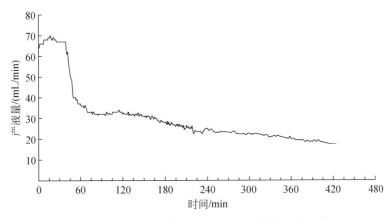

图 5.68　1m 水柱注采压差下 4 号井产液量变化曲线

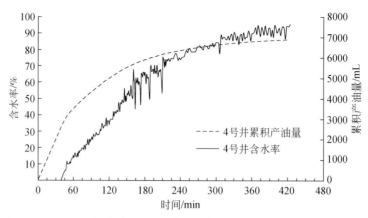

图 5.69　1m 水柱注采压差下 4 号井累积产油量及含水率随时间变化曲线

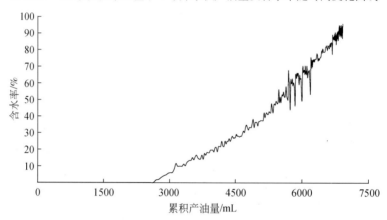

图 5.70　1m 水柱注采压差下 4 号井含水率与累积产油量的关系曲线

3）2 号井、4 号井生产指标对比

结合图 5.71 和图 5.72，4 号井投产 40min 见水，明显晚于 2 号井的见水时间，4 号井累积产油 6902.8mL，是 2 号井的 4.66 倍。该结果说明了在模型高部位注水的情况下，注入水在重力作用下首先向模型的底部渗流，形成"人造底水"并缓慢向模型上部托进。

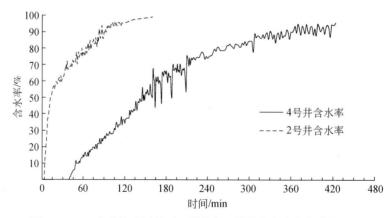

图 5.71　1m 水柱注采压差下 4 号井与 2 号井含水率变化曲线对比

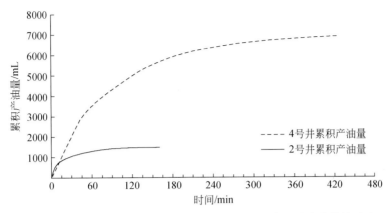

图 5.72　1m 水柱注采压差下 4 号井与 2 号井累积产油量变化曲线对比

5.4.4　鱼骨井注水驱替规律研究

将原 1 号井侧钻分支，改造成鱼骨井注水，原 2 号井采油，采用 1.0m 水柱注采压差生产，井位如图 5.73 所示。

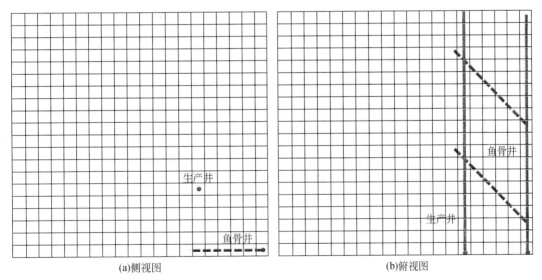

图 5.73　鱼骨井注水井位

如图 5.74 所示，生产井投产 4min 见水，第 12min 后含水率从 36% 开始有所下降，这是由于注入水窜进的速度高于渗吸交换速度，在开始见水阶段渗吸作用还没有体现出来，第 12min 后渗吸交换作用产出的油沿裂缝被驱替到生产井使含水率降低。实验结束时，累积注水 11151.5mL，累积产油 4148.3mL。而生产井水平位置以下的储量为 4000mL。鱼骨井注水分支可延伸到生产井正下方，所以采用鱼骨井注水缩短了注采井距，同时多个分支注水，可增大注水面积，更有利于形成"底水均衡托进"的注水模式，获得理想的开发效果。

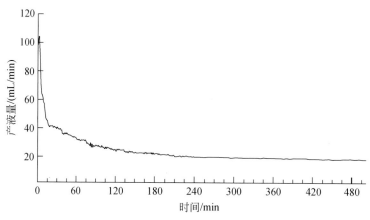

图 5.74　鱼骨井 1m 水柱注采压差下 2 号井产液量变化曲线

5.5　油藏开发指标物理模拟定量预测

5.5.1　定量预测方法

利用本章物理模型实验可对油藏的初始产能、后期产液量、初始注水量、后期注水量、见水时间、开发终止时间及最终采收率做定量预测，也可直接反映其含水上升规律及产量变化规律。

1. 压力对应

根据相似准则，本章物理模型不同注采压差下的实验过程既可以对应模拟实际油藏相同井距不同压差的开发过程，也可以对应油藏不同井距相同压差的开发过程。

1）不考虑模型内污染

假设物理模型内没有井筒污染，井筒表皮系数为 0。根据式（4.29）、式（4.45）、式（4.50）可以计算出指定油藏注采井距时，模型与油藏注采压差的对应关系：

$$\Delta P_{模型} = \Delta P_{油藏} \cdot \frac{L_{模型} \cdot \Delta \gamma_{模型}}{L_{油藏} \cdot \Delta \gamma_{油藏}} \frac{\ln \dfrac{L_{模型}}{\sqrt{\pi} \cdot r_{w模型}}}{\ln \dfrac{L_{油藏}}{\sqrt{\pi} \cdot r_{w油藏}} + S_{油藏}}$$

当 $L_{油藏} = 150\text{m}$ 时，

$$\Delta P_{模型} = \Delta P_{油藏} \cdot \frac{1.414 \times 335}{150 \times 360} \cdot \frac{\ln \left(\dfrac{1.414}{1.772 \times 0.003} \right)}{\ln \dfrac{150}{1.772 \times 0.1} + 29} = 0.00137 \Delta P_{油藏} \quad (5.20)$$

当 $L_{油藏} = 200\text{m}$ 时，

$$\Delta P_{模型} = \Delta P_{油藏} \cdot \frac{1.414 \times 335}{200 \times 360} \cdot \frac{\ln\left(\frac{1.414}{1.772 \times 0.003}\right)}{\ln\frac{2000}{1.772} + 29} = 0.00102\Delta P_{油藏} \qquad (5.21)$$

当 $L_{油藏} = 250\text{m}$ 时，

$$\Delta P_{模型} = \Delta P_{油藏} \cdot \frac{1.414 \times 335}{250 \times 360} \cdot \frac{\ln\left(\frac{1.414}{1.772 \times 0.003}\right)}{\ln\frac{2500}{1.772} + 29} = 0.000811\Delta P_{油藏} \qquad (5.22)$$

当 $L_{油藏} = 500\text{m}$ 时，

$$\Delta P_{模型} = \Delta P_{油藏} \cdot \frac{1.414 \times 335}{500 \times 360} \cdot \frac{\ln\left(\frac{1.414}{1.772 \times 0.003}\right)}{\ln\frac{5000}{1.772} + 29} = 0.000398\Delta P_{油藏} \qquad (5.23)$$

根据式（5.20）~式（5.23）可知，当油藏实际注采压差为 10MPa 时，井距分别为 150m、200m、250m 和 500m 对应实验压差（水柱）为 1.37m、1.02m、0.81m 和 0.398m。

当油藏实际注采压差为 16MPa（油藏常用值）时，油藏井距分别为 150m、200m、250m 和 500m 分别对应实验压差（水柱）为 2.19m、1.63m、1.30m 和 0.636m，折算到糖水柱（密度 1.16g/cm³）后分别为 1.9m、1.41m、1.12m 和 0.55m。

物理实验中模型注采压差取值为 3.0m、2.0m、1.4m、1.1m、0.5m 五个级别。

2）考虑模型污染

实际物理实验中，由于糖水黏度较高，且容易附着沉淀，模型中注水井筒通常存在污染，表皮系数不为 0。此时模型与油藏注采压差的对应关系为

$$\Delta P_{模型} = \Delta P_{油藏} \cdot \frac{L_{模型} \cdot \Delta \gamma_{模型}}{L_{油藏} \cdot \Delta \gamma_{油藏}} \frac{\ln\frac{L_{模型}}{\sqrt{\pi} \cdot r_{w模型}} + S_{模型}}{\ln\frac{L_{油藏}}{\sqrt{\pi} \cdot r_{w油藏}} + S_{油藏}} \qquad (5.24)$$

因为实验模型的表皮系数是未知量，无法直接利用式（5.24）计算。所以引入模型污染转换系数 T_m：

$$T_m = \frac{\ln\frac{L_{模型}}{\sqrt{\pi} \cdot r_{w模型}} + S_{模型}}{\ln\frac{L_{模型}}{\sqrt{\pi} \cdot r_{w模型}}} \qquad (5.25)$$

实际情况中 T_m 与实验注采压差有关，即 $T_m = T_m(\Delta P_{模型})$。注入压差越大，速度越快，污染越重，$T_m = T_m(\Delta P_{模型})$ 越大。联立式（5.24）和式（5.25）得

$$\Delta P_{模型} = \Delta P_{油藏} \cdot \frac{L_{模型} \cdot \Delta \gamma_{模型}}{L_{油藏} \cdot \Delta \gamma_{油藏}} \frac{\ln\frac{L_{模型}}{\sqrt{\pi} \cdot r_{w模型}}}{\ln\frac{L_{油藏}}{\sqrt{\pi} \cdot r_{w油藏}} + S_{油藏}} \cdot T_m(\Delta P_{模型}) \qquad (5.26)$$

通过模型压力测试数据与无污染情况压力分布的对比，确定模型污染转换系数 T_m，

则可以利用式（5.26）进行计算。$T_m = T_m(\Delta P_{模型})$ 的确定方法如下所述。

模型压力测试点分布如图 5.75 所示，记 $\Delta P_{注-2}$ 和 ΔP_{2-18} 分别为注水井筒到 2 号测压点的压差和 2 号测压点到 18 号测压点的压差。在无污染的理想渗流条件下，根据 4.1.3 节的分析及图 4.8 所示的情况，模型内阻力及压力分布满足如下关系：

$$\ln \frac{L_{模型}}{\sqrt{\pi}\cdot r_{w模型}} = \ln \frac{L_{模型}}{\sqrt{\pi}\cdot r_2} + \ln \frac{r_2}{r_{w模型}} = 2.42 + 3.15 \tag{5.27}$$

$$\Delta P_{注-2} : \Delta P_{2-18} = 3.15 : (2\times2.42) = 0.65 : 1 \tag{5.28}$$

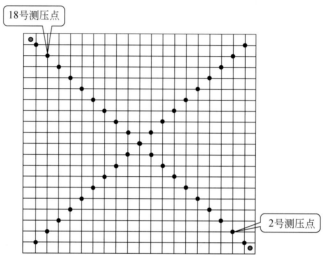

图 5.75　模型表面测压点分布

在有污染的情况下，压力分布表现为注水井到 2 号测压管之间压降过大。以模型 1.4m 糖水柱注采压差情况为例：

$$\Delta P_{注-2} : \Delta P_{2-18} = 1.95 : 1 \tag{5.29}$$

则污染消耗压力为

$$\Delta P_S = (1.95 - 0.65)\times\Delta P_{2-18} = 1.3\times\Delta P_{2-18} = 1.3\times42 = 54.6 \tag{5.30}$$

因此有

$$T_w(\Delta P_{模型} = 1.4m\,糖水柱) = \frac{\ln \dfrac{L_{模型}}{\sqrt{\pi}\cdot r_{w模型}} + S_{模型}}{\ln \dfrac{L_{模型}}{\sqrt{\pi}\cdot r_{w模型}}} = \frac{140}{140-54.6} = 1.64 \tag{5.31}$$

于是，对于模型 1.4m 糖水柱注采压差情况，式（5.26）变为

$$\Delta P_{模型} = 1.64\Delta P_{油藏}\cdot\frac{L_{模型}\Delta\gamma_{模型}}{L_{油藏}\Delta\gamma_{油藏}}\cdot\frac{\ln \dfrac{L_{模型}}{\sqrt{\pi}\cdot r_{w模型}}}{\ln \dfrac{L_{油藏}}{\sqrt{\pi}\cdot r_{w油藏}} + S_{油藏}} \tag{5.32}$$

当油藏井距为 200m 时，将各参数代入式（5.32）后可得

$$\Delta P_{模型} = 1.67 \times 10^{-3} \Delta P_{油藏} \qquad (5.33)$$

模型注采压差为 1.4m 糖水柱时，根据式（5.32）得其对应的实际油藏注采压差为

$$\Delta P_{油藏} = \Delta P_{模型}/(1.67 \times 10^{-3})$$
$$= 1.4m \times 1160kg/m^3 \times 9.8m/s^2/(1.67 \times 10^{-3})$$
$$= 9.53MPa \qquad (5.34)$$

其他注采压差情况可同样处理。物理模型实测压力分布及其对应的污染转换系数 $T_m = T_m(\Delta P_{模型})$ 见表 5.6。

表 5.6　不同注采压差下模型实测压力分布及污染转换系数

注采压差 $\Delta P_{模型}$ /cm（糖水柱）	$\Delta P_{注-2}$ /cm（糖水柱）	ΔP_{2-18} /cm（糖水柱）	$\Delta P_{18-产}$ /cm（糖水柱）	$\dfrac{\Delta P_{注-2}}{\Delta P_{2-18}}$	污染转换系数 $T_m(\Delta P_{模型})$
50	24	23	5	1.04	1.22
110	60	41	9	1.46	1.43
140	82	42	16	1.95	1.64
200	128	51	21	2.51	1.91

2. 产量对应

根据相似准则，模型与油藏的产量对应关系推导如下：

$$\frac{Q_{油藏}}{Q_{模型}} = \frac{h_{油藏}K_{油藏}}{\mu_{油藏}}\Delta P'_{油藏} / \left(\frac{h_{模型}K_{模型}}{\mu_{模型}}\Delta P'_{模型}\right) = \frac{h_{油藏}}{h_{模型}}\frac{K_{油藏}}{K_{模型}}\frac{\mu_{模型}}{\mu_{油藏}}\frac{\Delta\gamma_{油藏}L_{油藏}}{\Delta\gamma_{模型}L_{模型}}$$

$$Q_{油藏} = \frac{h_{油藏}}{h_{模型}} \cdot \frac{K_{油藏}}{K_{模型}} \cdot \frac{\mu_{模型}}{\mu_{油藏}} \cdot \frac{\Delta\gamma_{油藏}}{\Delta\gamma_{模型}} \cdot \frac{L_{油藏}}{L_{模型}} \cdot Q_{模型} \qquad (5.35)$$

式中，K、μ、h、L、$\Delta\gamma$ 分别为裂缝渗透率、水的黏度、水平井水平段长、注采井距及油水重度差。

当油藏水平段长 800m 时，

$$Q_{油藏} = 3.594 \times L_{油藏} \times Q_{模型} \qquad (5.36)$$

当油藏水平段长 1000m 时，

$$Q_{油藏} = 4.492 \times L_{油藏} \times Q_{模型} \qquad (5.37)$$

3. 采出程度计算

油藏注采井距为 200m，水平井段长 800m 时，1/4 注采井网内的控制储量为

$$N = \left(\frac{\sqrt{2}}{2} \times 200\right)^2 \times 800 \times [\phi_f + \phi_m \times (1 - S_{wc})] \qquad (5.38)$$

根据模型与油藏的产量对应关系，可计算出油藏产油量及最终累积产油量，从而可得模型的采出程度及最终采收率。

5.5.2　井距对油藏开发影响的预测分析

1. 150m 井距水平井交错注采

对 5.1 节中 2.0m 水柱注采压差下水平井交错注采的生产数据进行分析,依据相似准则可对应到实际油藏 150m 井距注采压差为 8.8MPa 时的情况。对应的油藏实际开发曲线如图 5.76、图 5.77 所示,相应预测结果见表 5.7。

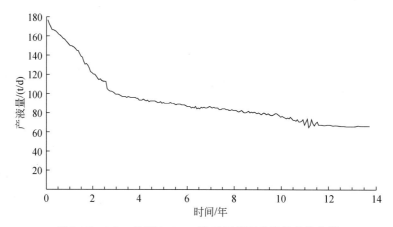

图 5.76　150m 井距 8.8MPa 注采压差下产液量变化曲线

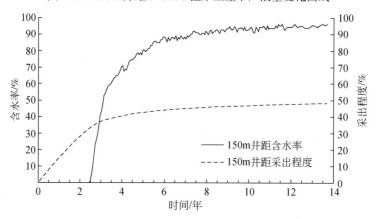

图 5.77　150m 井距 8.8MPa 注采压差下含水率及采出程度随时间变化曲线

表 5.7　注采压差 2.0m 水柱物理模拟对应 150m 井距油藏开发指标

开发指标	模型	油藏	开发指标	模型	油藏
注采压差	2.0m 水柱	8.8MPa	见水时间	36min	2.5 年
初始产能	246mL/min	89.8t/d	含水 90% 时间	105min	7.2 年
初始注水量	246mL/min	89.8t/d	含水 95% 时间	162min	11 年
后期产液量	92mL/min	66t/d	最终采收率	26.56%	48.24%
后期注水量	92mL/min	66t/d			

2. 200m 井距水平井交错注采

对 5.1 节中 1.4m 水柱注采压差下水平井交错注采的生产数据进行分析,依据相似准则可对应到实际油藏 200m 井距注采压差为 9.5MPa 时的情况。对应的油藏实际开发曲线如图 5.78、图 5.79 所示,相应预测结果见表 5.8。

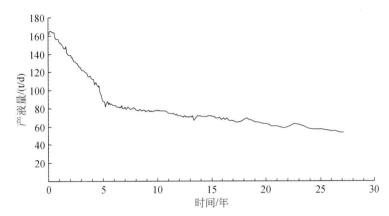

图 5.78　200m 井距 9.5MPa 注采压差下产液量变化曲线

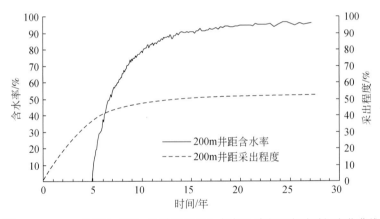

图 5.79　200m 井距 9.5MPa 注采压差下含水率及采出程度随时间变化曲线

表 5.8　注采压差 1.4m 水柱物理模拟对应 200m 井距油藏开发指标

开发指标	模型	油藏	开发指标	模型	油藏
注采压差	1.4m 水柱	9.5MPa	见水时间	60min	5 年
初始产能	160mL/min	82t/d	含水 90% 时间	167min	14 年
初始注水量	160mL/min	82t/d	含水 95% 时间	258min	21.5 年
后期产液量	50mL/min	50t/d	最终采收率	28.88%	52.45%
后期注水量	50mL/min	50t/d			

3. 250m 井距水平井交错注采

对 5.1 节中 1.1m 水柱注采压差下水平井交错注采的生产数据进行分析，依据相似准则可对应到实际油藏 250m 井距注采压差为 10.8MPa 时的情况。对应的油藏实际开发曲线如图 5.80、图 5.81 所示，相应预测结果见表 5.9。

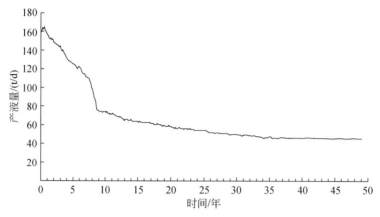

图 5.80　250m 井距 10.8MPa 生产压差下产液量变化曲线

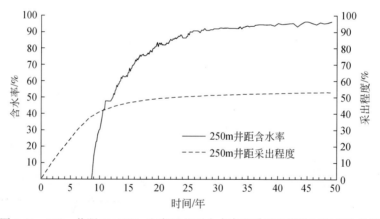

图 5.81　250m 井距 10.8MPa 生产压差下含水率和采出程度随时间变化曲线

表 5.9　注采压差 1.1m 水柱物理模拟对应 250m 井距油藏开发指标

开发指标	模型	油藏	开发指标	模型	油藏
注采压差	1.1m 水柱	10.8MPa	见水时间	79min	8.8 年
初始产能	128mL/min	80.9t/d	含水 90% 时间	227min	25.2 年
初始注水量	128mL/min	80.9t/d	含水 95% 时间	360min	40.1 年
后期产液量	36mL/min	45.5t/d	最终采收率	29.25%	53.13%
后期注水量	36mL/min	45.5t/d			

4. 500m 井距水平井交错注采

对 5.1 节中 0.5m 水柱注采压差下水平井交错注采的生产数据进行分析，依据相似准则可对应到实际油藏 500m 井距注采压差为 11.7MPa 时的情况。对应的油藏实际开发曲线如图 5.82、图 5.83 所示，相应预测结果见表 5.10。

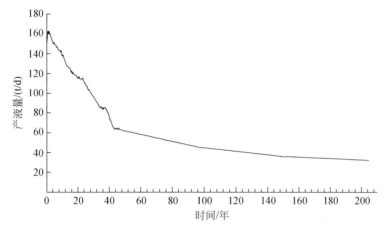

图 5.82　500m 井距 11.7MPa 生产压差下日产液变化曲线

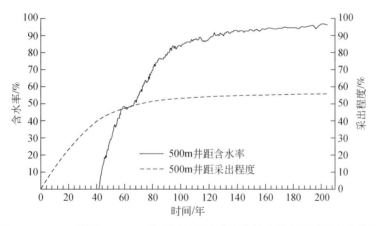

图 5.83　500m 井距 11.7MPa 生产压差下含水率和采出程度随时间变化曲线

表 5.10　注采压差 0.5m 水柱物理模拟对应 250m 井距油藏开发指标

开发指标	模型	油藏	开发指标	模型	油藏
注采压差	0.5m 水柱	11.7MPa	见水时间	182min	42 年
初始产能	63mL/min	77t/d	含水 90% 时间	537min	123.8 年
初始注水量	63mL/min	77t/d	含水 95% 时间	807min	186 年
后期产液量	13mL/min	32t/d	最终采收率	30.71%	55.77%
后期注水量	13mL/min	32t/d			

5. 不同井距油藏开发指标对比

4 种井距的产液量及采出程度与时间的关系，如图 5.84、图 5.85 所示。由图可知，井距越大，产量越小。分别以 8.8MPa、9.5MPa、10.8MPa、11.7MPa 注采压差生产时，150m、200m、250m 和 500m 井距下初始产能分别为 89t/d、82t/d、81t/d 和 77t/d；后期产液量分别为 66t/d、54t/d、45t/d 和 32t/d。

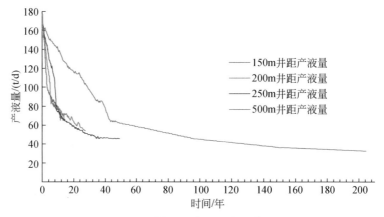

图 5.84　不同井距下产液量变化曲线对比

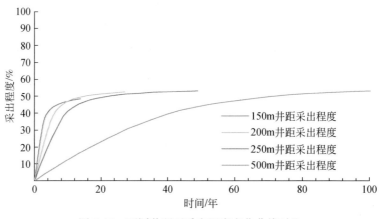

图 5.85　不同井距下采出程度变化曲线对比

实际生产中，井距过大存在生产井难以受效、产量偏低、生产井附近裂缝闭合的风险；井距偏小虽然产量较大，但单井控制储量偏小，生产井易过早水淹，且井网密度大，相应钻井成本偏高。所以建议兴古 7 油藏采用 200m 或 250m 井距。

5.5.3　注采压差对油藏开发影响的预测分析

对 5.1 节各注采压差下水平井交错注采的生产数据进行分析，依据相似准则对兴古 7 油藏水平井交错注采 200m 井距下的注水开发指标进行预测，各注采压差下对应的油藏实际开发曲线如图 5.86 ~ 图 5.95 所示，相应预测结果见表 5.11 ~ 表 5.15。不同注采压差下油藏开发指标对比如图 5.96 ~ 图 5.98 和表 5.16 所示。

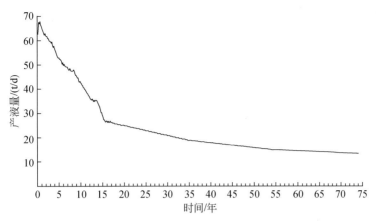

图 5.86　4.6MPa 注采压差下产液量变化曲线

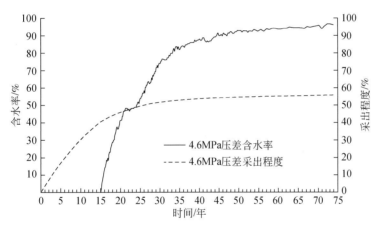

图 5.87　4.6MPa 注采压差下含水率及采出程度随时间变化曲线

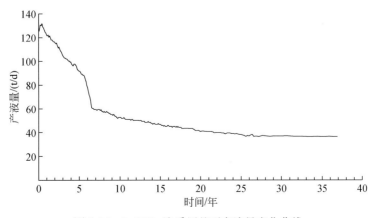

图 5.88　8.6MPa 注采压差下产液量变化曲线

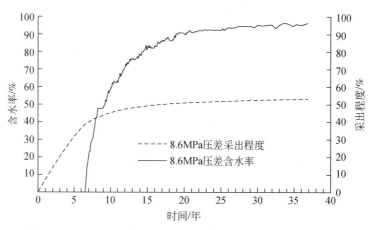

图 5.89　8.6MPa 注采压差下含水率及采出程度随时间变化曲线

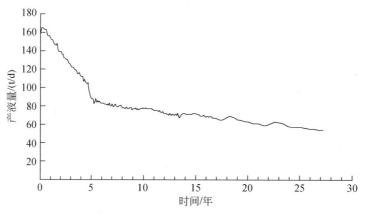

图 5.90　9.5MPa 注采压差下产液量变化曲线

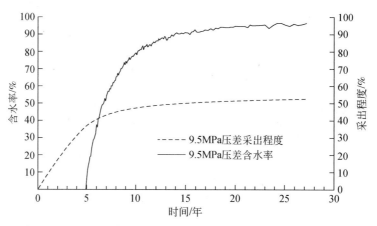

图 5.91　9.5MPa 注采压差下含水率及采出程度随时间变化曲线

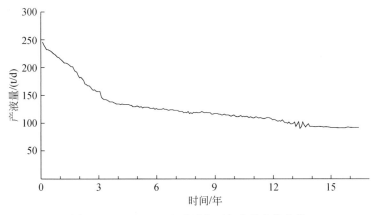

图 5.92　12.7MPa 注采压差下产液量变化曲线

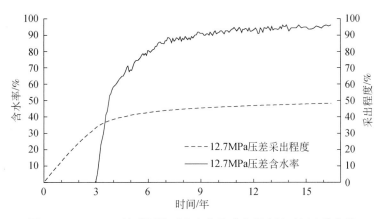

图 5.93　12.7MPa 注采压差下含水率及采出程度随时间变化曲线

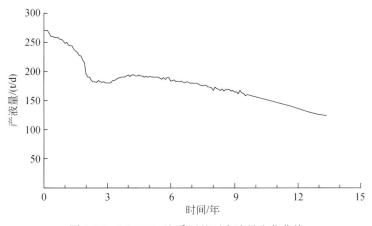

图 5.94　16.0MPa 注采压差下产液量变化曲线

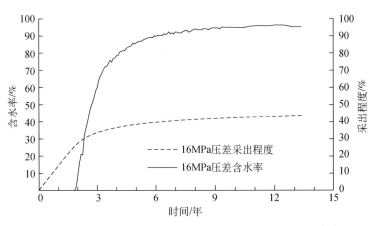

图 5.95　16.0MPa 注采压差下含水率及采出程度随时间曲线

表 5.11　注采压差 0.5m 水柱物理模拟对应 200m 井距油藏开发指标

开发指标	模型	油藏	开发指标	模型	油藏
注采压差	0.5m 水柱	4.6MPa	见水时间	182min	15.2 年
初始产能	63mL/min	32t/d	含水 90% 时间	537min	45 年
初始注水量	63mL/min	32t/d	含水 95% 时间	807min	67 年
后期产液量	13mL/min	13t/d	最终采收率	30.71%	55.77%
后期注水量	13mL/min	13t/d			

表 5.12　注采压差 1.1m 水柱物理模拟对应 200m 井距油藏开发指标

开发指标	模型	油藏	开发指标	模型	油藏
注采压差	1.1m 水柱	8.6MPa	见水时间	79min	6.6 年
初始产能	128mL/min	65t/d	含水 90% 时间	227min	18.9 年
初始注水量	128mL/min	65t/d	含水 95% 时间	360min	30 年
后期产液量	36mL/min	36t/d	最终采收率	29.25%	53.13%
后期注水量	36mL/min	36t/d			

表 5.13　注采压差 1.4m 水柱物理模拟对应 200m 井距油藏开发指标

开发指标	模型	油藏	开发指标	模型	油藏
注采压差	1.4m 水柱	9.5MPa	见水时间	60min	5 年
初始产能	160mL/min	82t/d	含水 90% 时间	167min	14 年
初始注水量	160mL/min	82t/d	含水 95% 时间	258min	21.5 年
后期产液量	50mL/min	50t/d	最终采收率	28.88%	52.45%
后期注水量	50mL/min	50t/d			

表 5.14　注采压差 2.0m 水柱物理模拟对应 200m 井距油藏开发指标

开发指标	模型	油藏	开发指标	模型	油藏
注采压差	2.0m 水柱	12.7MPa	见水时间	36min	3 年
初始产能	246mL/min	125t/d	含水 90% 时间	105min	8.8 年
初始注水量	246mL/min	125t/d	含水 95% 时间	162min	13.5 年
后期产液量	92mL/min	92t/d	最终采收率	26.56%	48.24%
后期注水量	92mL/min	92t/d			

表 5.15　注采压差 3.0m 水柱物理模拟对应 200m 井距油藏开发指标

开发指标	模型	油藏	开发指标	模型	油藏
注采压差	3.0m 水柱	16.0MPa	见水时间	23min	2 年
初始产能	270mL/min	160t/d	含水 90% 时间	73min	6 年
初始注水量	270mL/min	160t/d	含水 95% 时间	112min	9.3 年
后期产液量	120mL/min	120t/d	最终采收率	23.96%	43.51%
后期注水量	120mL/min	120t/d			

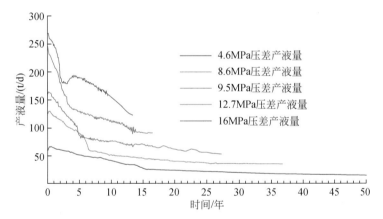

图 5.96　不同注采压差下产液量变化曲线对比

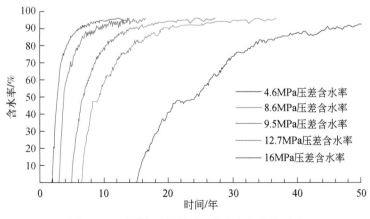

图 5.97　不同注采压差下含水率变化曲线对比

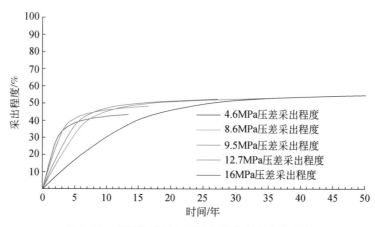

图 5.98　不同注采压差下采出程度变化曲线对比

表 5.16　不同注采压差下 200m 井距油藏开发指标对比

生产指标	4.6MPa	8.6MPa	9.5MPa	12.7MPa	16.0MPa
初始产能/(t/d)	32	65	82	125	160
初始注水量/(t/d)	32	65	82	125	160
后期产液量/(t/d)	13	36	50	92	120
后期注水量/(t/d)	13	36	50	92	120
见水时间/年	15.2	6.6	5	3	2
含水 90% 时间/年	45	18.9	14	8.8	6
含水 95% 时间/年	67	30	21.5	13.5	9.3
最终采收率/%	55.77	53.13	52.45	48.24	43.51

统计不同注采压差下产液量与时间的关系，如图 5.96 所示。可知注采压差越大，产能越大，但递减越快，不过最终产液量递减的比例依次减小。

统计不同注采压差下含水率与时间的关系，如图 5.97 所示。含水率上升越快，说明基质来不及通过渗吸作用向裂缝供油，所以开发效果越差；反之则越好。由图 5.97 可以看出，以 14MPa、21.5MPa 注采压差生产时，注水速度过快，突进现象严重，导致含水快速上升，开发效果不佳。

统计不同注采压差下累积产油量与时间的关系，如图 5.98 所示。虽然以 3.5MPa 注采压差生产时开发时间最长，渗吸过程最彻底，但与 8MPa 和 10MPa 注采压差相比，最终采收率增幅不明显。以 3.5MPa、8MPa 及 10MPa 注采压差生产时，渗吸过程均较彻底，开发效果明显优于 14MPa、21.5MPa 注采压差的情况。

综上所述，14MPa、21.5MPa 注采压差过大，注入水突进现象明显，导致采收率偏低，开发效果不佳；3.5MPa 注采压差虽能获得较高的采收率，但产量偏低，开发时间过长；以 8MPa 与 10MPa 注采压差生产时，注水速度合适，产量适中，使渗吸过程可以较充分地进行，又不至于发生突进现象，可获得较好的开发效果。所以 8MPa 与 10MPa 可作为合理注采压差。

5.6　复杂结构井井型及注采井网数值模拟研究

本章利用物理模拟方法研究了复杂结构井网注水开采潜山油藏的主干影响因素，掌握了其渗流与开发机理。本节将采用数值模拟方法进行延伸研究，以便进一步完善研究内容，更加全面认识渗流与开发规律。

5.6.1　数值模型的建立

为研究兴古 7 油藏注水开发的基本特征和原则，对不同井型及注采井网进行优化，需要以兴古 7 实际参数为基础建立数值模型。为使研究对象简化且具代表性，可取 1/4 立体五点井网，研究对象的尺度为 150m×150m×1000m。

1. 网格系统

采用笛卡儿坐标块中心网格，纵向上 32 个模拟层，平面上 X 方向 16 个网格，Y 方向 100 个网格，XYZ 方向网格尺度均为 10m。共有 16×100×32＝51200 个网格。

2. 模型的选择

兴古 7 油藏为潜山裂缝性油藏，基质岩块非常致密。水驱油过程中，油水仅在裂缝系统中渗流，基质依靠渗吸作用向裂缝系统供油，故渗流特点为双孔单渗。结合实际试油试采资料，兴古 7 油藏原油为轻质黑油。综上，可选用双孔单渗黑油模型进行油藏数值模拟。

3. 数据的准备

1) 油藏及流体物性参数

数值模拟所用油藏及流体物性参数与物理模拟相同，见表 5.4。

2) 相对渗透率数据

该模型采用双重介质，因此基质与裂缝各有一套相渗曲线，如图 5.99 和图 5.100 所示。

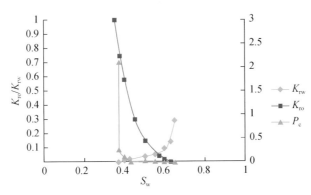

图 5.99　基质的油水相渗及毛细管力曲线

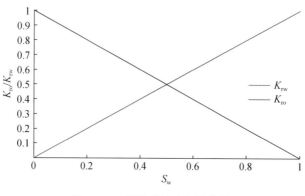

图 5.100　裂缝的油水相渗曲线

3）初始化数据

选用了一个平衡区，其中油藏原始地层压力 37MPa，裂缝初始含水饱和度为 0，基质初始含水饱和度 37.5%。

5.6.2　水平井水平段合理长度研究

分别选取 600m、800m 和 1000m 水平段长，定注采压差 10MPa 模拟开采 30 年，井位如图 5.101 所示。

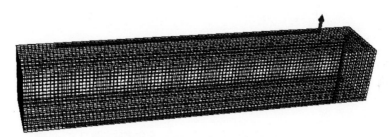

图 5.101　水平井位置示意图

800m 水平井的采收率比 600m 高 8.42%，1000m 水平井的采收率比 800m 水平井高 1.4%。因为水平段越长，井间干扰越严重，当水平段超过 800m，继续增加水平段长，采收率增加不明显。在立体注采井网情况下，随水平段增加，开发中前期单井原油产量近似呈正比例增加；最终采收率也随之增加，而增加的幅度逐渐减小。从油藏渗流和开发角度考虑，水平井段长度应尽量加大；但同时应考虑到钻井费用和工艺水平的限制。目前水平井段取 800m 为宜。

5.6.3　不同部位注水机理研究

采用兴古 7 油藏现行的 800m 水平段长，实验顶部注水、底部注水和对应位置注水，定注采压差 10MPa 模拟开采 30 年，底部注水井位见图 5.102。

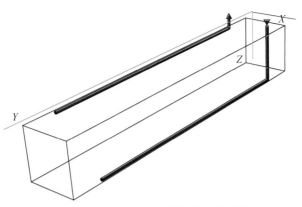

图 5.102　底部注水水平井分布示意图

底部注水采收率最高，开发效果优于顶部注水和对应位置注水。因为顶部注水利用重力作用自上而下驱油，中高角度裂缝易造成注入水沿着裂缝快速下窜，使处于油藏中、下位置的水平井水淹，注水波及体积小；对应位置注水，注入水向油层下部窜流、产生多相渗流造成剩余油分散；底部注水，通过形成人造底水，向上托进，有利于减弱油水窜流和剩余油零散分布。

5.6.4　鱼骨井合理分支角度研究

由于兴古 7 油藏近井地层污染严重，水平井注水能力会受到一定影响。如果不能及时补充能量，则生产井难以受效，甚至导致油藏内裂缝闭合。采用鱼骨井注水，在原注水井的基础上侧钻分支，可增大注水面积，提高注水能力，改善注采状况。

使用油藏现行的鱼骨井参数，分支数为 3，每个分支长度为 380m。实验不同的分支角度，分别为 15°、25°、35° 及 45°，定注采压差 10MPa 模拟开采 30 年，鱼骨井井位如图 5.103 所示。

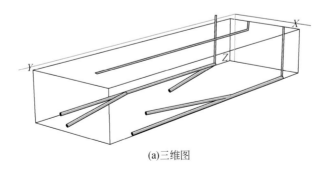

(a)三维图

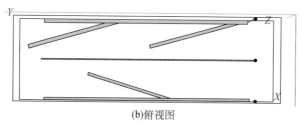

(b)俯视图

图 5.103　水平井分支角度示意图

统计不同分支角度的含水率和采出程度，得出结论：鱼骨井的分支延伸到生产井下方，与原水平注水井相比，增大了注水面积，面状注水更利于形成底水均衡托进的注水开发模式。分支角度为 15°~45°，均可控制整个底面，故开发效果相差不大，但仍存在轻微差别。分支角度为 25° 时开发效果最好，其次是 15°，因为分支与主干段之间的干扰效应在 25° 时明显。分支角度为 35° 和 45° 时，相邻的注水井之间相互干扰，影响注水效果，其开发效果比分支角度为 15° 与 25° 时均较差。且分支角度增加，钻井技术难度和钻井成本也会相应增加。故采用鱼骨井注水，合理分支角度应取 15°~25°。

5.6.5　鱼骨井合理分支数与合理分支长度研究

1. 保持总进尺不变

使用油藏现行的鱼骨井分支角度（25°），并保证总分支长度相同（1140m），实验不同的分支数与分支长度，分别为 2×570m、3×380m、4×285m，和 5×228m，定注采压差 10MPa 模拟开采 30 年。

统计不同分支数的含水率和采出程度，得出结论：鱼骨井注水与水平井注水采收率相近，但前者见水时间早，因为鱼骨井为面状注水，且注采井距小于水平井注水，生产井可以更快地将油藏中的油采出。综合考虑认为，在地层连通性和均质性较好的条件下，可以用水平注采井网开发兴古 7 类型潜山油藏；在油藏非均质严重、注采井间存在低渗透带时，则改用鱼骨井注水开发此类油藏，以保证开发效果。不同分支数鱼骨井相比，相同进尺、不同分支数，注水开发效果差别不大。但相同进尺下，分支越多，相应的钻井费用越高，故兴古 7 油藏可保持现行的 3 分支鱼骨井注水，如遇实际钻井困难也可视情况变通为 2 分支。

2. 保持分支数不变

使用油藏现行的鱼骨井分支角度（25°）和分支数（3 分支），实验不同的分支长度，分别为 228m、285m、380m 和 570m，定注采压差 10MPa 模拟开采 30 年。

统计不同分支长度的含水率和采出程度，得出结论：鱼骨井注水与水平井注水采收率相近，但前者见水时间早，因为鱼骨井为面状注水，且注采井距小于水平井注水，生产井可以更快地将油藏中的油采出。由数值模拟结果可以看出，鱼骨井分支 380m 时开发效果最好。因为分支长度为 380m 时，鱼骨井注水分支刚好延伸到生产井正下方，注水井可以控制整个底面；分支长度为 228m 和 285m 时，注水井控制面积相对较小；而分支长度为 570m 时，相邻注水井的分支之间存在相互干扰，也会影响注水开发效果。因此，兴古 7 油藏使用 3 分支鱼骨井注水时，建议分支长度为 380m。

3. 保持分支长不变

使用油藏现行的鱼骨井分支角度（25°）和分支长度（380m），实验不同的分支个数，分别为 2 分支、3 分支、4 分支和 5 分支，定注采压差 10MPa 模拟开采 30 年。

统计不同分支数的含水率和采收率，得出结论：鱼骨井注水与水平井注水采收率相近，但前者见水时间早，因为鱼骨井为面状注水，且注采井距小于水平井注水，生产井可以更快地将油藏中的油采出。由数模结果可以看出，2 分支开发效果相对较差，3 ~ 5 分支开发效果相近。因为鱼骨井 2 分支，每个分支 380m，不足以对整个底面实施高效全面地控制。3 分支，每个分支 380m，足以控制整个底面，继续增加分支数不会对开发效果有改善作用。故兴古 7 油藏使用 380m 分支注水时，建议采用 3 分支。

5.7　总结与认识

5.7.1　主要研究成果

（1）在国内外首次建立并实现了三维裂缝性各向异性渗流介质水驱油相似准则体系，考虑了井径及表皮系数、不同方向裂缝渗透率主值之比、油水黏度比、重力压差与注采压差之比、裂缝与基质可动油量之比及基质渗吸半周期的相似。可直接模拟油藏开发效果，对油藏开发指标做定量预测：对应相同的无量纲空间点和无量纲时间点，油藏与模型具有相同的无量纲油水位势和含水饱和度，进而生产井具有相同的无量纲产油、产水量以及相同的产量变化规律和含水上升规律。

（2）在国内外首创三维裂缝性各向异性渗流介质制作技术，具备的优势包括：①形状尺度可控；②裂缝方向、孔隙度、渗透率等参数可控；③可重复制作。

（3）利用大型裂缝性渗流模型进行了水平井交错注采、水平井叠置注采、水平井分层注采、鱼骨井注水及天然能量开采 5 类 11 次油藏宏观物理模拟实验。实验分析了各种井网井型的注采规律，可作为兴古 7 油藏及所有类似潜山油藏注水开发的参考依据。

（4）通过油藏宏观物理模拟研究了兴古 7 油藏井距为 150m、200m、250m 及 500m 时水平井交错注采开发方案，预测并分析了井距对油藏开发的影响；研究了兴古 7 油藏注采压差为 4.6MPa、8.6MPa、8.5MPa、12.7MPa 及 16.0MPa 的开发方案，预测并分析了注采压差对油藏开发的影响。

（5）建立了油藏数值模型，进行了不同水平井水平段合理长度研究、不同部位注水机理研究、鱼骨井合理分支角度研究及鱼骨井合理分支数与合理分支长度研究。

（6）综合理论分析、物理模拟和数值模拟研究成果，分析了油藏的地质和物性特征及有利条件，搞清了兴古 7 类型潜山油藏渗流与开发机理，明确了复杂井型立体注采井网的优势，提出了适于兴古 7 类型潜山油藏开发的优化布井模式。

5.7.2 主要结论

1. 复杂结构井适应性

兴古7油藏适合使用水平井注采井网进行开发，局部可采用鱼骨井注水，增大注水面积，改善注采状况。在地层连通性和均质性较好的条件下，可以用水平注采井网开发兴古7类型潜山油藏；在油藏非均质严重、注采井间存在低渗透带时，则改用鱼骨井注水开发此类油藏，以保证开发效果。

2. 合理注水部位

（1）顶部注水利用重力作用自上而下驱油，中高角度裂缝易造成注入水沿裂缝快速下窜，使油藏中、下位置的水平井水淹，注水波及体积小；

（2）对应位置注水，注入水向油层下部窜流、产生多相渗流造成剩余油分散；

（3）底部注水，通过形成人造底水，向上托进，有利于减弱油水窜流和避免剩余油零散分布。

综上所述，底部注水开发效果优于顶部注水和对应位置注水。

3. 合理注采井距

相同注采压差下，井距越大，产量越小。实际生产中，井距过大存在生产井难以受效、产量偏低、生产井附近裂缝闭合的风险；井距偏小虽然产量较大，但单井控制储量偏小，生产井易过早水淹，且井网密度大，相应钻井成本偏高。所以建议兴古7油藏采用200m或250m井距。

4. 合理注采压差

兴古7类型油藏原油黏度小于地层水的黏度，不会发生注入水窜进现象，可以适当增大注采压差，以便提高产量和效益。但是，注采压差过大会加剧主流线注入水突进，导致生产井过早见水，影响产油量；同时，注采压差过大，油水流动过快，会导致裂缝基质间的渗吸交换不够充分，从而降低最终采收率。因此，需要综合考虑多种影响因素确定最佳注采压差。兴古7油藏注采井距为200m、井表皮系数为29时的合理注采压差约为10MPa，相应的合理注水量约为66t/d。

5. 水平井叠置注采渗流特征及开发特点

相同注采压差下，水平井叠置注采开发效果不及交错注采。因为叠置注采井距相对较小，注入水易沿注采井连线发生脊进，导致波及体积不及交错注采，最终累积产油量偏低。

6. 分层注水渗流特征及开发特点

分层注水时，注入水向油藏下部窜流，导致低部位生产井水淹；而且会造成剩余油分散，最终采收率低于底部注水的情况。

7. 鱼骨井注水渗流特征及开发特点

鱼骨井多个分支同时注水，可增大注水面积，更有利于形成"底水均衡托进"的注水驱油方式；另外，鱼骨井分支直接延伸到生产井下方，可缩短注采井距，提高注采强度，获得理想的开发效果。基于以上渗流特征，鱼骨井可用于非均质严重、注水井区域可能存在低渗透带的油藏情况，以便克服或减少地质因素造成的风险，提供足够的注水强度，保证开发效果。

8. 水平井水平段合理长度

在立体注采井网情况下，随水平段增加，开发中前期单井原油产量近似呈正比例增加；最终采收率也随之增加，而增加的幅度逐渐减小。从油藏渗流和开发角度考虑，水平井段长度应尽量加大；但同时应考虑到钻井费用和工艺水平的限制。目前水平井段取800m 左右为宜。

9. 鱼骨井合理分支角度

采用鱼骨井注水，合理分支角度应取 15°～25°。因为分支角度小于 15°时，分支与主干段之间的干扰较明显；而分支角度大于 25°时，相邻的注水井之间存在相互干扰，影响注水效果，且分支角度增加，钻井技术难度和钻井成本也会相应增加。

10. 鱼骨井合理分支数与合理分支长度

（1）鱼骨井保持相同的总进尺时，建议采用 3 分支（每分支 380m）或 2 分支（每分支 570m）。因为不同分支数，注水开发效果差别不大，但分支越多，相应的钻井费用越高。

（2）鱼骨井保持 3 分支时，建议使用 380m 的分支长度。因为分支长度为 380m 时，鱼骨井注水分支刚好延伸到生产井正下方，注水井可以控制整个底面；分支长度小于380m 时，注水井控制面积相对较小；而分支长度大于 380m 时，相邻注水井的分支之间存在相互干扰，也会影响注水开发效果。

（3）鱼骨井保持分支长度为 380m 时，建议使用 3 分支注水。因为分支数小于 3，不足以对整个底面实施高效全面地控制；而 3 分支，每个分支长度为 380m 时足以控制整个底面，继续增加分支数对开发效果的改善作用不明显。

11. 水平井、复杂结构井开发效果

利用水平井、复杂结构井立体井网底部注水开发方式，对兴古 7 类型潜山油藏进行开发，可以取得比较理想的开发效果。在注采井距为 200m、注采压差为 10Mpa 的条件下，单井初期产能达到 82t/d，油藏最终采收率达 52.5%。

第6章　潜山裂缝性油藏井网优选及开发调整研究

本章以边台潜山油藏为背景，建立该类油藏典型的地质模型，利用油藏物理模拟和数值模拟手段，研究该类油藏复杂结构井合适井型及开发方式，为该类油藏进一步提高采收率提供可靠的理论和技术支持；同时基于潜山油藏复杂结构井开发研究认识，针对边台潜山油藏进行开发研究，为边台潜山油藏调整及进一步提高采收率提供实用方案和建议。

6.1　油藏概况及研究内容

2010 年前后，辽河油田发现和投入开发的潜山油藏储量快速上升，成为整个油区产量接替的重要组成部分。针对潜山油藏的开发，形成了如多分支水平井、水平井、鱼骨井等复杂结构井型井网开采技术，总体上取得了比较理想的效果。但是，潜山油藏静动态性质都很复杂，利用复杂结构井开发过程中不同区块、不同井位的效果差异较大，因此，需要进一步研究复杂结构井井型及井网开发潜山类油藏的机理，明确复杂结构井能否提高该类油藏的最终采收率，以便更好地为开发潜山类油藏提供决策依据。

6.1.1　边台潜山油藏地质概况

1. 构造特征

边台潜山油藏构造上位于大民屯凹陷中央隆起带的东部，西与安一潜山相邻，东与高台阶曹台潜山相邻，边台潜山面最高 1100m。

边台潜山属于大民屯凹陷基底的高潜山带，受两条 NE 向逆断层控制，平面上呈一 NE 向展布的长三角形的断块山，潜山 NE 向展布，东北窄，南西宽，潜山整体呈现东高西低、北高南低的构造形态，发育两个背斜构造，高点分别位于北块的安 141 井附近和南块的安 36 井附近。NE 向的安 110 东断层将边台潜山分为东西两个条带，东带为边台与曹台之间的陡坡带，最小埋深 -1100m，闭合幅度 800m 左右，构造面积约 8.2km²；西带为边台断裂背斜构造带，最小埋深 -1550m，闭合幅度 800m 左右，构造面积约 5.5km²。

边台潜山断层比较发育，断层主要分为 NE 向、NW 向、近东西向三组方向，其中 NE 向断层为边台潜山的主干断层，NW 向断层为次级断层。

静 15 南断层将边台断裂背斜构造带分为南北两个潜山。边台北块以 NE 向和 NW 向断层为主，控制了局部圈闭的形成。安 76 断层以北为西倾的断块构造，在安 141 井附近呈现半背斜构造。边台北块以 NE 向、NW 向、近东西断层为主，控制着局部圈闭的形成。南块在安 36 井附近形成一断裂背斜构造，受多条 NW 向的正断层的错动、切割，形成多个断块、断鼻、断裂背斜圈闭。

2. 储层岩石特征

边台潜山地层由太古界鞍山群变质岩组成，岩性以混合花岗岩类为主，包括黑云母斜长片麻岩、混合花岗岩及斜长角闪岩等，并伴有晚期（燕山期）侵入的煌斑岩及辉绿岩岩脉。

总的来说，该区变质岩潜山的岩性主要包括四大类：混合岩类、片麻岩类、煌斑岩类，以及辉绿、角闪岩类，后两种岩石又统称为侵入岩（岩脉）。根据目前试油、试采及投产资料可知，产油层以混合岩类为主，其次为片麻岩类，截止到目前为止，试油证实岩脉不出油，因此，将混合岩类和片麻岩定为储集岩，而岩脉为非储集岩，其中由于大部分油层为混合岩，且高产层多出自混合岩。因此，边台潜山油藏，混合岩为一类储集岩，片麻岩类则为二类储集岩，岩脉为非储集岩。

6.1.2   现阶段油藏开发特征

边台潜山油藏构造上位于边台-法哈牛构造带的北段，探明含油面积 9.3km²，动用面积 9.3km²。

边台潜山 1983 年首钻安 36 井，中途测试获工业油流。1984 年 10 月安 36 井投入试采，到 1991 年，潜山南部相继投入 7 口试采井，全块日产油达到 92t。

根据整体部署、分批实施、不断完善的开发原则，1992 年底边台潜山开始投入开发。随着新井投产，1994 年 6~7 月达到产量高峰，当年产油达到最高值，采油速度为 0.76%，采出程度为 1.59%。

从 1994 年开始实施边底部注水，但因边部裂缝发育差，导致注水压力高和注水困难，油井基本上没有见到注水效果，油藏仍然依靠天然能量进行开发，产量递减较快。到 1998 年年产油下降，采油速度为 0.43%，平均年递减率为 11.2%，采出程度为 3.68%。

从 1999 年开始采用内部和边部的低部位注水，注水工作取得了一定的进展，到 2000 年区块产量递减趋势减缓，2006 年采油速度为 0.26%，平均年递减率为 5.28%，采出程度为 6.35%。

1998~2006 年共投产新井 12 口，从 2000 年开始年产油量呈现递减趋势，复杂结构井已在边台油藏实施，并取得显著效果。2007~2011 年新投产油井 22 口，在边台北开展利用水平井开发低渗难动用储量试验，2007 年 2 月投产的边台-H1Z 井获得成功，该井投产后日产油 12t，截止到 2011 年 2 月，日产油 18.2t，已经累积产油 31931t。该井成功投产后又陆续部署了 17 口水平井，均获得较高产能，截至 2012 年 2 月，18 口水平井累积产油 19.4×10⁴t，累积产水 8.49×10⁴t。

6.1.3   研究内容与技术路线

根据对边台潜山油藏开发特征进行分析发现，先前部署投产的水平井及复杂结构井均取得较好的效果，研究复杂结构井对提高潜山油藏采收率的作用，进而选择确定潜山油藏开发的优势井型及相应井网，不仅可以为边台潜山油藏进一步高效开发提供直接的技术支持，而且对于其他类似油藏的开发也具有普遍的参考价值和指导意义。因而制定了以下主要研究内容及技术路线：

（1）基于3D大尺度裂缝性渗流介质制作技术，研究建立满足相似准则的油藏宏观物理模型及测试方法；

（2）依据裂缝性渗流介质制作技术及相似理论，建立直井–直井、直井–复杂结构井、复杂结构井–复杂结构井井组物理模型；

（3）采用裂缝控制技术，建立边台潜山地质模型和典型数值模拟模型；

（4）利用物理模拟和数值模拟方法研究各井型对提高采收率的作用，对不同井型井网的开发效果进行预测对比研究，优选出边台潜山油藏最佳合适井型；利用数值模拟方法优化设计水平井及鱼骨井的井网井型参数；

（5）进行边台潜山油藏油水井间对应关系、油水运动规律、含水上升和产量变化特征等各项研究；

（6）以上述研究结果为基础，研究制定边台潜山油藏合理的开发调整方案。

研究路线如图6.1所示。

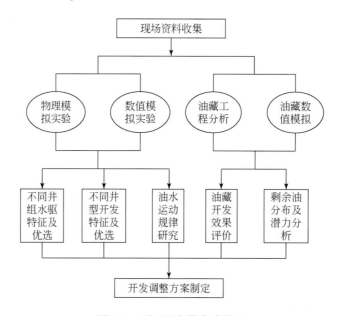

图 6.1　项目研究技术路线图

6.1.4　关键技术

（1）3D大尺度裂缝性渗流介质物理模型制作技术；

（2）动力学相似、运动学相似、几何相似等相似准则条件下物理模拟技术；

（3）水平井、复杂结构井的渗流机理物理模拟技术；

（4）潜山裂缝性油藏地质建模技术及数值模拟技术；

（5）潜山裂缝性油藏剩余油分布研究及开发调整方法。

6.2　边台潜山油藏整体地质建模

储层地质模型是油藏模型的核心，是储层特征及其非均质性在三维空间上的分布和变化的具体表征。它实际上就是建立表征储层物性的储层参数如孔隙度、渗透率和含油饱和度、储层厚度等在三维空间的分布及变化模型。建立储层地质模型的目的就是要通过对孔隙度、渗透率和储层厚度等参数的定量研究，准确界定有利储层的空间位置及其分布范围，从而直接为油田开发方案的制订和调整提供直接的地质依据。

6.2.1　三维地质模型的建立

1. 数据准备

根据 PETRELTM 2009 软件要求，建模数据包括岩心、测井、地震、试井、开发动态等方面的数据。从建模内容来看，基本数据类型包括以下 7 类：

（1）坐标数据：包括井位坐标等；

（2）单井井斜数据（TVD、X、Y）；

（3）测井数据：测井二次解释结果（孔、渗、油层厚度）；

（4）地震数据：地震属性数据，包括相位余弦，地层倾角导数，主频等；

（5）油藏剖面图：各井的连井剖面图；地震资料解释的层面数据等；

（6）断层数据：断层地震解释结果；

（7）储层数据：平面趋势图、岩相平面图（包括各井的单井岩相录井数据）。

2. 储层建模流程

采用地质条件约束下的条件模拟的方法建立储层参数模型，即以地层格架模型、构造模型、沉积模型为控制，以测井资料二次数字处理结果为已知条件，应用地质统计学的方法，将这些储层参数分别看成具有一定分布范围的区域化变量，依据已知井点的储层数据计算实验变差函数，应用理论变差函数模型进行拟合得到合适的变差函数模型，并通过不同参数的模拟方法的适用性分析，优选不同参数的模拟方法，对井间储层参数进行预测，从而得到储层参数的三维数据体，达到建立储层三维地质模型的目的。

其中，地层格架模型将成为储层预测的层位参数，油组和砂组的界线必须成为随机模拟算法的必须遵循的界面，井间储层砂体及其物性的预测只能局限在同一地层沉积单元内。沉积相及沉积微相则控制了储层建模边界条件，储层井间砂体的连通性及物性参数的变化规律必须符合沉积特征。

在数据分析的基础上，建立坐标系统和网格系统。依据工区平面井网间距，建立几何尺寸为 20m×20m 网格，并且把已知数据赋在相应的网格节点上，然后应用拟合得到的变差函数模型，完成储层地质建模。

3. 构造模型

边台潜山油藏地质构造模型如图 6.2～图 6.4 所示。

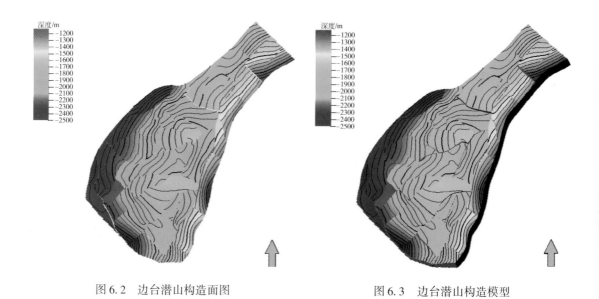

图6.2　边台潜山构造面图　　　　　　　　　图6.3　边台潜山构造模型

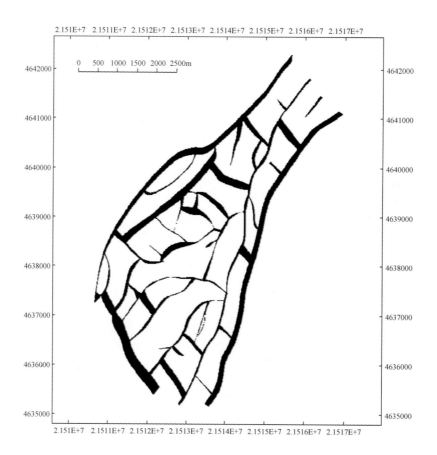

图6.4　断层位置及分布

4. 基质属性模型

整理边台潜山油藏各井的测井数据，对其进行解释，分别得到井周围的基质系统的孔隙度和渗透率。利用测井数据解释基质孔隙度的计算公式为式（6.1）：

$$\phi_b = \frac{\Delta t - \Delta t_{ma}}{\Delta t_f - \Delta t_{ma}} \tag{6.1}$$

式中，ϕ_b 为基质孔隙度，%；Δt 为实测声波时差，$\mu s \cdot m^{-1}$；Δt_{ma} 为骨架声波时差，$\mu s \cdot m^{-1}$；Δt_f 为流体声波时差，$\mu s \cdot m^{-1}$。

利用压汞资料数据建立基质渗透率 K_b 和孔隙度 ϕ_b 之间的关系：

$$K_b = 0.0334\phi_b^2 - 0.1272\phi_b + 0.2188 \tag{6.2}$$

基质渗透率 K_b 和基质孔隙度 ϕ_b 之间的关系曲线如图 6.5 所示。

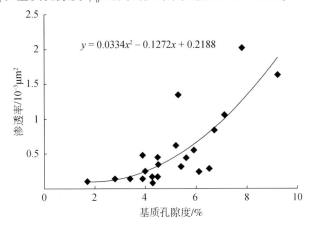

图 6.5　边台潜山基质孔隙度与基质渗透率关系

通过序贯高斯模拟方法生成整个油藏基质孔隙度、基质渗透率随机模型，图 6.6、图 6.7 为基质孔隙度和基质渗透率的序贯高斯随机实现及其栅状图。

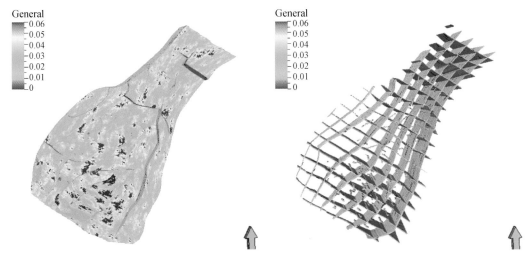

图 6.6　边台潜山油藏基质孔隙度序贯高斯随机实现模型及栅状图

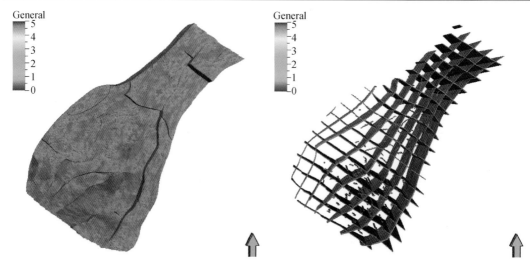

图 6.7　边台潜山油藏基质渗透率序贯高斯随机实现模型及栅状图

6.2.2　边台潜山裂缝预测

1. 裂缝孔隙度分布计算

宏观裂缝定义为张开度大于 0.01mm 的裂缝，其渗透能力较强，表现为被钻开后泥浆滤液能迅速侵入形成较深的侵入带，这就给用测井方法计算裂缝孔隙度带来了可能。

由于取心资料较少且很难直接反映地下裂缝参数，仅靠岩心测出的孔隙度无法用于储量计算。因此必须采用代表性较强的测井方法计算孔隙度。测井解释裂缝孔隙度是利用现代测井的双侧向电阻率，根据裂缝孔隙度公式 [式 (6.3)] 进行计算。

$$\phi_f = \sqrt[mf]{R_{mf}\left(\frac{1}{R_{lls}}-\frac{1}{R_{lld}}\right)} \tag{6.3}$$

式中，ϕ_f 为裂缝孔隙度，%；R_{mf} 为泥浆滤液电阻率，$\Omega \cdot m$；R_{lld} 为深侧向电阻率，$\Omega \cdot m$；R_{lls} 为浅侧向电阻率，$\Omega \cdot m$；mf 为胶结指数，mf = 1.5。

R_{mf} 值的确定：在早期完钻井采用斯伦贝谢测井图头标定的测量值；在后期完钻井中，由于在钻井过程中为防止泥浆污染，均采用二次完井，在潜山地层采用无固相泥浆钻井，泥浆密度在 1.0g/cm³ 左右，因此，泥浆滤液电阻率与泥浆电阻率相等，即 $R_{mf}=R_m$。

式 (6.3) 中泥浆滤液电阻率应该取地层条件下的值。将地面测量的泥浆液电阻率换算到地层条件下，计算方法为

$$R_{mf2} = \left(\frac{t_1+21.5}{t_2+21.5}\right)\times R_{mf1} \tag{6.4}$$

$$t_2 = 0.0256D+19.68 \tag{6.5}$$

式中，R_{mf1}、R_{mf2} 为地面和地层条件下的泥浆滤液电阻率，$\Omega \cdot m$；t_1、t_2 分别为地面测量值环境温度和地层条件下的温度，℃；D 为计算层中深，m。

2. 裂缝渗透率分布的计算

宏观裂缝渗透率根据式 (6.6) 计算。

$$K_f = 33.8 \times \phi_f \times B^2 \tag{6.6}$$

式中，K_f 为裂缝渗透率，$10^{-3}\,\mu m^2$；ϕ_f 为测井解释的裂缝孔隙度，小数；B 为裂缝张开度，μm。

目前，裂缝张开度计算方法比较成熟的是双侧向电阻率模型，该模型是由斯伦贝谢测井公司的 A. M. Sibbit 等提出的。A. M. Sibbit 等利用有限元素网络法，经过大量的模拟实验研究，得出了裂缝张开度与深浅侧向电阻率的关系：

高角度裂缝计算公式为

$$d = \frac{C_{lls} - C_{lld}}{4C_m} \times 10^4 \tag{6.7}$$

低角度裂缝计算公式为

$$d = \frac{C_{lls} - C_{lld}}{1.2C_m} \times 10^4 \tag{6.8}$$

式中，d 为裂缝张开度，μm；C_b 为围岩电导率，$1(\Omega \cdot m)^{-1}$；C_{lls} 为浅侧向电导率，$1(\Omega \cdot m)^{-1}$；C_{lld} 为深侧向电导率，$1(\Omega \cdot m)^{-1}$；C_m 为地层条件下泥浆滤液电导率，$1(\Omega \cdot m)^{-1}$。

应用上述裂缝孔隙度模型之前，首先需要对裂缝的倾斜角度进行判别，判别参数定义为

$$X = \frac{R_{lld} - R_{lls}}{\sqrt{R_{lld} \times R_{lls}}} \tag{6.9}$$

式中，X 为裂缝角度判别数；R_{lls} 为浅侧向电阻率，$\Omega \cdot m$；R_{lld} 为深侧向电阻率，$\Omega \cdot m$。

对垂直裂缝，$X>0.1$；对斜交裂缝，$0<X<0.1$；对水平裂缝，$X<0$。

计算结果显示，工区潜山储层裂缝渗透率主要分布于 $1 \times 10^{-3} \sim 800 \times 10^{-3}\,\mu m^2$。

3. 各向异性裂缝渗透率计算

根据油田提供的该油藏前期地质研究成果，边台潜山中发育三组构造裂缝，即 NE—NNE（取北偏东 30°）向、NW 向和近东西向三组，三组裂缝的渗透率分别为 $K_1 = K_{fnw} = 360.8 \times 10^{-3}\,\mu m^2$；$K_2 = K_{fne} = 213.3 \times 10^{-3}\,\mu m^2$；$K_3 = K_{few} = 80.5 \times 10^{-3}\,\mu m^2$。目前以 NW 向组裂缝渗透率最大，其次是 NE—NNE 向组，近东西向组裂缝由于发育程度极差，其渗透率较小。

边台潜山裂缝中高角度缝（70°~90°，取 90°）占 32%，斜交缝（20°~70°，取 65°）占 58.4%，低角度缝（小于 20°，取 10°）只占 9.6%。

取大地坐标系，正东方向为 X 轴正方向，正北方向为 Y 轴正方向，垂直向上方向为 Z 轴正方向。近东西向方位的裂缝的方位角位为 90°，NE—NNE 向方位角为 30°，NW 向裂缝方位角为 -45°。对于每一个方位的裂缝，倾角是统计值而倾斜的方向未定，所以每一个倾角大小相同的裂缝都考虑成一对相互对称的一组裂缝。

综合垂直缝、斜交缝、水平缝三种情形渗透率张量的计算结果得到边台潜山油藏总的裂缝各向异性渗透率张量：

$$\overline{K} = \overline{K_1} + \overline{K_2} + \overline{K_3} = \begin{pmatrix} 281.5 & -11.3 & 0 \\ -11.3 & 402.5 & 0 \\ 0 & 0 & 534.6 \end{pmatrix} \approx 381.5 \begin{pmatrix} 1 & 0 & 0 \\ 0 & 1.05 & 0 \\ 0 & 0 & 1.4 \end{pmatrix} \tag{6.10}$$

　　分析上述总的裂缝各向异性渗透率张量，非对角线位置上的分量相对主对角线上的值很小，可以忽略，故该油藏裂缝在 X、Y、Z 方向的各向异性渗透率之比为 $K_x : K_y : K_z = 1 : 1.05 : 1.4$。

　　建立各方向裂缝渗透率的计算模型，分别计算油藏各方向渗透率。

$$\begin{cases} K = \sqrt[3]{K_x K_y K_z} \\ K_x : K_y : K_z = 1 : 1.05 : 1.4 \end{cases} \qquad (6.11)$$

由 $K = 137.78\text{mD}$ 得到油藏的 $K_x = 118.81\text{mD}$、$K_y = 124.79\text{mD}$、$K_z = 179.09\text{Md}$。

　　4. 裂缝模型的建立

　　最终建立了裂缝孔隙度渗透率三维地质模型，如图 6.8～图 6.11 所示。

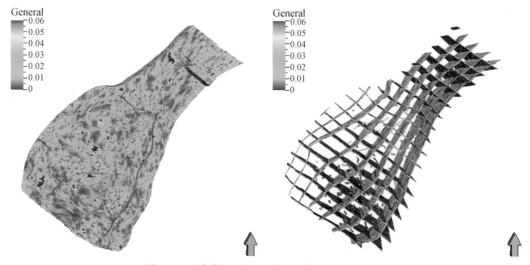

图 6.8　边台潜山裂缝孔隙度计算模型及栅状图

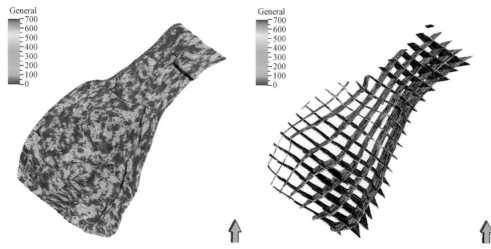

图 6.9　边台潜山裂缝 X 方向渗透率计算模型及栅状图

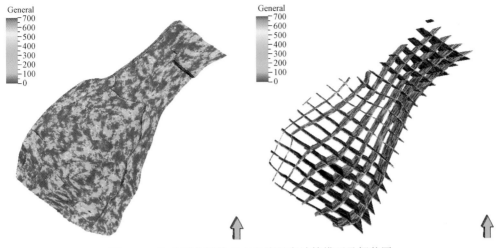

图 6.10　边台潜山裂缝 Y 方向渗透率计算模型及栅状图

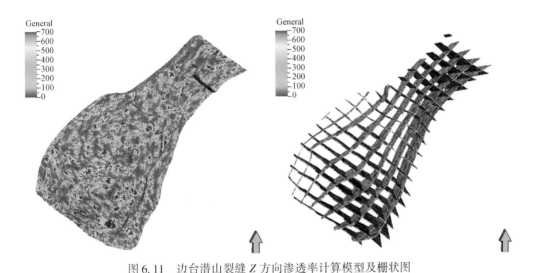

图 6.11　边台潜山裂缝 Z 方向渗透率计算模型及栅状图

6.3　合适井型井网优选数值模拟研究

在实际油藏地质建模的基础上，抽取油藏特征参数，建立机理研究模型，研究各种井型对提高采收率的作用，选择确定潜山油藏开发的优势井型，并对相应的井网进行研究、优选，为边台油藏及类似油藏的开发调整提供技术支持。

6.3.1　地质模型参数

1. 网格系统

采用笛卡儿坐标块中心网格，纵向上 30 个模拟层，XYZ 方向网格尺度均为 10m。

2. 模型的选择

边台潜山油藏为裂缝性油藏，基质岩块非常致密。水驱油过程中，油水仅在裂缝系统中渗流，基质依靠渗吸作用向裂缝系统供油，所以采用双孔单渗模型。

3. 数据的准备

油藏及流体物性参数均根据边台实际油藏的平均参数选取：

基质孔隙度：2.84%。

裂缝孔隙度：0.72%。

基质渗透率：4.47mD。

裂缝渗透率（X、Y、Z 方向）：118mD、124mD、177mD。

地层水密度：1000kg/m^3。

地层油密度：853kg/m^3。

地层水黏度：0.533mPa·s。

地层油黏度：7.75mPa·s。

6.3.2　基础井网设计及井网筛选原则

1. 基础井网设计

针对边台潜山油藏高角度裂缝发育的储层地质特点，以该油藏已有的五点法井网为基础，设计出 12 种基础井网，井网示意图如图 6.12 所示，各井网均采用底注上采的注采方式。这 12 种井网按其井型可分为 5 类，即纯水平井井网（井网 5、井网 6、井网 7、井网 8、井网 9）、纯直井井网（井网 1）、水平井–鱼骨井混合井网（井网 10、井网 11）、直井–鱼骨井混合井网（井网 4）、直井–水平井混合井网（井网 2、井网 3）、纯鱼骨井井网（井网 12）。

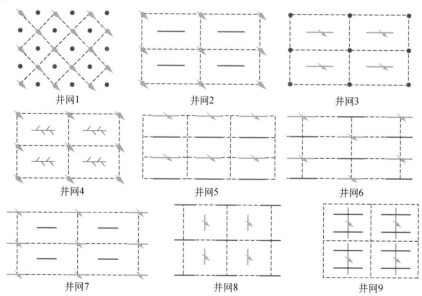

井网1　　　　　　　　井网2　　　　　　　　井网3

井网4　　　　　　　　井网5　　　　　　　　井网6

井网7　　　　　　　　井网8　　　　　　　　井网9

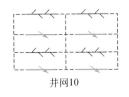 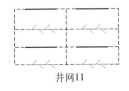 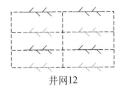

图 6.12 基础井网设计图

2. 优势井型筛选原则

（1）井网采收率高。

（2）初期产能高。

（3）注采基本平衡，油井含水率较低。

（4）钻井工程容易实现。

6.3.3 优势井型筛选

1. 基础井网模拟生产效果

在相同的地质条件和注采技术界限之下，模拟预测 12 种基础井网生产 15 年的开发效果（油井含水达到 98% 以后，关井停产），所得结果见表 6.1。

表 6.1 各种井网生产指标对比

井网类型	15 年末采出程度/%	单井初始产能/(m³/d)	每平方千米初始产能/(m³/d)	15 年末每平方千米累积产油量/10⁴ m	见水时间/天	15 年末含水率/%	地层压力/MPa
井网 1	37.23	9.71	143.6	88.0	1372	82.41	22.12
井网 2	49.76	73	654.1	117.7	259	96.27	17.93
井网 3	26.29	11.8	105.7	62.2	2437	88.65	23.81
井网 4	52.93	287.85	794.9	125.2	169	97.80	18.07
井网 5	48.37	261.2	763.7	114.4	200	98.00	20.99
井网 6	44.76	328.1	949.4	109.2	31	98.00	21.06
井网 7	46.98	187.76	271.6	111.1	425	96.59	21.14
井网 8	43.4	201.5	231.3	95.8	427	95.57	21.28
井网 9	45.95	398.3	983.4	107.1	36	98.00	20.19
井网 10	49.08	468.99	623.2	116.1	217	98.00	21.29
井网 11	49.84	255.18	678.1	117.5	192	98.00	20.89
井网 12	42.27	399.01	712.5	111.8	98	98.00	21.16

2. 结果分析及筛选

1）基础井网采出程度对比与筛选

图 6.13 中给出了 12 种基础井网生产 15 年末采出程度对比。采出程度是衡量井网

优劣的最重要的指标。将采出程度排位在后面的 2 种井网淘汰（如图 6.13 中蓝色线条所示），其余井网进入下一指标筛选。被淘汰的 2 种采出程度小的井网是井网 1、井网 3。

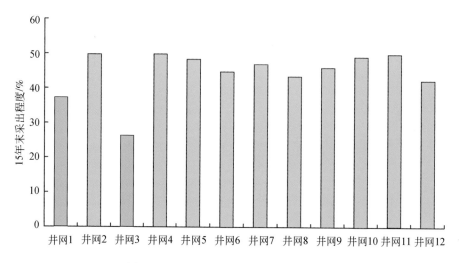

图 6.13　基础井网 15 年末采出程度对比

　2）基础井网每平方千米累积产油对比与筛选

　图 6.14 给出了 12 种基础井网生产 15 年末累积产油量对比。累积产油量是衡量井网优劣的重要指标。将每平方千米累积产油量小于 $100 \times 10^4 \mathrm{m}^3$ 的 3 种井网淘汰，如图 6.14 中蓝色线条所示。被淘汰的 3 种累积产油量小的井网是井网 1、井网 3、井网 8。

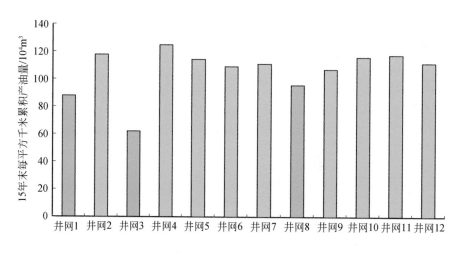

图 6.14　基础井网 15 年末每平方千米累积产油量对比

　3）基础井网初始产能对比与筛选

　图 6.15 给出了 12 种基础井网每平方千米初始产能对比。初始产能是衡量井网能否尽快实现经济效益的指标。将初始产能排位在后面的井网淘汰，其余井网进入下一指标筛

选。被淘汰的 4 种初始产能较小的井网是井网 1、井网 3、井网 7、井网 8（图 6.15 中蓝色线条表示本次筛选被淘汰的井网）。

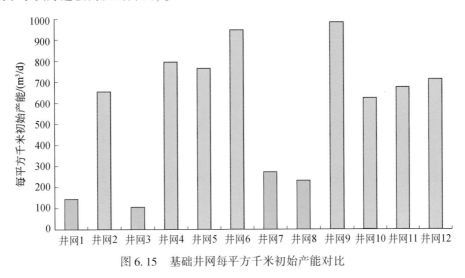

图 6.15 基础井网每平方千米初始产能对比

4）基础井网无水采油期对比及筛选

图 6.16 给出了 12 种基础井网无水采油期指标对比。将无水采油期较短的井网予以淘汰。被淘汰的无水采油期较短的井网是井网 6、井网 9。

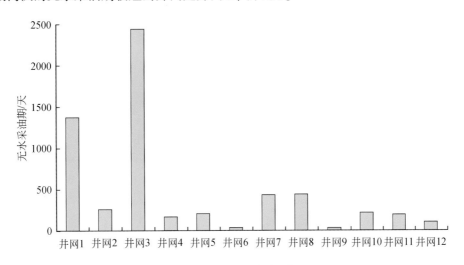

图 6.16 基础井网无水采油期对比

经过本轮及此前筛选，尚未被淘汰的井网共有 6 种：井网 2、井网 4、井网 5、井网 10、井网 11、井网 12。

5）基础井网注采匹配分析与筛选

图 6.17 给出了基础井网生产 15 年末平均地层压力对比。由于井网缺陷，有些井网注水能力过剩、采液能力不足，有些井网注水能力不足、采液能力过剩，导致地层压力过高或过低，井网注采能力不能充分发挥。所以地层压力过高或过低的井网予以淘汰，此轮被

淘汰的注采不匹配井网共 3 种：井网 2、井网 3、井网 4。

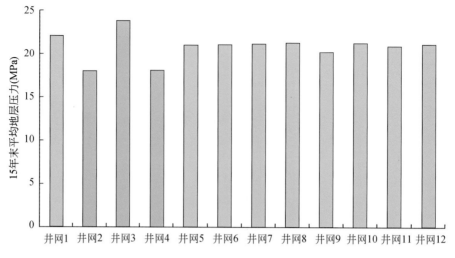

图 6.17　基础井网 15 年末平均地层压力对比

经过多指标对比筛选，选定井网 5、井网 10、井网 11、井网 12 作为优势井型组合，即潜山油藏开发首选水平井注采井网，当裂缝发育程度较低、地层导流能力较弱时，采用水平井注鱼骨井采井网，或者鱼骨井注采井网。

3. 油水运移规律分析

流线分布可直观反映油藏流体在注入井与生产井之间的运动轨迹，有助于确定注入流体的驱替面积和形状，可以形象地表征注采动态关系。

图 6.18 给出了复杂结构井不同井型底注上采的流线图。从流线图上可以看出，与其他井型相比，水平井–水平井的流线分布比较均匀，波及程度高，注入井附近区域与生产井附近区域流线密集程度相似，呈现较好的驱替均衡特性。采用鱼骨井进行注采时，流线分布则与水平井–水平井有较大区别。当水平井注–鱼骨井采时，流线分为两部分，一部分流线流向鱼骨井的主井筒，偏于稀疏，另一部流线流向鱼骨井的分支，相对密集，整个流线的分布呈现不均匀的特征。这主要是因为水平井到鱼骨井主井筒的距离比水平井到鱼骨井分支的距离大，在相同的注采压力下，水平井与主井筒之间的压力梯度小于水平井到分支之间的压力梯度，导致注入水主要通过分支渗流到鱼骨井中。鱼骨井注–水平井采时，分支与主井筒到水平井之间流线的分布与水平井注–鱼骨井采时相似，也可以分为两部分，但是两部分的流线密度差更大，非均匀性更明显，主要是因为除了分支缩短了注采井间的距离外，重力的作用使分支与水平井间的流线更密集。鱼骨井注–鱼骨井采时，流线分布可以分为三部分：①生产井主井筒与注水井分支之间的流线；②生产井分支与注水井分支之间的流线；③生产井分支与注水井主井筒之间的流线。其中，第 2 部分的流线密度最大，第 1 部分的流线密度次之，第 3 部分的流线密度最小。主要是分支与分支之间的距离更小，使第 2 部分的流线密度大于第 1 部分、第 3 部分的流线密度，也大于其他鱼骨井井型分支的流线密度；重力的作用使第 1 部分的流线密度大于第 3 部分。

图 6.19 给出了不同复杂结构井井型含油饱和度分布图。

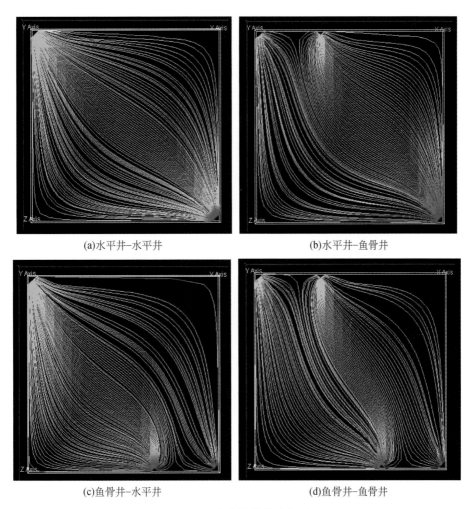

(a)水平井–水平井　　　　　　　　　　　(b)水平井–鱼骨井

(c)鱼骨井–水平井　　　　　　　　　　　(d)鱼骨井–鱼骨井

图 6.18　复杂结构井流线图

(a)水平井–水平井　　　　　　　　　　　(b)水平井–鱼骨井

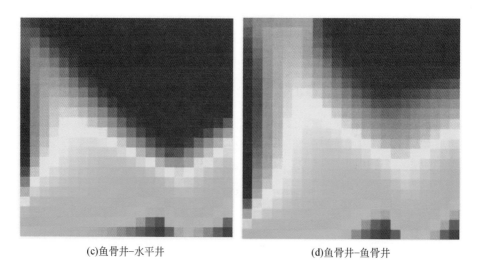

(c)鱼骨井-水平井　　　　　　　　　　(d)鱼骨井-鱼骨井

图 6.19　复杂结构井油藏开发饱和度分布图

从含油饱和度分布图可以看出，水平井注-水平井采的油水前缘最平缓，鱼骨井分支的存在，引起了局部油水前缘的突进，水驱油呈现非均匀的特征，导致其开发效果不如水平井注-水平井采的井型组合。

绘制其采出程度与含水率曲线，如图 6.20 所示，分析其综合开发效果，井网 5、井网 10、井网 11、井网 12 效果差异较小，均能取得较好的效果，其中纯水平井井网 5 的开发效果最好。

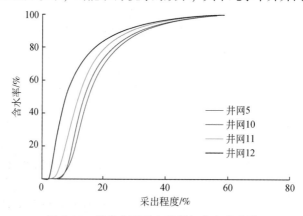

图 6.20　优势井型采出程度与含水率曲线

4. 经济效益评估

对以上筛选出的井网 5、井网 10、井网 11、井网 12 进行经济效益评估。

经济效益评估采用的指标主要是净现值。净现值即在一定贴现率下，将各年净现金流量都折算为基准年的现金值并求和。它可以清楚地表明方案在整个寿命期内的经济效果。其计算公式为

$$\mathrm{NPV} = \sum_{t=0}^{n} (\mathrm{CI} - \mathrm{CO})(1 + i)^{-t} \tag{6.12}$$

式中，CI 为现金流入量；CO 为现金支出量；i 为财务贴现率；t 为生产年度；n 为评价年限。

（1）直井经济参数：直井钻井费用，2500 元/m。

（2）水平井经济参数：水平井钻井费用，5500 元/m；

（3）鱼骨井经济参数：鱼骨井钻井费用，6000 元/m；每吨油操作成本，653 元/t；水费，8 元/t。

考虑到油价波动的风险，分别按油价 60 美元/桶、80 美元/桶、100 美元/桶、120 美元/桶进行经济评估。

四种优势井网的评价结果见表6.2、图6.21。

表6.2　优势井网经济评价结果

井网类型	净现值/万元			
	60 美元/桶	80 美元/桶	100 美元/桶	120 美元/桶
井网5	130949	197657	263076	328494
井网10	130193	196044	261139	326235
井网11	122317	185017	249272	313749
井网12	113210	169563	236084	298918

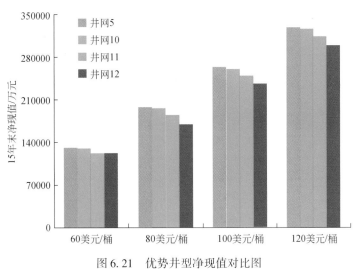

图6.21　优势井型净现值对比图

结合开发效果及经济效益，水平井–水平井组合（井网5）和水平井–鱼骨井组合（井网10）效果最好，为最优井型。

6.3.4　井距优选

1. 平面井排距设计

以水平井网5为研究目标，对井排距的组合进行优选。井排距范围包括100m、150m、200m、250m、300m、400m。如图6.22、表6.3所示，其中 L_1 为半井距，L_2 为排距。

图 6.22　井网 5

表 6.3　平面井排距组合

排距/m ＼ 半井距/m	100	150	200	250	300
150	150×100	150×150	150×200	150×250	150×300
200	200×100	200×150	200×200	200×250	200×300
250	250×100	250×150	250×200	250×250	250×300
300	300×100	300×150	300×200	300×250	300×300
400	400×100	400×150	400×200	400×250	400×300

2. 开发指标预测

对井网 5 各种参数匹配组合的开发生产指标见表 6.4。

表 6.4　不同井排距匹配组合生产指标

排距/m	半井距/m	15 年末含水率/%	达到经济极限采出程度/%	达到经济极限每平方千米累积产油量/$10^4 m^3$	无水采油期/天
150	100	99.88	45.35	103.44	44
	150	99.85	45.13	106.25	45
	200	99.82	44.55	105.37	46
	250	99.76	42.98	101.65	46
	300	99.69	40.93	96.81	47
200	100	99.83	46.46	109.87	67
	150	99.8	46.39	109.72	68
	200	99.74	45.76	108.24	68
	250	99.66	44.35	104.90	68
	300	99.55	42.31	100.08	68
250	100	99.83	47.41	112.15	100
	150	99.8	47.3	111.88	101
	200	99.74	46.62	110.27	102
	250	99.66	45.37	107.30	103
	300	99.55	43.55	103.01	103

排距/m	半井距/m	15 年末含水率/%	达到经济极限采出程度/%	达到经济极限每平方千米累积产油量/10⁴m³	无水采油期/天
300	100	99.72	48.18	113.96	141
	150	99.64	48.28	114.20	151
	200	99.53	47.62	112.63	151
	250	99.37	46.26	109.98	152
	300	99.19	44.85	106.08	152
350	100	99.64	48.85	115.54	160
	150	99.53	48.92	115.69	198
	200	99.37	48.45	114.60	201
	250	99.17	47.41	112.14	199
	300	98.96	46.21	109.28	200
400	100	99.52	49.28	116.55	197
	150	99.37	49.3	116.61	263
	200	99.18	49.06	116.04	264
	250	98.93	48.37	114.41	262
	300	98.67	47.33	111.94	264

　　根据数模计算结果,井网 5 在各参数匹配组合的情况下,生产 15 年后,含水率都超过了 98%,因此在进行评价时,不再以 15 年为限,而以含水率达到 98% 的经济指标为界限。

　　3. 开发效果分析及井排距筛选

　　对井网 5 不同参数匹配组合的生产效果进行对比分析,如图 6.23 ~ 图 6.25 所示,找出其影响变化规律,然后综合考虑井网结构特点和生产指标,筛选井排距的最优组合。

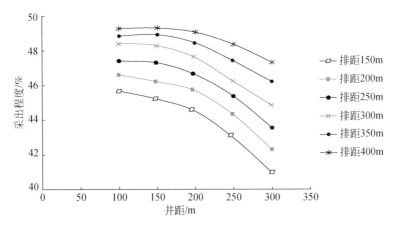

图 6.23　不同井排距下采出程度曲线 (含水 98%)

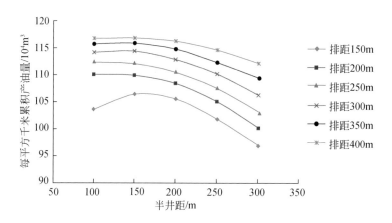

图 6.24　不同井排距下每平方千米累积产油量曲线（含水 98%）

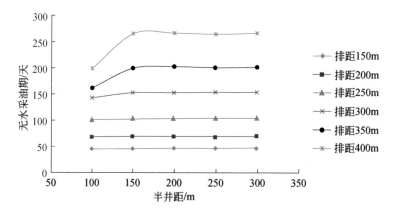

图 6.25　不同井排距下无水采油期曲线（含水 98%）

从不同井排距组合下的生产曲线可以看出：随井距的增大，采出程度呈递减趋势；每平方千米累积产油量呈递减趋势；见水时间随排距的增大呈现逐渐后延的趋势；见水时间主要受排距变化的影响，而随井距的增大，见水时间基本没什么变化。

这是由于单井控制的储量有限，井距、排距较小时，能够充分采出所控制的区域内的储量。井排距过大，会造成井网控制不住，有大量的油采不出来，造成了所谓的剩余油。而见水时间主要受排距控制，这是由于井网 5 注水井与采油井是平行的，两者间流体的运动主要为平行流，油井见水主要受边井的影响，所以井距对见水时间的影响甚微。

由各生产曲线可以看出，半井距超过 150m 时，采出程度及累积产油量递减速率剧增，无水采油期增幅很小，因此，优选半井距为 150m。

排距过小，会造成见水时间过早，无水采油期变短，含水率偏大等一些缺陷。虽井排距越小，采出程度和累积产油越大；但同时见水早，含水率上升快，井网密度也会增大。井网密度与经济效益有直接的关系，而经济效益又是油田追求的目标。因此合理的井排距既要考虑较高的采出程度也要兼顾含水率和经济效益的问题。不同排距在不同油价下的净现值见表 6.5、图 6.26。

表 6.5　不同排距在不同油价下的净现值（半井距 **150m**）

排距/m	净现值/万元			
	60 美元/桶	80 美元/桶	100 美元/桶	120 美元/桶
150	120357	185420	247484	312547
200	130826	199364	267901	336439
250	133502	201850	270198	338546
300	130561	189502	262768	328872
350	128333	185710	256565	320463
400	127447	181478	251510	314541

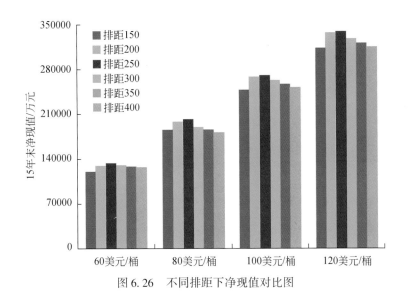

图 6.26　不同排距下净现值对比图

综合开发指标与经济指标，最终优选的合理半井距为 150m，排距为 250m。

4. 垂向井距优选

油井在上部，水井由上向下依次变化，取垂向井距 400m、350m、300m、250m、200m、150m、100m，建立相应模型进行模拟，生产至经济极限（含水率 98%），分析生产效果，筛选最佳垂向井距，生产指标见表 6.6。

表 6.6　不同垂向井距下的生产指标对比

井距/m	达到经济极限采出程度/%	达到经济极限每平方千米累积产油/10^4 m	存水率/%	无水采油期/天
100	40.99	129.42	5.593	3
150	43.64	137.77	6.564	6
200	45.48	143.57	7.992	33
250	47.04	148.50	9.399	61

井距/m	达到经济极限采出程度/%	达到经济极限每平方千米累积产油/10⁴ m	存水率/%	无水采油期/天
300	48.20	152.15	10.613	111
350	49.24	155.32	11.267	187
400	50.31	158.80	11.731	282

分析对比各生产指标随垂向井距的变化规律，如图 6.27 ~ 图 6.30 所示：

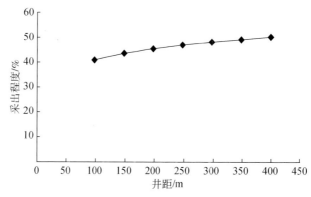

图 6.27　采出程度随垂直井距的变化曲线

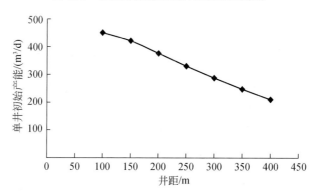

图 6.28　单井初始产能随垂直井距的变化曲线

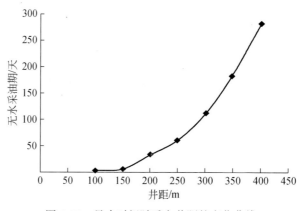

图 6.29　见水时间随垂向井距的变化曲线

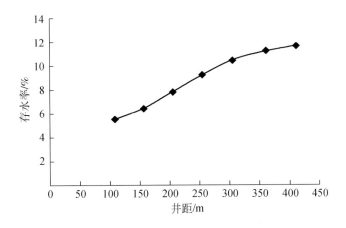

图 6.30　存水率随垂向井距的变化曲线

由各生产指标随垂向井距的变化曲线可以得出以下规律：

（1）垂向井距越大，采出程度越高，见水时间越晚，存水率越高，注入水的利用率越大。

（2）随着垂向井距增大，单井初始产能减小。

这是由于潜山油藏垂向裂缝发育，油藏在垂向上有很好的渗透性，随垂向距离的增加，水到达油井的时间增长，即延长了无水采油期。但并不是油井与水井距离越大越好，因为距离越大，由于重力作用，油到达油井的需要能量就越大，注水量也就越大。

对其进行经济评价，见表 6.7、图 6.31，净现值随垂向井距的增大，先增大后减小，在 300m 处达到最大值，大于 300m 之后，净现值变化不大。

表 6.7　不同垂向井距在不同油价下的净现值

井距/m	净现值/万元			
	60 美元/桶	80 美元/桶	100 美元/桶	120 美元/桶
100	143796	220770	297744	374719
150	155706	233345	319323	401131
200	165135	250181	335233	420283
250	172128	259555	346983	434410
300	177526	266444	355363	444281
350	176297	264264	352231	440199
400	175739	264141	352544	440946

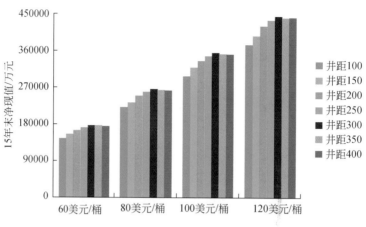

图 6.31　不同垂向井距下净现值对比图

6.3.5　优选结果与分析

通过对井网、井型、井距的优选，结合开发效果及经济效果，水平井-水平井组合 5 在平面半井距 150m、排距 250m、垂向井距 300m 时效果最优。

（1）纯水平井网最大特点在于应用水平井注水，可以利用水平段与油藏接触面积大的特点，温和注水，驱替水线均匀推进，保持较好的注水效果，延长无水、低含水采油期，减缓含水上升速度，从而提高油田开发效果。

（2）从水平采油井布井位置看，当周围注水井分布与其呈对称状态，注水均匀推进，水平采油井均衡受效，波及面积大，见水点对称分布且同时见水，见水相对较晚。

（3）对于水平井-鱼骨井井网，水平井注水时，重力作用会抑制注入水突进，注水温和，油水前缘推进均匀，取得了较好的注水效果；鱼骨井注采时，分支的存在缩短了注采井间的距离，增大了注采井间的压力梯度；鱼骨井采油时，渗流方向垂直于分支平面，分支的存在使油水前缘更加平缓。

综合分析认为，水平井与鱼骨井在潜山油藏开发中均能取得较好的效果，有效地提高采收率。

6.4　三维裂缝各向异性渗流物理模型制作

本节详细阐述实验室物理模型的制作过程。首先是油藏物性参数的获得。在此基础上，以模拟油藏实际开发效果为目标，以相似准则为理论指导，进行三维裂缝各向异性渗流物理模型的制作。

6.4.1　边台油藏物性参数

边台潜山油藏各物性参数见表 6.8。

表 6.8　边台潜山油藏物性参数

物性	数值	物性	数值
X 方向裂缝渗透率/mD	118.81	地层油密度/(g/cm³)	0.82
Y 方向裂缝渗透率/mD	124.75	水油密度差/(g/cm³)	0.18
Z 方向裂缝渗透率/mD	179.09	体积系数	1.115
基质孔隙度/%	2.84	地面油密度/(g/cm³)	0.853
基质束缚水饱和度/%	47.8	地层原油黏度/(mPa·s)	7.72
基质残余油饱和度/%	30	地层水黏度/(mPa·s)	0.533
裂缝孔隙度/%	0.72	油水黏度比	14.48
基质与裂缝可动油量比	1.3:1		

各物性参数获得过程：除裂缝渗透率外，其他参数均来自边台潜山油藏内部资料。

6.4.2　模型岩体的制作

1. 设计方法

对于裂缝性油藏物理模型，假设 X 方向垂直缝（$\beta=90°$，$\alpha=90°$）条数为 N_x，Y 方向垂直缝（$\beta=0°$，$\alpha=90°$）条数为 N_y，水平缝（$\beta=90°$，$\alpha=0°$）条数为 N_z，则有

$$\boldsymbol{k}_{eN_x}=N_x\begin{bmatrix}1&0&0\\0&0&0\\0&0&1\end{bmatrix} \tag{6.13}$$

$$\boldsymbol{k}_{eN_y}=N_y\begin{bmatrix}0&0&0\\0&1&0\\0&0&1\end{bmatrix} \tag{6.14}$$

$$\boldsymbol{k}_{eN_z}=N_z\begin{bmatrix}1&0&0\\0&1&0\\0&0&0\end{bmatrix} \tag{6.15}$$

以上裂缝系统产生的 x、y、z 方向渗透率主值之比为

$$k_x:k_y:k_z=(N_x+N_z):(N_y+N_z):(N_x+N_y) \tag{6.16}$$

根据研究结果，$k_x:k_y:k_z=1:1.05:1.4$，代入式（6.16）可得 $N_x:N_y:N_z=1.45:1.35:0.65$。再根据模型尺寸之比（11:11:21）确定裂缝 X、Y、Z 方向的裂缝条数各为 10、9、9。

以上得出的各方向裂缝条数用于裂缝性渗流模型的制作。

模型表面布置若干测压点，用以反映模型内部的压力分布。

选取模型顶角为坐标原点，建立坐标系，X、Y、Z 方向如图 6.32 所示。

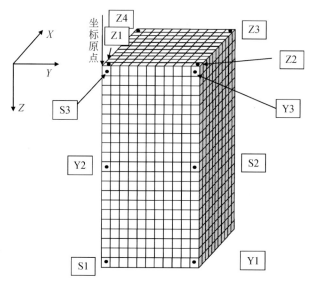

图 6.32　模型示意图

为了监测不同方案时的压力，在 Y-Z 面、X-Z 面分别布置 20 个和 44 个测压点，测压点（黑色圆点）的位置如图 6.33 所示。测压点均打在基质岩块之间的十字交叉缝上。压力分布情况可反映裂缝性渗流介质的制作水平，也可为解释模型内部的渗流机理起到辅助作用。

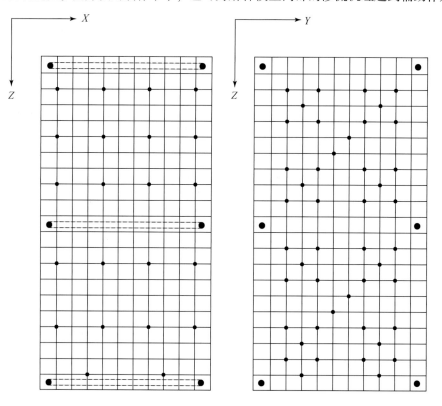

图 6.33　模型表面测压点分布

实验中测压管线选用透明塑料管，这样也方便观察模型中油水界面的运动情况，从而实现对饱和度的测试。

2. 材料选择、岩块加工及挑选

渗流介质材料：选取平均渗透率为 30mD、孔隙度为 16% 的黄砂岩。

挑选符合孔渗参数要求的天然砂岩露头，经过原料去粗取精处理后，加工规格为 5cm×5cm×5cm 的 5500 块正方体岩块，作为初选岩块。由于加工工艺方面的限制，制作的岩块难免会有误差，需进一步进行筛选。从备选岩块中挑选尺寸误差小于 0.1mm、角度误差小于 0.5° 的 3200 块，作为粘接所需岩块。

岩块粘接及模型密封材料：环氧树脂。

井筒及测压管线材料：井筒采用裸眼完井方式，外接管线采用外径为 6mm、内径为 4mm 的聚氯乙烯透明管材，测压管线采用外径为 4mm、内径为 2.5mm 的聚氯乙烯透明管材。

3. 模型建立过程

（1）为了方便操作，准备利用已有的水平实验台做实验，水平实验台可用空间为 50cm×150cm。

（2）为了避免渗流模型某处应力集中，造成模型破坏，模型的底座采用"橡胶板+钢板"结构。在实验台指定位置放置一块厚 2cm、长 110cm、宽 50cm 的橡胶板（长宽与模型一致）。在橡胶板上面放置厚 2cm、长 120cm、宽 60cm 的平钢板。调整位置使橡胶板位于钢板正中间。

（3）在钢板上画标线，以保证岩块对齐，同时保证模型落在钢板正中间。

（4）虽然每个岩块都经过了精挑细选，但为使模型的裂缝张开度达到最小并尽量保证每条裂缝面都能对齐成一个平面，在粘接每一层以前，都要对这一层进行挑块、排块，并修正、调整。

（5）对排好的一层岩块进行粘接。根据三个方向的裂缝密度为 $N_x : N_y : N_z = 1.45 : 1.35 : 0.65$。经研究分析决定，$X$ 方向裂缝全部打开，Y 方向打开第 1 条、第 2 条、第 3 条、第 4 条、第 6 条、第 8 条、第 9 条和第 10 条，第 4 和第 7 条裂缝交错打开，Z 方向打开第 2 条、第 4 条、第 6 条、第 8 条、第 10 条、第 12 条、第 14 条、第 16 条和第 18 条。需要打开的裂缝面，对其相邻的岩块涂胶点；需要封死的裂缝面，对其相邻的岩块涂胶线。

（6）预先设计好打井位置，对需要打井的岩块先钻孔，再粘接。

（7）重复步骤（5）和步骤（6）。该模型的制作共需粘接 11×11×21＝2541 个岩块。

（8）粘接完毕后，用环氧树脂胶对模型外表面进行密封，等胶彻底凝固后，再密封一层，如此反复共密封 3 层，目的是保证模型外表耐压性，以免在实验过程中损坏。

（9）密封完成后，在指定位置打饱和孔和测压孔，并连接饱和管线与测压管线。

（10）确定管线与模型密封性能良好，无漏气漏液现象，模型制作完毕。

模型粘接过程如图 6.34～图 6.36 所示。

选块排块 排块后近景

图 6.34 粘接前排块

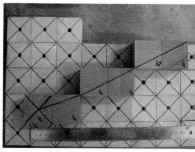

选定钻井的岩块 钻井完毕

图 6.35 指定岩块打井过程

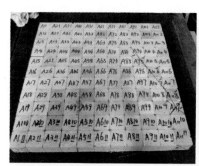

第1层粘接完毕 第2层粘接之中

第5层粘接完毕 第12层粘接完毕

图 6.36 模型粘接全过程

6.4.3　实验流体的选择

根据相似准则 π_9，油水黏度比是必须满足的一个相似准数。因此，实验必须选择合适黏度的流体，包括被驱替剂（油）的选择及驱替液的选择。

实验室选用黏度为 1 mPa·s 的水为驱替液，实验室用黏度为 14.48 mPa·s 的油为模拟油，达到油水黏度比 14.48，与边台潜山油藏实际保持一致。

6.4.4　相似性设计总结

相似准则是物理模拟的理论基础，整个物模的设计思路也是围绕相似准则展开的。

相似准数 $\pi_4 = r_w/L$，其物理意义为井筒半径与注采井距之比。物模实验的井径应为 0.14mm，如此小的井径，井筒中的摩阻效应会严重限制流体在其中的流动，从而影响物模实验与油藏实际的相似关系。为了解决这一问题，实验室采用了 6mm 井径，根据压降漏斗的原理，r_w 由 0.14mm 变为 6mm，只需相应的把压差 ΔP_1 变成 ΔP_6。

相似准数 π_5、π_6、π_7，其物理意义为不同方向渗透率主值之比。反映了油藏内裂缝的方位和倾角分布情况。

相似准数 $\pi_9 = \mu_o/\mu_w$，其物理意义为油水黏度比。边台潜山油藏油水黏度比为 14.54，为了满足相似准则的要求，实验室选用黏度为 1mPa·s 的水为驱替液，选用黏度为 14.48mPa·s 的油为模拟油。

相似准数 $\pi_{10} = L \cdot \Delta\gamma/\Delta P$，其物理意义为重力压差与注采压差之比。实际油藏是水驱油，水油密度差为 0.085g/mL。实验室采用纯水驱模拟油，密度差尽量向 0.085g/mL 靠拢。考虑井径与表皮因子的差异，通过等价折算后，油藏 20MPa 以下注采压差对应实验室 4m 以下水柱的注采压差，均在可接受的范围内。

相似准数 $\pi_{11} = \bar{R}/\phi$，其物理意义为基质与裂缝能提供的油量之比，是两个裂缝性渗流介质的渗吸现象相似所必须满足的一个准则。实际油藏基质与裂缝中可动油量之比为 1.3∶1，实验室模型为了达到可动油 1.3∶1 的要求，首先把基质中饱和水，再用抽真空的方法抽出基质中的部分水，然后再把裂缝与基质都饱和油，通过控制抽出基质中水量的多少，就可以定量的控制基质与裂缝中的可动油比例，从而实现模型与油藏渗吸作用最终贡献油量的相似。

相似准数 $\pi_{12} = T^*/T$，其物理意义为无量纲渗吸半周期，反映渗吸作用的强弱。油藏中的基质满块含油，渗吸交换进行到基质岩块内部时已经相当缓慢，渗吸半周期为 1 年；实验室模型由于采用抽真空方法抽水又饱和油，油仅在基质岩块内邻近表面一层的孔道中，并未深入基质岩块，渗吸交换比较顺畅。通过尝试不同的岩样，最终确定四川黄砂岩，其渗吸半周期为 12min，满足相似准则要求。

满足所有主要相似准则之后，实际油藏与大尺度物理模型参数对比见表 6.9、表 6.10。

表 6.9   边台潜山油藏物性参数

物性	数值	物性	数值
X 方向裂缝渗透率/mD	118.81	地层油密度/(g/cm³)	0.82
Y 方向裂缝渗透率/mD	124.75	水油密度差/(g/cm³)	0.18
Z 方向裂缝渗透率/mD	179.09	体积系数	1.115
基质孔隙度/%	2.84	地面油密度/(g/cm³)	0.853
基质束缚水饱和度/%	47.8	地层原油黏度/(mPa·s)	7.72
基质残余油饱和度/%	30	地层水黏度/(mPa·s)	0.533
裂缝孔隙度/%	0.72	油水黏度比	14.48
基质与裂缝可动油量比	1.3 : 1		

表 6.10   模型物性参数

物性	数值	物性	数值
X 方向裂缝渗透率/mD	3836	基质与裂缝可动油量比	1.3 : 1
Y 方向裂缝渗透率/mD	4027	实验水密度/(g/cm³)	1
Z 方向裂缝渗透率/mD	5370	实验油密度/(g/cm³)	0.915
基质孔隙度/%	16	水油密度差/(g/cm³)	0.085
基质束缚水饱和度/%	54.2	实验油黏度/(mPa·s)	14.48
基质残余油饱和度/%	21.8	实验水黏度/(mPa·s)	1
基质残余气饱和度/%	16.7	油水黏度比	14.48
裂缝孔隙度/%	1		

各物性参数获得过程：水和油的黏度、密度、基质孔隙度均为实验室测得，基质的束缚水、残余油、残余气均为抽真空饱和时测得。

至此，基于相似准则，模型参数已经与油田实际完全对应，其实验结果将直接反映油田开发效果。

6.5   驱替规律物理模拟研究

利用本书制作的大型裂缝性油藏物理模型进行了边台潜山复杂结构井注采井组、直井-复杂结构井注采井组、直井注采井组三大类 12 项油藏宏观物理模拟实验，分析了各种井网井型的注采规律，可作为边台潜山油藏注水开发的直接参考依据（Liu J et al., 2013a；Liu J et al., 2013b；Liu et al., 2014；刘剑等，2015）。

6.5.1   复杂结构井注采驱替规律研究

可以计算出指定油藏注采井距时，模型与油藏注采压差的对应关系，油藏实际注采压差取 16MPa（油藏常用值）：

$$\Delta P_{模型} = 0.50\text{m 水柱}, \quad L_{油藏} = 150\text{m} \tag{6.17}$$

$$\Delta P_{模型} = 0.27\text{m 水柱}, \quad L_{油藏} = 300\text{m} \tag{6.18}$$

$$\Delta P_{模型} = 0.17\text{m 水柱}, \quad L_{油藏} = 500\text{m} \tag{6.19}$$

1. 水平井–水平井注采规律研究

水平井交错注采井位如图 6.37 所示。共进行了不同注采压差下的 3 个驱替实验，分别为 0.50m 水柱、0.27m 水柱、0.17m 水柱。

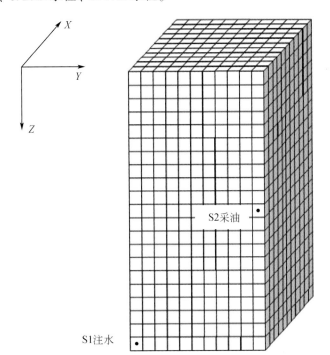

图 6.37　水平井交错注采井位示意图

1）0.50m 水柱注采压差下的生产数据分析

驱替相水的黏度小于油相，随着驱替时间延续，使渗流中的黏性阻力明显减小，从而引起产液量先期显著上升、后期逐渐趋于稳定。

由图 6.38 ~ 图 6.40 可知，生产井投产 15min 见水，无水采油量为 293mL。见水后含水上升迅速，之后因渗吸作用含水上升缓慢，且上下波动。由图 6.38 可知，生产井投产到第 175min，产液量不断上升且产油量增加速度基本恒定。见水后含水率迅速上升，这说明当主流线上的水到达生产井后，在油水井之间便形成了水淹通道，水相流度远大于油相流度，水淹生产井段产水量激增。从第 25min 到第 140min，产液量增加突然加快。这是因为在非主流线上注入水也到达生产井，整体渗流阻力明显减小。图 6.39 也显示生产井在这一时间段含水率上升迅速。第 140min 以后，产液量增加速度明显降低，含水上升速度也有所降低。油水界面已推进到生产井，大部区域已经水淹，渗流阻力不会再有较大幅度的减小；基质和未水淹边角区域裂缝内的剩余油，在渗吸作用和水驱作用下继续流向生产井，生产井的含水率平缓上升，直至含水率达 100% 时，水驱实验结束。

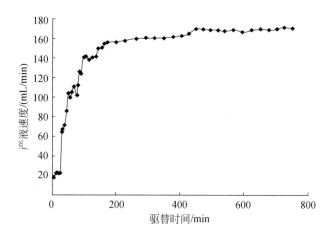

图 6.38　0.50m 水柱压差下水平井–水平井产液量变化曲线

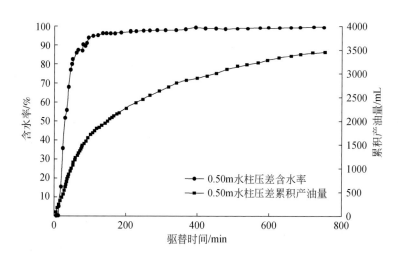

图 6.39　0.50m 水柱压差下水平井–水平井累积产油量及含水率随时间变化曲线

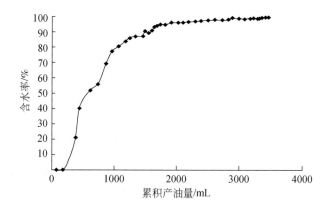

图 6.40　0.50m 水柱压差下水平井–水平井含水率与累积产油量的关系曲线

当生产井含水 100% 时实验结束，累积产液 114390mL，累积产油 3453mL。模型中共含油 7245mL，得到模型的最终采收率为 47.66%。

2）0.27m 水柱注采压差下的生产数据分析

由图 6.41 和图 6.42 可知，生产井投产 13min 见水，无水采油量为 189mL。见水后含水上升迅速，之后因渗吸作用含水上升缓慢，且上下波动。由图 6.41 可知，生产井投产到第 115min，产液量不断上升且产油量增加速度基本恒定。见水后含水率迅速上升，这说明当主流线上的水到达生产井后，在油水井之间便形成了水淹通道，水相流度远大于油相流度，水淹生产井段产水量激增。从第 115min 到第 220min，产液量增加突然加快。这是因为在非主流线上注入水也到达生产井，整体渗流阻力明显减小。图 6.42 也显示生产井在这一时间段含水率上升迅速。第 115min 以后，产液量增加速度明显降低，含水上升速度也有所降低。油水界面已推进到生产井，大部区域已经水淹，渗流阻力不会再有较大幅度的减小；基质和未水淹边角区域裂缝内的剩余油，在渗吸作用和水驱作用下继续流向生产井，生产井的含水率平缓上升，直至含水率达 100% 时，水驱实验结束。

结合图 6.42 与 6.43 可知，当生产井含水 100% 时实验结束，累积产液 56954mL，累积产油 2749mL。模型中共含油 7245mL，得到模型的最终采收率为 37.94%。

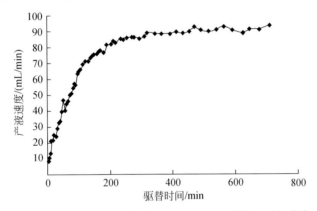

图 6.41　0.27m 水柱压差下水平井-水平井产液量变化曲线

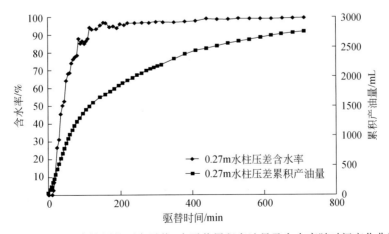

图 6.42　0.27m 水柱压差下水平井-水平井累积产油量及含水率随时间变化曲线

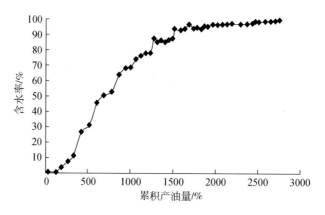

图 6.43　0.27m 水柱压差下水平井–水平井含水率与累积产油量的关系曲线

3）0.17m 水柱注采压差下的生产数据分析

结合图 6.44 与图 6.45 可知，从投产到第 30min，产液量基本恒定。由于注采压差较小，注入水平缓地向上托进，渗流阻力逐渐减小。从第 30min 到第 125min，产量突然加快。因为在生产井附近，注入水向生产井发生突进。渗流阻力迅速减小。图 6.45 也显示生产井在这一时间段见水，且含水率上升迅速。这说明当主流线上的水到达生产井后，在油水井之间便形成了水淹通道，水相流度远大于油相流度，水淹生产井段产水量激增。125min 以后，产液量递增速度明显降低，含水上升速度也有所降低。油水界面已推进到生产井，大部区域已经水淹，渗流阻力不会再有较大幅度的增加；基质和未水淹边角区域裂缝内的剩余油，在渗吸作用和水驱作用下继续流向生产井，生产井的含水率平缓上升，直至所有可采油被采出，含水率近似达 100%。

结合图 6.45 与图 6.46 可知，生产井投产 20min 见水，见水时累积产油 229mL。当生产井含水 100% 时实验结束，累积产液 41280mL，累积产油 2243mL。模型中共含油 7245mL，得到模型的最终采收率为 30.96%。

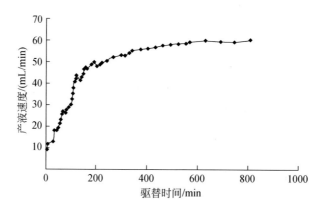

图 6.44　0.17m 水柱压差下水平井–水平井产液量变化曲线

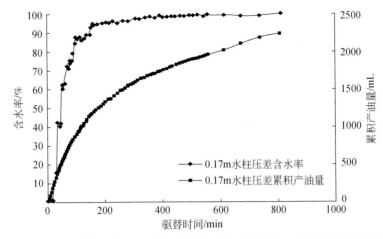

图 6.45　0.17m 水柱压差下水平井–水平井累积产油量及含水率随时间变化曲线

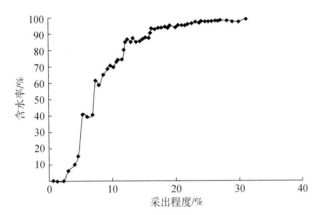

图 6.46　0.17m 水柱压差下水平井–水平井含水率与累积产油量的关系曲线

4）不同注采压差下开发指标的对比

统计不同注采压差下产液量与时间的关系，如图 6.47 所示。可知注采压差越大，产能越大，不过注采压差过大，产液量上升过快。

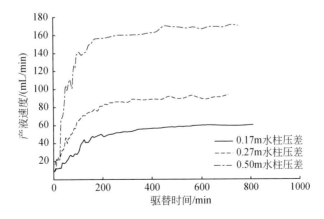

图 6.47　不同注采压差下水平井–水平井产液量变化曲线对比

统计不同注采压差下含水率与时间的关系，如图 6.48 所示。含水率上升越快，说明基质来不及通过渗吸作用向裂缝供油，所以开发效果越差；反之则越好。由图 6.48 可以看出，以 0.5m 水柱注采压差生产时，注水速度过快，突进现象严重，导致含水快速上升，开发效果不佳。

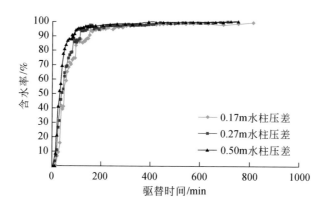

图 6.48　不同注采压差下水平井–水平井含水率变化曲线对比

统计不同注采压差下含水率与累积产油量的关系，如图 6.49 所示。相同采油量情况下，以 0.27m 水柱压差生产的含水率最低。

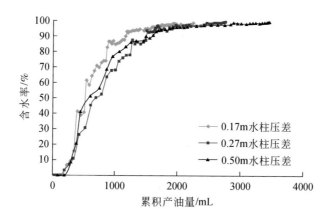

图 6.49　不同注采压差下水平井–水平井含水率–累积产油量变化曲线对比

5）合理注采压差的确定

为了确定合理的注采压差，利用模型上半部的立方体单元，同样进行了三个压差（分别为 0.50m 水柱压差、0.27m 水柱压差和 0.17m 水柱压差）下的水驱油实验，注采示意图如 6.50 所示。三个压差下含水率–累积产油量变化的曲线如图 6.51 所示。从图 6.51 可以看出，以 0.5m 水柱压差注水时，注入水突进现象明显，导致整体采收率偏低，开发效果不理想；以 0.17m 水柱压差生产时，不仅采收率最低，而且产量偏低会导致开发时间过长；以 0.27m 水柱压差生产时，采收率最高，开发效果最理想，说明注水速度合适，产量适中。

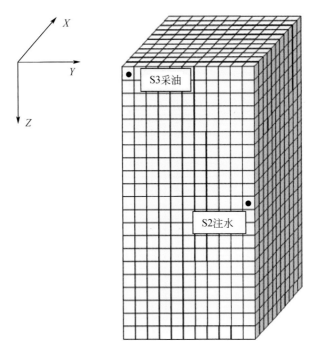

图 6.50 不同压差下水平井-水平井注采示意图

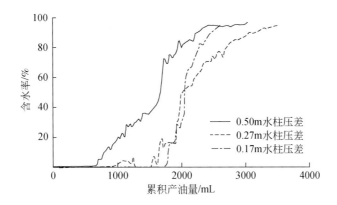

图 6.51 不同压差下水平井-水平井的含水率-累积产油量变化曲线对比

利用模型的上部与下部的立方体单元分别进行的不同压差下水驱油实验,结果表明:选用下部模型时,0.5m 水柱压差下累积产油量最高;选用上部模型时,0.27m 水柱压差下累积产油量最高。

由于实际油藏是非均质的,增大注采压差,会加剧注入水的突进,导致生产井过早见水。通过温和注水可以得到较好的开发效果,因此,注采压差不宜过大。

综合考虑实际油藏非均质性,防止注入水的突进,以及物理模型制作工艺等因素,确定合理的注采压差为 0.27m 水柱压差。

2. 鱼骨井-鱼骨井注采驱替规律研究

鱼骨井交错注采井位如图 6.52 所示,进行了 0.27m 水柱注采压差下的驱替实验。

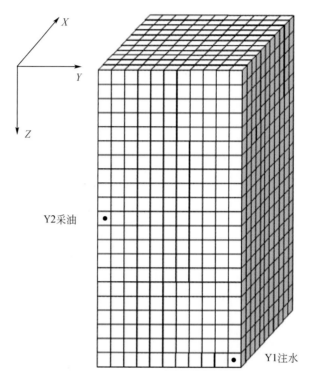

Y2采油

Y1注水

图 6.52　鱼骨井交错注采井位

由图 6.54 可知,Y2 号鱼骨井投产 18min 见水,无水采油量为 635mL。见水后含水上升迅速,54min 达到84.06%,之后因渗吸作用含水上升缓慢,且上下波动。由图 6.53 可知,Y2 井投产到第 18min,产液量不断上升且产量增加速度基本恒定。见水后含水率迅速上升,这说明当主流线上的水到达生产井后,在油水井之间便形成了水淹通道,水相流度

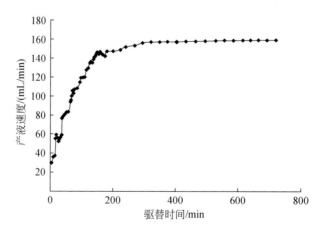

图 6.53　0.27m 水柱压差下鱼骨井-鱼骨井产液量变化曲线

远大于油相流度，水淹生产井段产水量激增。从第 18min 到第 140min，产量增加突然加快。这是因为在非主流线上，注入水也到达生产井，整体渗流阻力明显减小。图 6.55 也显示生产井在这一时间段见水，且含水率上升迅速。第 140min 以后，产量增加速度明显降低，含水上升速度也有所降低。油水界面已推进到生产井，大部区域已经水淹，渗流阻力不会再有较大幅度的减小；基质和未水淹边角区域裂缝内的剩余油，在渗吸作用和水驱作用下继续流向生产井，生产井的含水率平缓上升，直至所有可采油被采出。

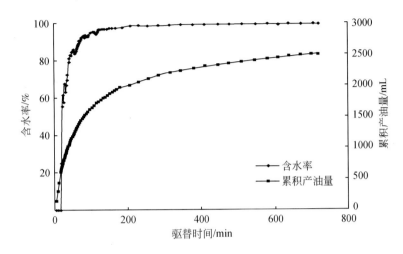

图 6.54　0.27m 水柱压差下鱼骨井–鱼骨井累积产油量及含水率随时间变化曲线

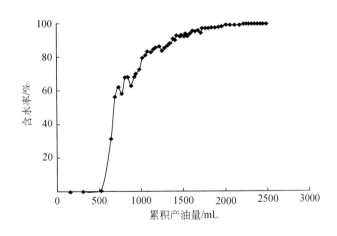

图 6.55　0.27m 水柱压差下鱼骨井–鱼骨井含水率与累积产油量的关系曲线

当生产井含水 100% 时实验结束，累积产油 2507mL，最终采收率为 34.60%。

3. 水平井–鱼骨井注采驱替规律研究

水平井–鱼骨井注采井位如图 6.56 和图 6.57 所示。在 0.27m 水柱注采压差下共进行了 2 组注采实验，分别为 S1′号水平井注水，Y2 号鱼骨井采油；Y1 号鱼骨井注水，S2′号水平井采油。

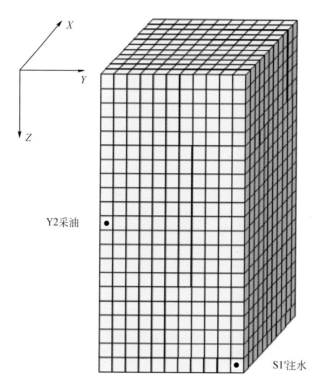

图 6.56　水平井注水、鱼骨井采油井位示意图

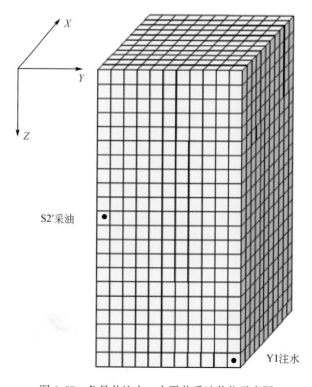

图 6.57　鱼骨井注水、水平井采油井位示意图

　1）S1′号水平井注水，Y2 号鱼骨井采油生产数据分析

　由图 6.59 可知，Y2 号鱼骨井投产 30min 见水，无水采油量为 872mL。见水后含水上升迅速，55min 达到 82.67%，之后因渗吸作用含水上升缓慢，且上下波动。由图 6.58 可知，Y2 井投产到第 85min，产液量不断上升且产量增加速度基本恒定。见水后含水率迅速上升，这说明当主流线上的水到达生产井后，在油水井之间便形成了水淹通道，水相流度远大于油相流度，水淹生产井段产水量激增。从第 155min 到第 165min，产量增加突然加快。这是因为在非主流线上，注入水也到达生产井，整体渗流阻力明显减小。图 6.59 也显示生产井在这一时间段见水，且含水率上升迅速。第 165min 以后，产量增加速度明显降低，含水上升速度也有所降低。油水界面已推进到生产井，大部区域已经水淹，渗流阻力不会再有较大幅度的减小；基质和未水淹边角区域裂缝内的剩余油，在渗吸作用和水驱作用下继续流向生产井，生产井的含水率平缓上升，直至所有可采油被采出。

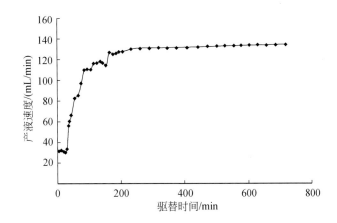

图 6.58　0.27m 水柱压差下水平井–鱼骨井产液量变化曲线

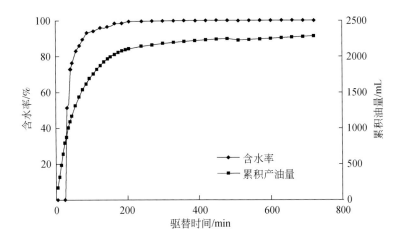

图 6.59　0.27m 水柱压差下水平井–鱼骨井累积产油量及含水率随时间变化曲线

由图 6.60 看出，当生产井含水 100% 时实验结束，累积产油 2275mL，最终采收率为 31.40%。

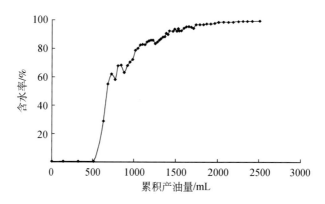

图 6.60　0.27m 水柱压差下水平井–鱼骨井含水率与累积产油量关系曲线

2）Y1 号鱼骨井注水，S2′ 号水平井采油生产数据分析

由图 6.62 可知，S2′ 水平井投产 32min 见水，无水采油量为 855mL。见水后含水上升迅速，60min 达到 80%，之后因渗吸作用含水上升缓慢，且上下波动。由图 6.61 可知，S2′ 水平井投产到第 115min，产液量不断上升且产量增加速度基本恒定。见水后含水率迅速上升，这说明当主流线上的水到达生产井后，在油水井之间便形成了水淹通道，水相流度远大于油相流度，水淹生产井段产水量激增。从第 40min 到第 50min，产量增加突然加快。这是因为在非主流线上，注入水也到达生产井，整体渗流阻力明显减小。图 6.62 也显示生产井在这一时间段含水率上升迅速。第 115min 以后，产量增加速度明显降低，含水上升速度也有所降低。油水界面已推进到生产井，大部区域已经水淹，渗流阻力不会再有较大幅度的减小；基质和未水淹边角区域裂缝内的剩余油，在渗吸作用和水驱作用下继续流向生产井，生产井的含水率平缓上升，直至所有可采油被采出。

由图 6.63 看出，当生产井含水 100% 时实验结束，累积产油 2458mL，最终采收率为 33.93%。

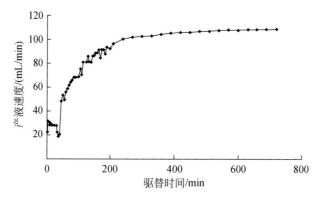

图 6.61　0.27m 水柱压差下鱼骨井–水平井产液量变化曲线

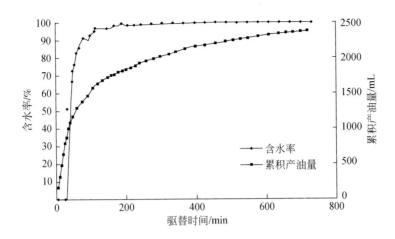

图 6.62　0.27m 水柱压差下鱼骨井–水平井累积产油量及含水率随时间变化曲线

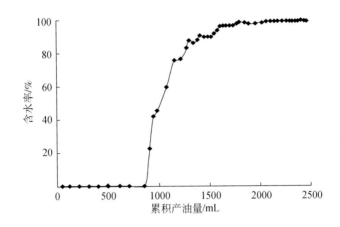

图 6.63　0.27m 水柱压差下鱼骨井–水平井含水率与累积产油量的关系曲线

6.5.2　直井–复杂结构井注采规律研究

1. 直井–水平井

水平井–水平井注采井位如图 6.64 所示。

由图 6.66 可知，S2 号水平井投产 17min 见水，无水采油量为 401mL。见水后含水上升迅速，55min 达到 88%，之后因渗吸作用含水上升缓慢，且上下波动。由图 6.65 可知，S2 井投产到第 55min，产液量不断上升且产量增加速度基本恒定。见水后含水率迅速上升，这说明当主流线上的水到达生产井后，在油水井之间便形成了水淹通道，水相流度远大于油相流度，水淹生产井段产水量激增。从第 20min 到第 55min，产量增加突然加快。这是因为在非主流线上，注入水也到达生产井，整体渗流阻力明显减小。图 6.66 也显示

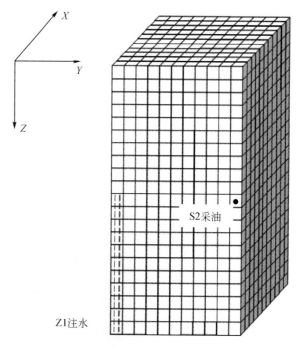

图 6.64　直井注水、水平井采油井位示意图

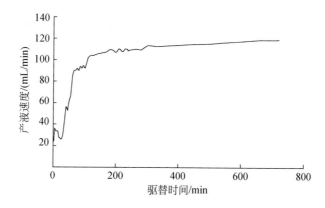

图 6.65　0.27m 水柱压差下直井-水平井产液量变化曲线

生产井在这一时间段含水率上升迅速。第 55min 以后，产量增加速度明显降低，含水上升速度也有所降低。油水界面已推进到生产井，大部区域已经水淹，渗流阻力不会再有较大幅度的减小；基质和未水淹边角区域裂缝内的剩余油，在渗吸作用和水驱作用下继续流向生产井，生产井的含水率平缓上升，直至所有可采油被采出。

由图 6.67 看出，当生产井含水 100% 时实验结束，累积产油 2790mL。最终采收率为 38.51%。

2. 直井-鱼骨井

水平井-水平井注采井位如图 6.68 所示。

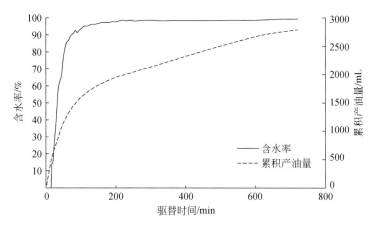

图 6.66　0.27m 水柱压差下直井-水平井累积产油量及含水率随时间变化曲线

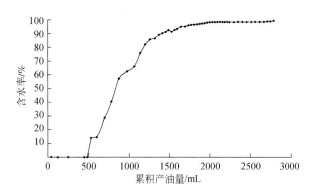

图 6.67　0.27m 水柱压差下直井-水平井含水率与累积产油量的关系曲线

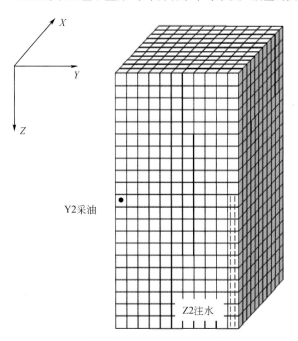

图 6.68　直井注水、鱼骨井采油井位示意图

由图 6.70 可知，Y2 号鱼骨井投产 10min 见水，无水采油量为 278mL。见水后含水上升迅速，35min 达到 80%，之后因渗吸作用含水上升缓慢，且上下波动。由图 6.69 可知，Y2 井投产到第 80min，产液量不断上升且产量增加速度基本恒定。见水后含水率迅速上升，这说明当主流线上的水到达生产井后，在油水井之间便形成了水淹通道，水相流度远大于油相流度，水淹生产井段产水量激增。从第 80min 到第 110min，产量增加突然加快。这是因为在非主流线上注入水也达到生产井，整体渗流阻力明显减小。图 6.70 也显示生产井在这一时间段含水率上升迅速。第 110min 以后，产量增加速度明显降低，含水上升速度也有所降低。油水界面已推进到生产井，大部区域已经水淹，渗流阻力不会再有较大幅度的减小；基质和未水淹边角区域裂缝内的剩余油，在渗吸作用和水驱作用下继续流向生产井，生产井的含水率平缓上升，直至所有可采油被采出。

　　由图 6.71 看出，当生产井含水 100% 时实验结束，累积产油 2543mL。最终采收率为 35.10%。

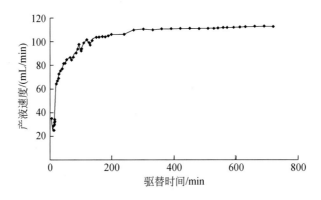

图 6.69　0.27m 水柱压差下直井–鱼骨井产液量变化曲线

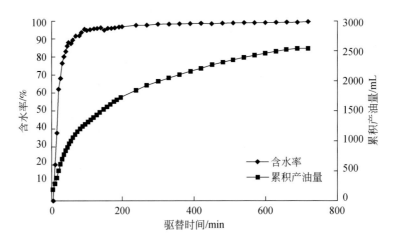

图 6.70　0.27m 水柱压差下直井–鱼骨井累积产油量及含水率随时间变化曲线

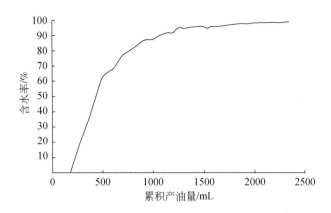

图 6.71　0.27m 水柱压差下直井–鱼骨井含水率与累积产油量的关系曲线

6.5.3　直井–直井注水开采规律研究

直井–直井注采井位如图 6.72 所示。

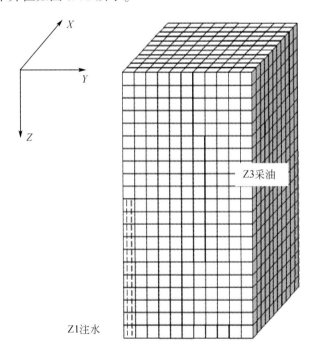

图 6.72　直井注水、直井采油井位示意图

由图 6.74 可知，Z3 号直井投产 5min 见水，无水采油量为 80mL。见水后含水上升迅速，50min 以后达到在 86%，之后因渗吸作用含水上升缓慢，且上下波动。由图 6.73 可知，Z3 井投产到第 110min，产液量不断上升且产油量增加速度基本恒定。见水后含水率迅速上升，这说明当主流线上的水到达生产井后，在油水井之间便形成了水淹通道，水相

流度远大于油相流度，水淹生产井段产水量激增。从第140min到第170min，产量增加突然加快。这是因为在非主流线上注入水也到达生产井，整体渗流阻力明显减小。图6.74也显示生产井在这一时间段含水率上升迅速。第170min以后，产量增加速度明显降低，含水上升速度也有所降低。油水界面已推进到生产井，大部区域已经水淹，渗流阻力不会再有较大幅度的减小；基质和未水淹边角区域裂缝内的剩余油，在渗吸作用和水驱作用下继续流向生产井，生产井的含水率平缓上升，直至所有可采油被采出。

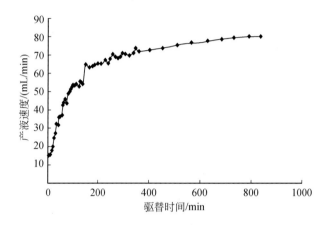

图6.73　0.27m水柱压差下直井–直井产液量变化曲线

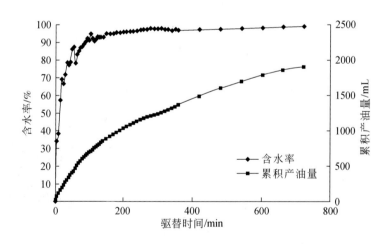

图6.74　0.27m水柱压差下直井–直井累积产油量及含水率随时间变化曲线

由图6.75看出，当生产井含水100%时实验结束，累积产油1909mL。最终采收率为26.34%。综上所述，可知模型底部直井注水，上部直井采油易形成注入水突进，生产井过早水淹，导致最终采收率过低，影响开发效果。

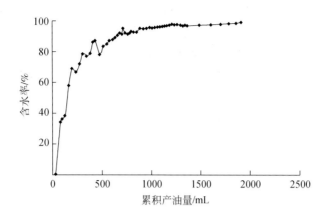

图 6.75　0.27m 水柱压差下直井–直井含水率与累积产油量的关系曲线

6.5.4　不同井型注水开发指标对比

1. 产液量对比

由图 6.76 可知，在 0.27m 注采压差下，产液速度最高的井型组合是鱼骨井注水、鱼骨井采油，其次是水平井注水、鱼骨井采油，直井注水、鱼骨井采油和直井注水、水平井采油的产液速度接近。直井注水、直井采油井型组合的产液速度最低。

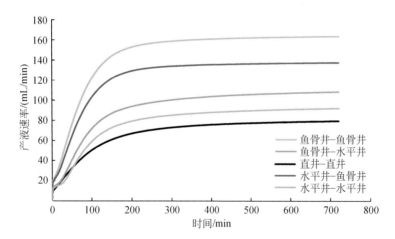

图 6.76　不同井型 0.27m 水柱压差下产液量变化曲线

产液速度存在明显的差别，其主要原因是：裂缝是潜山类油藏油水运移的主要通道，对于以中高角度裂缝发育的潜山油藏，直井的裂缝钻遇率低，在相同的注采压差下，其产能较小。相对于直井，水平井钻遇中高角度裂缝的概率更大、产液能力更强，因此，水平井在较小的注采压差下即可获得较大的泄流量。鱼骨井的分支，使鱼骨井比水平井的控制面积更大，裂缝钻遇率更高，而且分支的存在缩短了注采井间的距离，使注采井间的压力梯度增大，鱼骨井的产能更大，因此鱼骨井注-鱼骨井采的井型组合产能最大。

2. 含水率对比

从图 6.77 中可以看出，直井-直井见水时间最早，含水上升速度快，无水采油期短。含水上升速度比较快的还有鱼骨井-鱼骨井、水平井-鱼骨井，而鱼骨井-水平井、直井-鱼骨井、直井-水平井含水上升速度相对较平缓，水平井-水平井含水上升速度最慢。

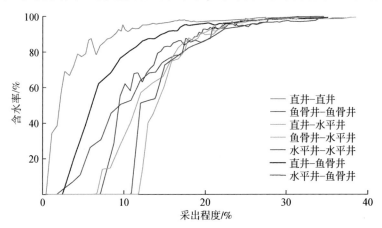

图 6.77　不同井型 0.27m 水柱压差下含水率随采出程度变化曲线

直井注采时见水时间最早，是因为随着持续的注水，注入水沿着注采井间的裂缝窜进，油水前缘首先从底部平面突破到生产井。而复杂结构井立体注采时，都是底注上采，重力的作用会抑制油水前缘的突进，油水前缘变得平缓，重力作用延长了无水、低含水采油期，减缓了含水上升速度。鱼骨井的分支增大了注水面积，在保持较平缓的水驱油前缘的情况下，增强了井网的注水能力。

3. 采出程度对比

由图 6.78 可知，在相同的注采压差下，直井-直井采出程度最低，比较占优的井型组合是水平井-水平井、直井-鱼骨井、水平井-鱼骨井、鱼骨井-水平井。

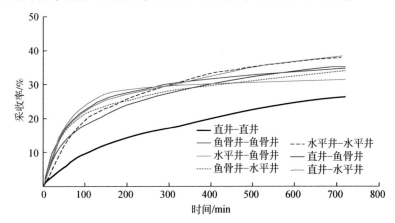

图 6.78　不同井型 0.27m 水柱注采压差下累积产油量变化曲线

复杂结构井的开发效果比直井好，是由于水平井、鱼骨井等复杂结构井与油藏接触面积大，裂缝钻遇率高，发挥了复杂结构井作为采油井的优势。相对于水平井井型，鱼骨井立体注采时，在垂直于鱼骨井主井筒和分支平面的方向上，油水前缘更加平缓，注入水呈现底水均衡托进的特征。但是在主井筒及其分支平面平行的方向，分支的存在则会加剧注入水的突进，油水运动前缘的非均匀特征更明显，从而影响开发效果。可见，鱼骨井的分支虽然增大了与油藏的接触面积，但渗流方向与主井筒及其分支所在平面的关系直接影响开发效果。因此，采用鱼骨井开采油藏时，要使渗流方向垂直于鱼骨井分支平面，才能取得最佳的效果。

综上所述，与直井–直井的井型相比较，直井–复杂结构井、复杂结构井–复杂结构井都能提高潜山油藏的采收率。综合采出程度、产液速度、含水率三项指标来看，建议在一般情况下，优先考虑水平井–水平井的井型组合；当油藏裂缝发育程度较低、渗透率低而吸水能力弱时，可以采用鱼骨井–水平井组合的注采井网。

6.6　边台潜山油藏整体数值模拟研究

为研究清楚边台油藏内剩余油分布，结合实际油藏动态分析，对边台潜山油藏进行数值模拟研究。

本章在已建立地质模型的基础上，根据边台潜山油藏地质特点，充分考虑断层影响和油、气、水三相渗流特征，综合运用油藏工程研究成果，全面利用生产动态历史资料数据，并且通过修改油藏部分参数，使数值模型与实际油藏一致，成功地完成了边台潜山油藏整体数值模拟，了解清了油藏内流体运动变化规律和剩余油分布情况，为油藏的整体开发提供了有力依据。

6.6.1　三维模型数据准备

在地质模型建立的基础上，还需要准备储层流体性质数据、相对渗透率数据以及油藏初始资料数据，从而建立起油藏数值模拟模型。边台潜山油藏基本参数见表 6.11。

表 6.11　边台潜山油藏基本数据表

参数	数值	参数	数值
探明面积/km²	9.3	基质平均孔隙度/%	2.84
动用面积/km²	9.3	裂缝平均孔隙度/%	0.74
北块储量/10⁴t	1271	压力系数	1.018
南块储量/10⁴t	1013	原始地温/℃	59
探明储量/10⁴t	2284	原油体积系数	1.115
油层中深/m	1975	综合油气比/(m³/t)	33
油水界面/m	2520	地面油密度/(kg/m³)	853
初始含油饱和度/%	52.2	地面油黏度/(mPa·s)	7.75
饱和压力/MPa	<9	原油凝固点/℃	47.3
原始压力/MPa	19.48	岩石压缩系数/(10⁻⁴/MPa)	20

　　由于边台潜山油藏缺少相对渗透率实验测试数据,因此参照其他相似油藏,结合后期历史拟合效果进行调整,最终确定其相渗曲线。同时,根据油田提供的油藏数据,确定基质中束缚水饱和度为 0.478。边台潜山油藏基质和裂缝系统油水相渗数据见表 6.12 和表 6.13,其相渗曲线如图 6.79 和图 6.80 所示;基质和裂缝系统油气相渗数据见表 6.14 和表 6.15,其相渗曲线如图 6.81 和图 6.82 所示。

表 6.12　边台潜山油藏基质油水相对渗透率数据

S_w	K_{rw}	K_{ro}	P_{cow}
0.478	0	1	0.559
0.500	0.003	0.400	0.279
0.530	0.005	0.180	0.149
0.560	0.010	0.100	0.083
0.600	0.025	0.050	0.049
0.640	0.049	0.021	0.029
0.670	0.078	0.016	0.019
0.700	0.110	0.011	0.012
0.757	0.190	0.005	0.008
0.805	0.280	0.002	0.007

表 6.13　边台潜山油藏裂缝油水相对渗透率数据

S_w	K_{rw}	K_{ro}
0	0	1
1	1	0

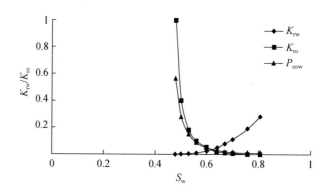

图 6.79　基质油水相对渗透率曲线

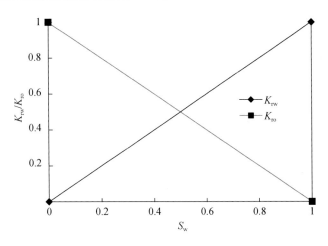

图 6.80　裂缝油水相对渗透率曲线

表 6.14　边台潜山油藏基质油气相对渗透率数据

S_l	K_{rg}	K_{ro}
0.478	1	0
0.540	0.630	0.030
0.600	0.390	0.080
0.670	0.200	0.170
0.750	0.070	0.310
0.830	0.015	0.480
0.910	0.003	0.700
1	0	1

表 6.15　边台潜山油藏裂缝油气相对渗透率数据

S_l	K_{rg}	K_{ro}
0	1	0
1	0	1

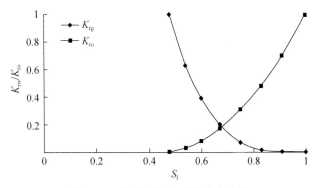

图 6.81　基质油气相对渗透率曲线

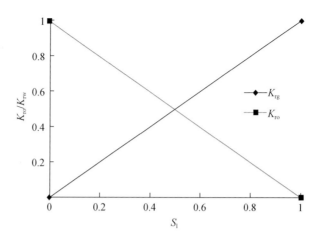

图 6.82　裂缝油气相对渗透率曲线

6.6.2　网格系统建立

将地质模型数值化的第一步，就是把要模拟的油藏区域进行网格离散，原则是：达到足够精度，尽量减少网格数量。

目标油藏的双重介质数值模拟模型如图 6.83 所示。网格划分采取角点网格，x 方向为东西向、y 方向为北南向，网格步长为 $40m \times 40m$。每小层划分网格数为 $83 \times 186 = 15438$ 个，纵向上共分为 60 层，其中 $1 \sim 30$ 层为基质，$31 \sim 60$ 层为裂缝，总网格数为 $83 \times 186 \times 30 \times 2 = 926280$。

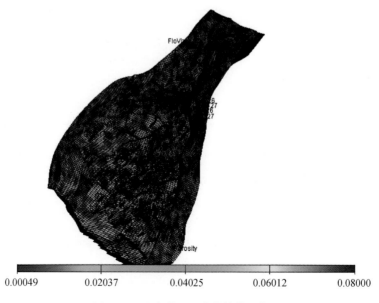

图 6.83　边台潜山油藏数值模拟模型

6.6.3　动态数据处理

根据边台潜山油藏开发历史及其他动态测试资料，对模拟区所有单井及总体生产数据进行处理，用于数值模拟油藏建模及历史拟合。模拟区内共有 113 口井，其中有注水记录的井 31 口。开发历史模拟从 1984 年 10 月到 2011 年 2 月共 27 年 8 个月。

历史拟合计算时，生产井和注水井分别按实际生产统计数据给定产液量和注水量。拟合指标主要是压力和含水率。模拟过程以 1 个月为一个时间步。

油田整体生产指标数据处理包括：全油田平均日产油量、全油田平均日产液量、全油田平均含水率、全油田平均气油比。

单井生产动态指标数据处理包括：油井的平均日产油量、油井的平均日产液量、油井的平均含水率、油井的井底流压、油井的平均气油比。

单井注水动态指标数据处理包括：水井的平均日注水量。

6.6.4　井史数据的整理

井史数据可以详尽反映一口井的生产状况的数据，是油藏数值模拟中主要基础资料之一。主要包括：射孔、补孔、堵层等数据信息。射孔、补孔、堵层时间的处理方法与生产数据时间处理方法相同。射孔、补孔、堵层深度的处理按分层数据进行校正，以使射孔、补孔、堵层层位与实际油藏一致。

6.6.5　断层封闭性的分析处理

边台潜山油藏存在断层，影响油水运动，需对断层进行处理。

在历史拟合过程中，结合生产动态资料以及数值模拟结果，认为边台潜山的断层均为不封闭的。

6.6.6　油藏开发历史拟合

边台潜山油藏提供的生产数据时间为 1984 年 10 月至 2011 年 2 月。为了保证油藏数值模拟结果的准确性，历史拟合过程中充分利用井史资料，并将这些数据应用于数值模拟模型中。总体指标拟合主要考虑以下几个方面。

1. 地质储量拟合

本节数值模拟计算的地质储量与地质研究结果相一致，相对误差为 2.5%。

2. 综合含水率

综合含水率是反映油藏内油水运动规律的主要指标之一，综合含水率拟合是数值模拟历史拟合过程中一项主要内容。本节所有时段的综合含水率拟合率达到 90% 以上。

3. 油藏总体指标拟合

边台潜山油藏总体指标拟合曲线如图 6.84、图 6.85 所示。

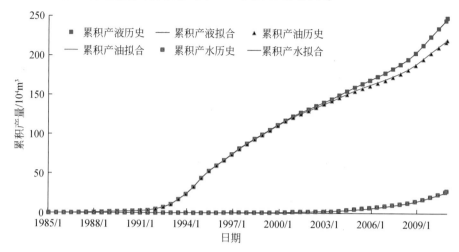

图 6.84　边台潜山累积产油、累积产水、累积产液拟合曲线

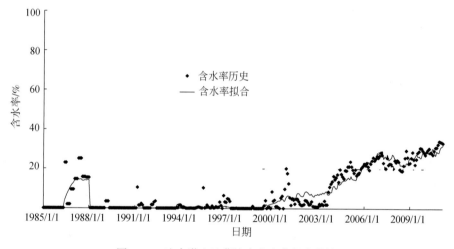

图 6.85　边台潜山油藏综合含水率拟合曲线

油井工作制度为定液量生产，油层全区累积产油拟合误差控制为 0.62%，累积产水拟合误差为 2.37%，说明拟合效果较好，满足要求。

4. 单井指标拟合

本节对模拟区内 113 口井进行了历史拟合。此次历史拟合采用的方式如下：给定单井产液量、拟合压力和含水率等指标，拟合历史为 1984～2011 年，模拟过程以 1 个月为一个时间步。经过长期艰苦、细致的分析、校对、调整工作，单井拟合率达到令人满意的程度。在所有时刻含水率误差≤10% 的标准下，单井含水拟合率达到 90% 以上，全面指标的单井拟合率达到 85% 以上。

通过对边台潜山油藏单井进行数值模拟，掌握了油藏井间渗流动态和油水分布。

6.6.7　剩余油分布研究

1. 剩余油分布特征分析

边台油藏为裂缝性变质岩潜山油藏，裂缝发育非均质程度高，地下油水关系复杂。分析表明，本地区影响剩余油分布的主控因素首选如下两种。

1）裂缝发育程度对剩余油分布影响

裂缝性油藏裂缝发育区中一般存在 3 种主要的水驱油方式，相应的剩余油形式及分布也各有特点。

a. 裂缝驱油

基质孔隙中无水驱油现象（无论怎样提高压力），裂缝是唯一的水驱油通道。这种情况发生在基质岩性致密，渗透率很低，而裂缝渗透率很高，两者差异很大的模型中。裂缝本身驱油效率高，仅有少量以残余油滴形式存在的残余油，但总体驱油效率很低，大量的油残留在孔隙介质中。

b. 裂缝–部分基质孔隙驱油

水驱油主要发生于裂缝中，当压力提高时，水沿垂直于裂缝走向的方向从裂缝两侧进入孔隙介质驱油，但波及面积不大。这种情况发生在基质与裂缝渗透率相差不大的模型中，基质孔隙中仍有大面积的残余油，裂缝中有少量的残余油滴。

c. 裂缝–基质孔隙驱油

在压力作用下，水同时进入孔隙介质及裂缝驱油。这种情况常发生在微裂缝发育且其渗透率与孔隙介质渗透率基本相等的模型中。最终驱油效率较高，大量的残余油滴仍是注入水绕流形成，但孔隙介质与裂缝中都有残余油滴。

由上述分析可知，油藏的水驱油方式主要取决于裂缝渗透率与基质渗透率之间的差异大小。边台潜山为变质岩油藏，基质渗透率低，裂缝以微细裂缝为主，加之裂缝周缘的小孔隙中普遍存在自吸现象，因此裂缝–部分基质孔隙驱油方式占较大比例。边台潜山经多次构造运动，发育多条断层，裂缝发育情况复杂，裂缝不发育区域油水流动能力差，这就造成了有大量的剩余油留在储层内。

2）井网注采系统对剩余油分布的影响

开发因素对剩余油分布的影响主要体现在两个方面，其一是井网注采系统的完善程度，其二是各种措施的影响。边台潜山油藏主要受第一方面的影响。

边台潜山油藏整体上水淹程度较低，多数井处于中低含水期阶段，水驱控制程度不高，注采系统不够完善，注水井未控制区域剩余油较为富集。

2. 剩余油潜力评价

利用历史拟合之后的数值模型进行模拟计算，明确了目标油藏剩余油分布状况，绘制了全区剩余油储量丰度图。从图 6.86 和图 6.87 中可以看出：边台潜山整体剩余油丰度比较高，潜山北部和南部的几个隆起均为剩余油的高富集区。该油藏整体开采程度较低，剩余油丰度高，丰度分布呈现东高西低的趋势。

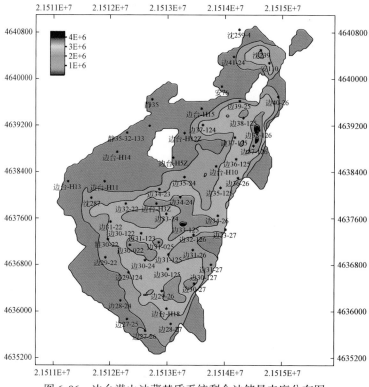

图 6.86 边台潜山油藏基质系统剩余油储量丰度分布图

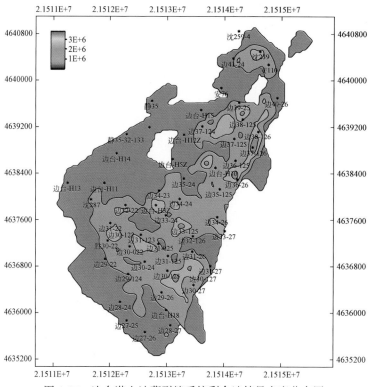

图 6.87 边台潜山油藏裂缝系统剩余油储量丰度分布图

3. 水淹级别评价

结合中国石油天然气集团公司对水淹级别的统一规定，计算边台潜山油藏各厚度分布对应的油藏水淹级别界限，划定出不同水淹级别时的剩余油饱和度，见表 6.16。

表 6.16　水淹级别分类标准

水淹级别	含水率变化范围	剩余油饱和度变化范围
未水淹	$f_w<0.10$	$S_o>0.5$
弱水淹	$0.10 \leqslant f_w<0.4$	$0.459<S_o \leqslant 0.5$
中水淹	$0.4 \leqslant f_w<0.8$	$0.416<S_o \leqslant 0.459$
强水淹	$f_w \geqslant 0.8$	$S_o \leqslant 0.416$

根据水淹级别标准，利用剩余油饱和度可以定量判断油藏基质的水淹状况，计算出不同水淹级别的剩余油储量；各级别所占比例如图 6.88 所示。

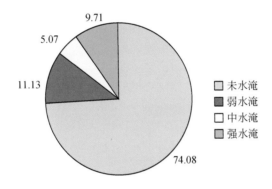

图 6.88　各水淹级别储量分布比例

边台潜山油藏整体水淹程度较弱，未水淹和弱水淹储量占总储量的 85% 左右。由于多采用内部和边部的低部位注水，2200m 以下油层，水淹程度相对较强，中、强水淹储量占 22%~40%；2200m 以上油层，中、强水淹储量占 10% 左右。

综合分析剩余油潜力评价及水淹分析成果，边台油藏埋深 1900~2200m 的油层，剩余油储量高（各层均在 150 万 t 以上），水淹程度低，具有较大的潜力。

6.7　开发调整方案设计

本章已经对边台潜山地质模型、渗流机理特征、优选井型井网及剩余油分布进行了研究，本节将结合油藏所有静动态研究成果，设计油田开发后期调整方案并进行生产指标预测。

6.7.1　调整方案设计原则

（1）首选剩余油分布潜力较大的区块作为调整开发有利区域，整体部署，分批实施，提高开发效益，降低开发风险。

（2）完善现有的注采井网，提高注水波及体积，油井注水见效均衡，以挖掘储量潜力，控制含水，提高油藏最终采收率。

（3）调整方案应具有较高的采油速度和较长的稳产期。

（4）井网局部加密。根据剩余油分布状况及井网控制程度，对现有井网进行合理的经济有效的加密。

（5）充分利用现有井网，通过层位调整、油井转注等措施完善注采关系。

（6）注水方式调整。由常规注水改为周期注水，提高储层动用程度。

（7）部署复杂结构井，提高裂缝钻遇率，改善开发效果。

边台潜山油藏目前正处于开发中期阶段，井网相对较为完善，含水率低，现期主要任务是通过研究，设计部署合理的井型，进一步完善开发井网，提高油藏采收率。

6.7.2　有利调整区域选取

边台油藏开发调整方案设计按照严格而明确的步骤和思路进行。首先选取有利调整区域。选取工作主要依据以下资料数据：

（1）边台油藏地质与数值模拟储量计算结果。

（2）注采井位图。

（3）数值模拟剩余油丰度分布研究成果。

（4）数值模拟剩余油饱和度分布研究成果。

（5）数值模拟水淹储量分布研究成果。

1. 新井有利区域筛选

新井有利区域筛选具体步骤如下：

（1）确定剩余油丰度有利区域。统计全油层剩余油丰度$\geq 3.0 \times 10^6 t/km^2$且面积不小于$0.05km^2$（约一个井网单元面积），其形状必须至少能容纳一个$250m \times 250m$或$200m \times 300m$矩形，而老井无法控制的区域。

（2）在步骤（1）中统计的各区域中选取未水淹及弱水淹（含油饱和度$\geq 45.9\%$），区域油层有效厚度不小于$200m$的有利区域。

（3）周边井产能较高，井间连通较好。

综合以上因素，共筛选出 4 个有利区域，各区域名称及其所对应的未水淹及弱水淹层位见表 6.17。

表 6.17　新井加密有利区域及其对应层位

区域	有利区域	未水淹及弱水淹层位
区域 1	边 38-25—边 38-126	S8，S9，S10
区域 2	边 29-124—边 30-25	S8，S9，S10，S11，S12
区域 3	边 30-122—边 32-22	S10，S11，S12，S13
区域 4	边 34-24—边 32-22	S14，S15，S16

边台油藏虽具有层状特征,但其总体上仍为块状潜山油藏,没有明显的层系,因此以数值模型中所采用的模拟层位来对其层位调整情况进行说明。数值模型层位与油藏深度对应见表6.18。

表6.18 边台潜山数值模型层位与油藏深度对应表

模拟层号	地质对应深度/m	模拟层号	地质对应深度/m
S1	1500~1550	S12	2050~2100
S2	1550~1600	S13	2100~2150
S3	1600~1650	S14	2150~2200
S4	1650~1700	S15	2200~2250
S5	1700~1750	S16	2250~2300
S6	1750~1800	S17	2300~2350
S7	1800~1850	S18	2350~2400
S8	1850~1900	S19	2400~2450
S9	1900~1950	S20	2450~2500
S10	1950~2000	S21	2500~2550
S11	2000~2050		

2. 注采系统不完善区域

通过注采井网油藏工程分析,共筛选出7个有利的注采井网调整区域,各区域名称见表6.19。

表6.19 注采井网调整有利区域

区域	有利区域	区域现状描述
区域5	边37-126—边37-27—边37-26	边37-125井注水受效井多,水驱控制程度低
区域6	边33-25—边33-125—边33-24	无注水井控制(有采无注)
区域7	边31-125—边31-26—边30-126	无注水井控制(有采无注)
区域8	边28-24—边28-23—边29-23	无注水井控制(有采无注)
区域9	边28-22—边29-22—胜30-22	无注水井控制(有采无注)
区域10	边35-24—边34-24—边35-24	边34-23注水井距离远,水驱控制程度低
区域11	边台H13—边台H12Z—边台5Z	无注水井控制(有采无注)

3. 老井层位调整区域筛选

根据注采井位图及剩余油分布图,找出各井生产层位中含油饱和度较低或水淹程度较强、含水较高的层位,作为拟封堵层位;同时找出该井剩余油饱和度高于40%但未射孔生产的区域,作为老井补射孔层位调整的有利区域。

6.7.3 调整措施研究与方案设计

1. 方案0:现状方案

取历史拟合结束时刻即2011年2月的工作制度,保持注采液量不变,预测其15年内生产情况。它可以作为基础方案，在本节称作方案0，用来比较其他调整方案的预测结果。

2. 方案1：注采层位调整

边台潜山油藏纵向厚度大，生产层位上具有较大的调整空间。因此可以在剩余油研究及水淹程度研究的基础上，通过对现有油水井层位的全面调整，完善注采系统，增大油藏水驱波及系数，提高储层动用程度，从而获得好的开发效果。封堵层位见表6.20。图6.89为老井层位调整方案部署示意图。

表6.20　老井层位调整表

井名	封堵层位/m	新射层位/m
边40-26	S7、S8	S5
边42-25	S6、S7	S12、S13
边38-25	S15、S16	S13
边38-126	S10	S7、S8
边37-26	S14	S12、S13
边35-24	S16、S18、S19	S13、S14
安63	S17、S18	
边31-23C	S15、S16、S17	
边33-25	S5、S6、S10、S11	S13、S14
边29-27	S12、S13	S10、S11
边33-125		S14
边39-25		S11

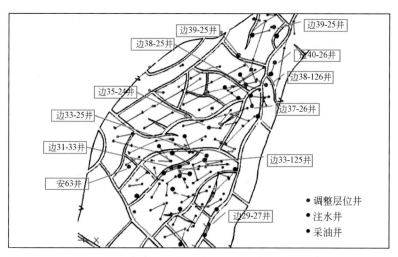

图6.89　方案1老井层位调整方案部署示意图

3. 方案2：注采层位+井位调整

边台油藏整体上注水量较低，累计注采比为仅为0.67，油藏压力下降幅度较大，能量供给不足；同时部分区域注水量高，导致油井含水率较高，该区域水淹较为严重。因此在层位调整方案 1 的基础上，通过对老井的注采调整，进一步完善注采系统，增大油藏水驱波及系数，提高储层动用程度；同时适当加大单井产液量，提高油藏采油速度，以期获得更好的开发效果。现设计转注 8 口生产井，井位部署如图 6.90 所示。

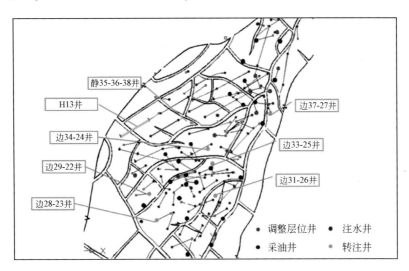

图 6.90　方案 2 油井转注调整部署示意图

4. 方案 3：注采层位+井位调整+周期注水

裂缝性油藏长期稳定注水之后，形成固定水流通道，注水开发效果变差。因此在方案 2 的基础上，设计对边台潜山油藏进行周期注水。

周期注水也称间歇注水或不稳定注水。它的作用机理是周期性地改变注水量和注入压力，在油层中形成不稳定的压力状态，引起不同渗透率层间或裂缝与基岩块间液体的相互交换。同时促进毛管渗吸作用，并增大其渗吸强度。各层间渗透率差异越大，在压力重新分布时，层间液体交换能力越强，周期注水效果越好。

1）注水周期的确定

合理的间注周期既要保证停注后油水置换所需时间，又要保持一定的压力水平使产油量保持相对稳定。周期注水的周期，从理论上讲取决于井底压力波动大小在油水井之间储层中的分布完成时间，也就是说注水井选用的周期必须使注水井与采油井之间的压力在一定范围内变化，且这种变化（升压、降压）在油水井间完成。

一般认为，注水时压力波由注水井井底开始经过一段时间传播到采油井井底，采油井开始见效，这段传播时间在矿场称为见效时间，即注水半周期 T。

$$T = \frac{0.5L^2}{\eta} \tag{6.20}$$

式中，L 为井距，cm；η 为导压系数，$\eta = \sqrt{\dfrac{k}{\varphi \mu C_t}}$，$\mathrm{cm^2/s}$。

其中，边台潜山油藏中裂缝渗透率为 $137 \times 10^{-3} \mu m^2$，原油黏度为 7.72mPa·s，孔隙度为 3.56%，综合压缩系数 $10.13 \times 10^{-4} MPa^{-1}$，平均井距为 350m，计算出边台油藏注水半周期为 71.94 天。

2）注采比的确定

周期注水注入量的确定，应保持注采平衡，以保持油藏压力，保持油井产能，因此周期内井组的累计注采比应在 1.0 左右。通过数值模拟方法，对注采比进行优化，结果如图 6.91 所示。从图 6.91 可以看出，注采为 1∶1 时，10 年末采出程度最高。因此，周期注水最佳的注采比为 1∶1。

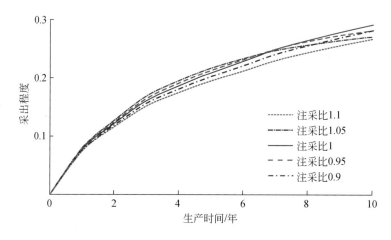

图 6.91　不同注采比采出程度曲线

5. 方案 4：注采层位+井位调整+周期注水+新井部署

在方案 3 的基础上，新部署 4 口复杂结构井、2 口直井，进一步加密井网。

为了完善注采井网，提高储层动用程度，考虑现有井网和周边井生产情况，并结合6.5 节、6.6 节研究成果，在选取的新井加密有利区域部署 4 口复杂结构井，其中 2 口水平井、2 口鱼骨井。同时考虑到边台油藏西部井区均为水平井生产，注采井网不完善，有采无注，在该区域部署两口直井进行注水。新井部署如图 6.92 和图 6.93 所示。

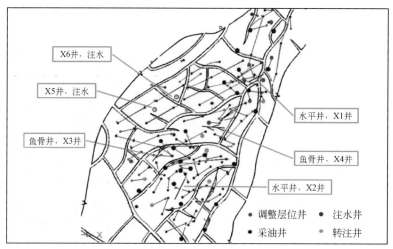

图 6.92　方案 4 新井部署示意图

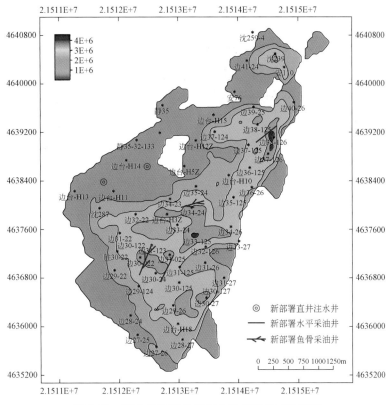

图 6.93　新井井位和总体剩余油丰度叠加示意图

6.7.4　开发调整方案预测与效果评价

1. 各开发方案对比

对方案 0、方案 1、方案 2、方案 3、方案 4 进行开发指标预测，其结果如图 6.94 ~ 图 6.96 所示。

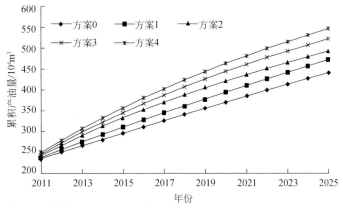

图 6.94　各方案累积产油量对比曲线

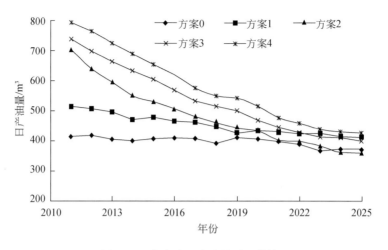

图 6.95   各方案日产油量对比曲线

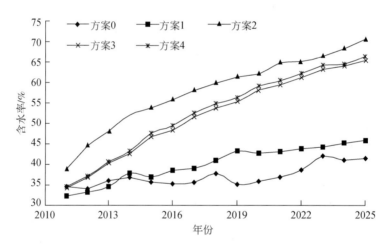

图 6.96   各方案含水率对比曲线

2. 生产效果分析评价

1）累积产油量

方案 1 通过对老井的层位调整，使累积产油量大幅度提高，至 2025 年年底，累积产油量达到 401.89 万 t，比基础方案多产油 26.74 万 t。

方案 2 在方案 1 的基础上，部分油井转注，完善注采关系，提高采液量，使 2025 年年底的累积产油量增加至 418.93 万 t，相比基础方案增加产油 43.78 万 t。

方案 3 在方案 2 的注采井网条件下，改用周期注水，在保证采液量的同时，控制了含水率，使 2025 年年底的累积产油量增加至 445.73 万 t，比基础方案增加产油 70.58 万 t。

方案 4 在方案 3 的基础上部署了 2 口水平井、2 口鱼骨井、2 口水井（直井），使 2025 年年底的累积产油量达到 468.59 万 t，比基础方案增加产油 93.44 万 t。

2) 含水率

方案 1 至 2025 年年底的含水率为 46.02%。该方案在 2011 年 2 月月底的基础上施行，注采比低，仅为 0.73，含水率低，但油藏能量亏空严重。

方案 2 至 2025 年年底的含水率为 68.58%。该方案将部分油井转注，完善了井组之间的注采关系，提高了注水量及采液量，注采比为 0.96，同时由于采用连续注水，油井含水上升较快。

方案 3 至 2025 年年底的含水率为 65.59%，方案 3 在方案 2 的基础上，注水方式改为周期注水，有效地降低了含水率。

方案 4 至 2023 年 6 月的含水率为 67.41%。

3) 采出程度

方案 0～4 生产 15 年末采出程度如图 6.97 所示。

方案 1 至 2025 年年底，采出程度为 17.59%，比方案 0 增加了 1.16%。

方案 2 至 2025 年年底，采出程度为 18.34%，比方案 0 增加了 1.92%。

方案 3 至 2025 年年底，采出程度为 19.52%，比方案 0 高出 3.09%。可见通过完善注采关系，采用合理的注水方式，采出程度有了很大提高。

方案 4 至 2025 年年底，采出程度为 20.52%，比方案 0 高出 4.09%。

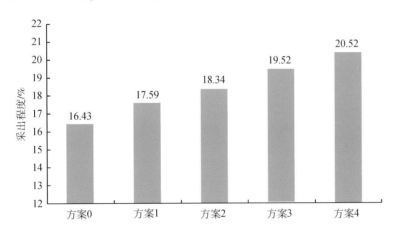

图 6.97　方案 0～4 生产 15 年末采出程度柱状图

6.7.5　经济效益评估

经济效益评估是油田开发的一项重要工作，是油田注采调整设计的有机组成部分。其主要任务是在地质评价和开发生产效果评价的基础上，计算项目总产出能否弥补所有的投入和资本化利息，以判定项目经济上的可行性。本节不考虑注采调整前的勘探和开发投资，只对注采调整所需投入根据油藏数值模拟预测结果进行经济效益评估。

1. 评估指标

本节采用的经济评价指标主要是净现值。净现值即在一定贴现率下，将各年净现金流

量都折算为基准年的现金值并求和。它可以清楚地表明方案在整个寿命期内的经济效果。其计算公式为

$$NPV = \sum_{t=0}^{n} (CI - CO)(1 + i)^{-t} \tag{6.21}$$

式中，CI 为现金流入量；CO 为现金支出量；i 为财务贴现率；t 为生产年度；n 为评价年限。

2. 经济参数

综合钻井费用：直井钻井费用为 2500 元/m，水平井段钻井费用为 5000 元/m，鱼骨井钻井费用为 5500 元/m；原油商品率为 98.00%；增值税为 17%；所得税为 33%；资源税为 24（元/t）；流动资金/固定资产为 0.10；贴现率为 12%；采油井吨油操作成本 653（元/t）；注水井注水费为 8（元/m³）；固定资产形成率为 1.00；固定资产残值率为 0.03；单井补孔、堵孔费用 20 万/口；经济评价期限为 15 年，即从 2011 年到 2025 年截止。

为了考察方案的抗风险能力，除在给定的 4120 元/t（110 美元/桶）原油价格下进行计算外，又在 60 美元/桶、80 美元/桶、100 美元/桶、120 美元/桶原油价格下，分别对各调整方案进行经济指标计算。

3. 评估结果

在经济指标概算基础上，对各种调整措施进行经济评估，各方案净现值对比如图 6.98 所示。通过对边台潜山油藏各开发调整方案经济指标进行计算可知，各开发调整方案均可以取得好的经济效益。方案 4 经济效益最高，在油价为 90 美元/桶的条件下，15 年末净现值达 204493 万元。

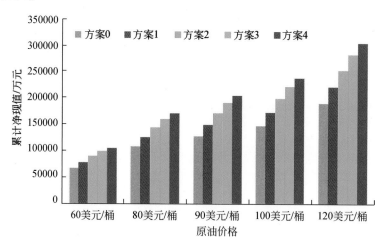

图 6.98　各方案不同油井下净现值对比

6.8　总结及认识

（1）综合利用边台潜山油藏各种地质研究成果，对边台油藏 113 口井测井资料进行整

理、解释，建立了边台潜山油藏的三维地质模型。通过裂缝各向异性的计算分析可知，该油藏裂缝多为中、高角度裂缝，纵向渗透率大，平面各向异性程度较弱。

（2）依据裂缝性渗流介质制作技术及相似理论，设计制作了边台潜山油藏直井–直井注采井组、直井–水平井联合注采井组、复杂结构井–复杂结构井组合注采井组的物理模型。复杂结构井。

（3）利用物理模拟与数值模拟对复杂结构井的渗流机理进行了研究：鱼骨井注采时，渗流方向若垂直于鱼骨井分支平面，则油水前缘更加平缓，若渗流方向与分支在同一平面，鱼骨井分支的存在会加剧注入水的突进，油水运动前缘非均匀的特征更明显。水平井注采时，注水温和，驱替水线推进均匀，能保持较好的注水效果，延长无水、低含水采油期，减缓含水上升速度，从而改善油田开发效果。

（4）通过物理模拟和数值模拟研究，确定边台潜山油藏应用复杂结构井进行开发可以取得比直井开发更好的效果。目标油藏首选开发井网是水平井–水平井注采井网；当油藏裂缝发育程度较低、渗透率低而吸水能力弱时，可以采用鱼骨井–水平井组合的注采井网。

（5）对边台潜山油藏进行了整体数值模拟研究，结合油水井受效关系分析，对全区块 9km² 含油面积、113 口井、27 年开发历史进行了拟合。储量拟合误差在 5% 以内，动态指标拟合误差在 10% 以内，取得了较好的拟合结果，得到符合实际油藏情况的油藏数值模型。

（6）结合油藏工程与数值模拟研究成果，研究得到了边台潜山油藏剩余油分布，对油藏开发潜力进行了分析、评价。边台油藏整体水淹程度较弱，由于多采用内部和边部的低部位注水，2200m 以下油层，水淹程度相对较强；1900~2200m，剩余油储量高，水淹程度低，开发潜力大。

（7）综合考虑部署新井、层位调整、油井转注、周期注水等措施，针对边台潜山油藏研究设计了 4 种开发调整方案，对其开发效果进行了预测计算、对比分析和方案优选。综合调整方案最佳推荐方案到 2025 年底累积产油量可达 468.59 万 t，采出程度为 20.52%，较现行基础方案提高采收率 4.09%，取得很好的开发生产效果。

第7章　潜山裂缝稠油油藏开发方式优选研究

本章以蓬莱9-1油田潜山油藏为具体参考对象，研究潜山低渗透裂缝性稠油油藏渗流机理及合理开发方式。首先通过物理实验研究了稠油在低渗透基质系统、裂缝系统中的渗流机理，以及两个系统之间的耦合规律，再以此为基础，建立裂缝性油藏大尺度相似物理模型，模拟不同井网形式、开发方式下的开发过程，寻找最优开发方案，以期为此类油藏高效开发设计提供依据。

7.1　油藏概况及研究内容

7.1.1　油藏概况

蓬莱9-1油田位于渤海东部海域，构造位于庙西北凸起，被渤东、庙西生油凹陷包围。西南距蓬莱19-3油田35km，东距蓬莱市110km。油田范围水深27.8～33.0m。

其中9-1区块潜山构造位于庙西边界断层上升盘，在潜山发育南、北两个高点，中间为宽缓的鞍部，地层整体北西倾。高点埋深-1220m，圈闭幅度420m，圈闭面积90km²。埋藏浅、面积大、圈闭幅度较高。含油面积79.41km²，如图7.1所示。

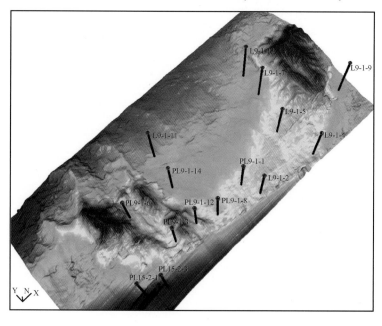

图7.1　蓬莱9-1潜山三维顶面图

蓬莱9-1油田潜山储层发育具有纵向分段性，储层连通性向下逐渐变差，自上而下可分为坡积带、极强风化带、强分化带、次风化带和弱风化带，如图7.2所示。其中强风化带是主力储层，主力层是"似层状"裂缝孔隙型潜山油藏，基质低渗，平均渗透率为1.26mD，裂缝发育，裂缝平均孔隙度为0.96%，裂缝储量百分比为18.6%，属于双重孔隙类型。裂缝倾角以中等角度缝为主，方位角以NE向和NW向为主，分布比例为NE70°：NW20°=3.5：1，如图7.3所示。

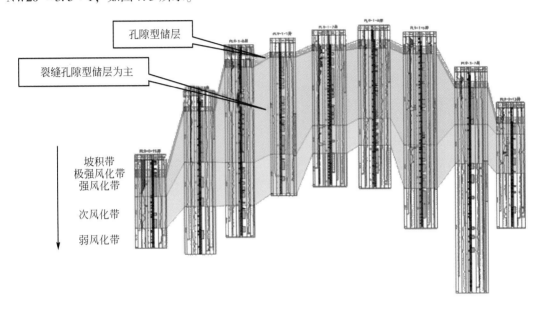

图 7.2　蓬莱9-1油田潜山储层发育图

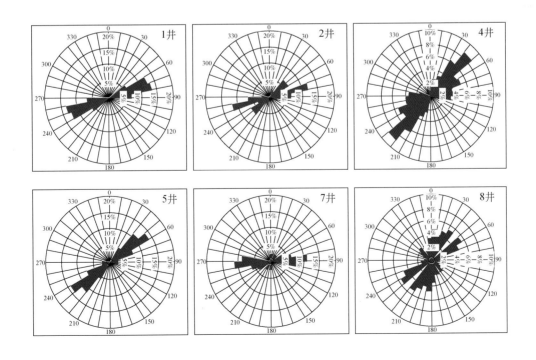

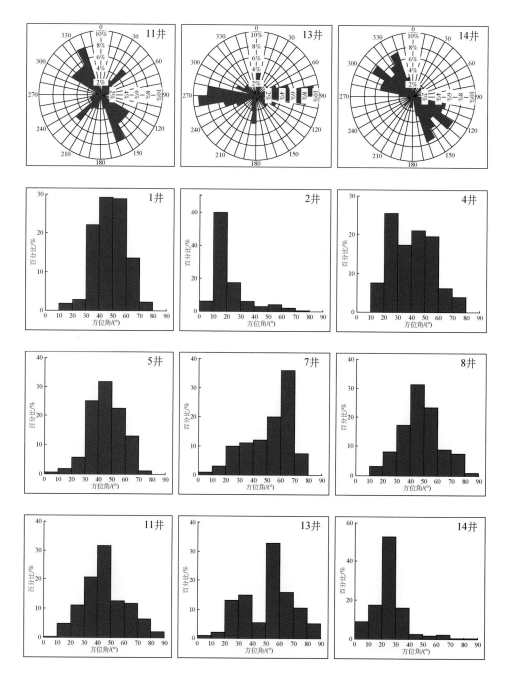

图 7.3 潜山油藏裂缝倾角和方位角分布统计图

蓬莱 9-1 油田潜山油藏原油地层黏度为 104 ~ 165mPa·s，地面黏度平均 750mPa·s，属于常规稠油。地面密度为 0.971 ~ 0.989g/cm³，平均 0.974g/cm³。溶解气油比为 15.2 ~ 30.0m³/m³，原油体积系数为 1.051 ~ 1.075。

基质渗透率低、裂缝发育、原油黏度大，是此油藏的主要特点。对于裂缝性油藏，低渗透的基质岩块是油气的主要储集场所，而具有高渗透特性的裂缝系统则是流体的主要渗流通道。在经过传统的衰竭式开采过后，基岩中将残余大量的原油，水驱可以降低部分残余油量，但油井见水快，含水率上升快，易发生水窜或暴性水淹现象。通常衰竭式和注水开发后，原油最终采收率较低。油藏开采过程中能否保持较长时间的稳产，基质向裂缝系统中的供油能力、裂缝与基质岩块间流体交换量是关键因素。而蓬莱 9-1 潜山油藏原油黏度大，使基质裂缝流体交换能力进一步降低，同时油水在裂缝系统中的渗流规律也不同于稀油油藏的活塞式驱替，注入水窜进现象严重，裂缝驱油效率较低。

针对以上这几个开发难点，通过本书研究基质系统、裂缝系统渗流机理以及二者油水交换能力，并以此为基础进一步选择油藏开发的优势井型井网及开发方式，不仅可以为蓬莱 9-1 油田潜山油藏的合理高效开发提供直接的技术支持，而且对于其他类似油藏的开发也具有普遍的参考价值和指导意义。

7.1.2　研究内容

根据目标油藏开发研究需要，本章研究内容分为 3 个方面。

1. 蓬莱 9-1 油田潜山油藏微观渗流机理研究

（1）基质微观渗流机理研究。包括不同物性（渗透率 K、渗透率 ϕ）低渗透基质岩心的制作；不同物性（流体黏度 μ、渗透率 K、组合参数 K/μ）低渗透基质岩心的启动压力梯度研究；不同物性（流体黏度 μ、渗透率 K、组合参数 K/μ）低渗透基质岩心的可流动流度下限研究。

（2）裂缝微观渗流机理研究。包括不同物性（渗透率 K、孔隙度 ϕ）裂缝性岩心的制作；不同物性（流体黏度 μ、渗透率 K、组合参数 K/μ）裂缝性岩心驱油效率研究。

（3）油水两相基质裂缝耦合渗流规律研究及影响因素分析。包括不同物性（μ、K、K/μ）裂缝性岩体基质、裂缝贡献率研究；不同物性（μ、K、K/μ）裂缝性岩体含水变化规律研究。

2. 蓬莱 9-1 油田潜山油藏宏观开发实验研究

本章采用物理模拟、数值模拟相结合的方法，开展以下工作：

（1）充分考虑与蓬莱 9-1 油田潜山油藏的相似关系，制作大尺度（不小于 1m×1m）的物理模型。

（2）进行不同井网形式（水平井立体注采井网、水平井定向井混合立体注采井网）下波及系数、驱油效率及采收率预测实验，优选最佳井网。

（3）进行不同开发方式（常规水驱、热水驱、热水驱加表活剂）下波及系数、驱油效率及采收率预测实验，优选最佳开发方式。

3. 蓬莱 9-1 油田潜山油藏动静态参数敏感性研究

（1）油藏静态参数（储层厚度、裂缝倾角、方位、密度、张开度、裂缝–基质储量比、基质渗透率等）敏感性研究。

（2）油藏动态参数（压差、生产段等）敏感性研究。

7.1.3　技术路线

（1）基于蓬莱 9-1 油田潜山油藏储层物性，选取与实际储层物性相同的岩样作为实验材料，测定稠油在低渗透基质中的启动压力梯度与可流动流度下限。

（2）制作裂缝性岩心，测量稠油在裂缝性岩心中的驱油效率。

（3）制作小型裂缝性岩体模型，研究基质系统、裂缝系统的油水交换能力。

（4）在取得上述微观渗流机理及对油藏基础物性参数认识的基础上，基于作者及团队的专利技术《物性分布定量化裂缝各向异性渗流介质制作方法》，研究建立满足相似准则的油藏宏观物理模型及测试方法。

（5）利用物理模拟方法研究各井型井网对提高采收率的作用，以及对波及系数、驱油效率的影响，对不同井型井网的开发效果进行预测对比研究，优选出适合蓬莱 9-1 油田潜山油藏的最佳井网形式，并利用数值模拟方法进行验证。

（6）利用物理模拟方法研究不同开发方式（常规水驱、热水驱、热水驱加表活剂）对提高采收率的作用，以及对波及系数、驱油效率的影响，对不同开发方式的开发效果进行预测对比研究，优选出适合蓬莱 9-1 油田潜山油藏的最佳开发方式，并利用数值模拟方法进行验证。

研究技术路线如图 7.4 所示。

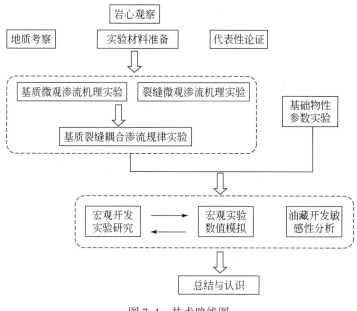

图 7.4　技术路线图

7.2　微观渗流机理实验岩样选取

观察蓬莱 9-1 油田潜山油藏岩心，可看出蓬莱 9-1 油田潜山储层物性纵向上具有很强的非均质性，风化程度自下而上逐渐变强，岩心更为破碎，裂缝更为发育，极强风化带及坡积带甚至风化成土，储层形态也由裂缝性储层变为孔隙型储层，如图 7.5~图 7.7 所示。

图 7.5　强风化带下部取心样品

图 7.6　强风化带上部取心样品

图 7.7　极强风化带及坡积带取心样品

　　油藏强风化带是主力储层，也是现开发主力层段，也是本章研究层段。微观渗流机理实验岩样选取遵循标准：实验岩样与油藏强风化带岩样岩性一致，物理化学性质一致，风化程度一致，以保证其渗流机理一致。
　　经过大量调研及多地考察，最终选定的实验岩样如图 7.8 所示。
　　对野外采集岩样进行了孔渗测试、润湿性测试、CT 扫描测试等检测评价，并结合地质专业研究，论证岩样代表性。研究测试结果（表 7.1）表明，实验岩样与蓬莱 9-1 实际储层岩样具有岩性一致、矿物成分相近、物理化学性质一致、润湿性一致、风化程度一致等特点，则符合实验要求。

图 7.8　野外采集岩样与实际油藏取心岩样对比

注：选取风化程度大致相同的岩石，保证物理化学性质一致

表 7.1　实验岩心与油藏岩心物性对比

属性	潜山油藏岩心性质	实验岩心性质
岩性	花岗闪长岩、二长花岗岩	花岗闪长岩、二长花岗岩
矿物成分	石英 20%～30%，斜长石 50%～60%，钾长石 10%～20%，暗色矿物 6%～10%；石英 20%～35%，斜长石 35%～40%，钾长石 25%～30%，暗色矿物 6%～10%	石英 20%～30%，斜长石 40%～50%，钾长石 5%～15%，暗色矿物 15% 左右；石英 20%～33%，斜长石 20%～30%，钾长石 25%～35%，暗色矿物 8% 左右
矿物结构	中粗粒花岗结构，石英结晶颗粒 1～5mm，平均 3mm，长石普遍风化	中粗粒花岗结构，石英结晶颗粒 1～6mm，平均 2mm，长石普遍风化
岩石构造	块状构造	块状构造
微裂缝形成机理	冷凝，压力卸载，构造运动，风化	冷凝，压力卸载，构造运动，风化
润湿性	弱水湿	弱水湿
风化程度	由强风化、次风化到基本未风化	中强风化

7.3　基质微观渗流机理研究

7.3.1　拟启动压力梯度测试

1. 实验原理

低渗透油藏储集层孔喉微细，比表面大，渗流速度小，在低速渗流时不再符合线性渗流规律，渗流速度和驱动压力关系是一条曲线。当渗流速度增加到一定程度时，渗流速度和驱动压力的关系变成一条直线，但是该直线不再通过原点。将该直线延长与压力轴相交，在压力轴上的截距即称为拟启动压力梯度。

本章采用稳态压差–流量法进行实验测量。改变岩心两端驱替压差，在驱替压差稳定及流量稳定后，通过测量不同驱替压差下流体通过低渗透基质岩心的渗流速度，绘制流量–压力梯度关系曲线，通过反向延长，找到曲线在压力梯度坐标上的截距，即为该岩心的拟启动压力梯度，如图 7.9 所示。

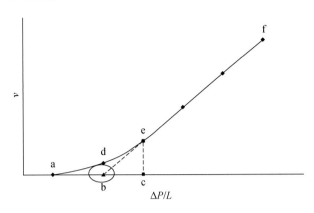

图 7.9　典型非达西渗流曲线示意图

2. 实验仪器

恒温箱、氮气瓶、调压阀、活塞容器、岩心夹持器、手摇泵、高精度数字压力表（精度可达 0.1kPa）、高精度移液管（精度可达 0.001mL）、秒表等。

3. 实验用岩心

在白虎涧山区挑选采集风化程度与实际油藏储层强风化带风化程度接近的花岗岩天然露头，进行取心。岩心直径 2.5cm，长度 4.5～8cm，渗透率覆盖 0.5～8mD。

4. 实验流程

启动压力梯度测试分为单相油拟启动压力梯度测试及束缚水饱和度下油相拟启动压力梯度测试。实验流程如图 7.10 所示。

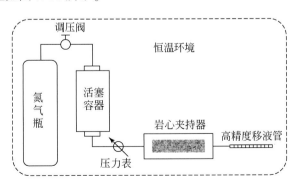

图 7.10　实验流程示意图

单相油拟启动压力梯度测试步骤如下：

（1）将待测干燥岩心放入岩心夹持器中，连接好管线，加恒定围压（比驱替压力高

2～3MPa)，进行实验用油饱和。

（2）在恒定驱替压差下进行驱油实验，通过高精度移液管观察流量是否稳定，等待流量稳定后测定岩心中流体的稳定渗流速度。

（3）改变驱替压差，每个岩心改变 5 次驱替压差，记录不同驱替压差下的流体渗流速度。

束缚水饱和度下油相拟启动压力梯度测试步骤如下：

（1）将待测干燥岩心放入抽滤瓶中，进行抽真空饱和水。

（2）将饱和水的岩心放入岩心夹持器中，连接好管线，加恒定围压（比驱替压力高2～3MPa)，进行实验用油饱和，直至不再有水产出，此时岩心中含水饱和度为束缚水饱和度。

（3）在恒定驱替压差下进行驱油实验，通过高精度移液管观察流量是否稳定，等待流量稳定后测定岩心中流体的稳定渗流速度。

（4）改变驱替压差，每个岩心改变 5 次驱替压差，记录不同驱替压差下的流体渗流速度。

5. 实验结果统计及结论

低渗透基质岩心液相有效渗透率要小于经克林肯伯格校正过的气测渗透率，见表7.2、表7.3，且流度越低，有效渗透率与气测渗透率之比就越小，如图7.11 所示。这主要是由于基质渗透率极低，众多细微孔喉在液相流动时是无效通道，而存在束缚水时，油水毛管力也造成了额外的阻力。考虑到实际油藏基质中是液相流动，所以采用有效渗透率计算有效流度，绘制拟启动压力梯度和有效流度的关系曲线，如图7.12 所示。

表 7.2　单相油拟启动压力梯度实验结果统计

岩心编号	气测渗透率/mD	有效渗透率/mD	流体黏度/(mPa·s)	有效流度/(mD/mPa·s)	拟启动压力梯度/(MPa/m)
B-4	0.63	0.32	100.1	0.00320	2.607
S-6	3.42	2.26	100.1	0.02258	1.773
H-2	5.91	4.54	100.1	0.04535	1.012
H-3	7.40	6.15	100.1	0.06144	0.621

表 7.3　束缚水饱和度下油相拟启动压力梯度实验结果统计

岩心编号	气测渗透率/mD	有效渗透率/mD	流体黏度/(mPa·s)	有效流度/(mD/mPa·s)	拟启动压力梯度/(MPa/m)
H-2	5.91	3.04	100.1	0.03037	3.360
H-3	7.40	3.20	100.1	0.03197	2.709
E-1	0.65	0.19	70.1	0.00271	5.304
H-6	4.26	1.50	70.1	0.02140	3.444
S-3	6.31	2.89	70.1	0.04123	2.293
H-4	7.80	3.52	70.1	0.05021	1.971
B-3	0.55	0.15	48.8	0.00307	5.238

续表

岩心编号	气测渗透率/mD	有效渗透率/mD	流体黏度/(mPa·s)	有效流度/(mD/mPa·s)	拟启动压力梯度/(MPa/m)
B-1	1.94	0.73	48.8	0.01496	2.539
H-5	5.60	2.54	48.8	0.05205	1.831

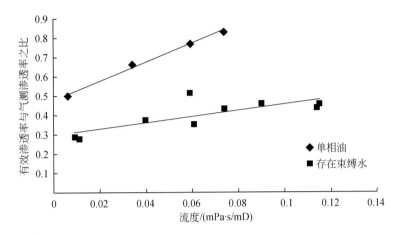

图 7.11　低渗透基质岩心渗透率变化与流度关系曲线

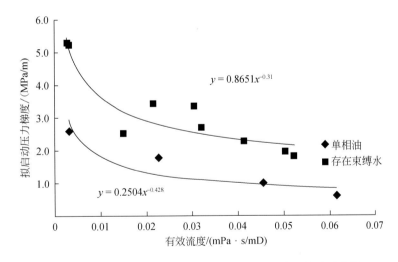

图 7.12　低渗透基质岩心拟启动压力梯度与有效流度关系曲线

由图 7.12 可看出，低渗透基质岩心的拟启动压力梯度随有效流度的变化近似呈幂函数关系，随着流度降低，拟启动压力梯度逐渐增大，当有效流度小于 0.01mD/mPa·s 时，启动压力梯度会急剧增加。实际油藏基质渗透率为 1.26mD，原油黏度为 180mPa·s 时，基质拟启动压力梯度为 4.040MPa/m；基质渗透率为 10mD，原油黏度为 100mPa·s 时，基质拟启动压力梯度为 1.768MPa/m。

7.3.2　基质可流动流度下限测试

1. 实验原理

通常认为，稠油在低渗透基质中流动，由于孔喉微小，油水毛管力及原油边界层效应，固液黏滞力影响不可忽略，流动不符合达西定律，表现在存在启动压力梯度，只有当驱替压力梯度高于某值，流体才可开始流动。为与拟启动压力梯度区分，这个点所对应的压力梯度被称为真实启动压力梯度，如图 7.13 中 a 点所示。

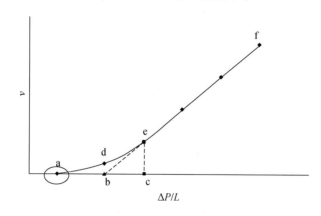

图 7.13　典型非达西渗流曲线示意图

对于某一给定渗透率的低渗透基质，只有当压力梯度大于某值，流体才可开始流动。同样，对于某一压力梯度，流体与基质只有满足一定的物性条件，流体才可流动，这个压力梯度下对应的流度被称为这一压力梯度下的可流动流度下限。从定义上去直接测量某一压力梯度下的可流动流度下限是极其困难的，但由于可流动流度下限与真实启动压力梯度是一一对应的关系，某一流度下流体可以开始流动的最小压力梯度是真实启动压力梯度，同样，该流度也是该压力梯度下的可流动流度下限，这样就可以通过测量不同流度下的真实启动压力梯度，来推算得到不同压力梯度下的可流动流度下限。

真实启动压力梯度采用不稳定平衡法测量：初始时刻，岩心中为稳定渗流，压力稳定，关闭进口端压力源，将此端封闭，将岩心另一端放空至大气压中，使用高精度数字式压力表连续测量封闭端压力变化，直至系统达到稳定状态。此稳态时的压力梯度，即为该岩心的真实启动压力梯度。从而可以得到不同流度下的真实启动压力梯度，也即得到了不同压力梯度下的可流动流度下限。

2. 实验仪器

恒温箱、氮气瓶、调压阀、活塞容器、岩心夹持器、手摇泵、高精度数字压力表（精度可达 0.1kPa）、高精度移液管（精度可达 0.001mL）等。

3. 实验用岩心

与 7.3.1 节中启动压力梯度测试所用岩心相同。

4. 实验流程

此部分实验可看做 7.3.1 节实验的后续，7.3.1 节拟启动压力梯度实验结束后岩心中为稳定渗流，关闭岩心进口端，出口端即高精度移液管一端放空至大气压中，使用高精度数字压力表监测岩心进口端压力变化，同时可通过移液管中液面位置变化观察系统是否稳定。要求压力表压力示数保持不变，移液管液面位置不变持续 2 天以上，记录此时系统稳定下压力表示数，即为岩心两端的真实启动压力。

实验流程同图 7.10。

5. 实验结果统计及结论

测试结果显示，岩心真实启动压力梯度随岩心渗透率降低，流体黏度增大而逐渐增大，见表 7.4、表 7.5。使用岩心有效渗透率来计算有效流度，绘制岩心真实启动压力梯度随有效流度变化关系曲线，如图 7.14 所示。由图 7.14 可看出，低渗透基质岩心的真实启动压力梯度随有效流度的变化近似呈幂函数关系，有效流度越低，真实启动压力梯度越大，当有效流度小于 0.01mD/mPa·s 时，真实启动压力梯度会急剧增加。实际油藏基质渗透率为 1.26mD，原油黏度为 180mPa·s 时，基质真实启动压力梯度为 1.375MPa/m；基质渗透率为 10mD，原油黏度为 100mPa·s 时，基质真实启动压力梯度为 0.279MPa/m。对比实验结果，真实启动压力梯度要远小于拟启动压力梯度，这说明对于低渗透稠油油藏，流体在较低的压差下就可流动，但想达到线性流动状态则较为困难。

表 7.4　单相油真实启动压力梯度实验数据统计

岩心编号	岩心长度/cm	气测渗透率/mD	有效渗透率/mD	流体黏度/(mPa·s)	实验结束稳定压力/MPa	真实启动压力梯度/(MPa/m)
B-4	5.38	0.63	0.32	100.1	0.0710	1.3203
S-6	6.08	3.42	2.26	100.1	0.0121	0.1987
H-2	5.17	5.91	4.54	100.1	0.0043	0.0841
H-3	7.76	7.40	6.15	100.1	0.0032	0.0412

表 7.5　束缚水饱和度下油相真实启动压力梯度实验数据统计

岩心编号	岩心长度/cm	气测渗透率/mD	有效渗透率/mD	流体黏度/(mPa·s)	实验结束稳定压力/MPa	真实启动压力梯度/(MPa/m)
H-2	5.17	5.91	3.04	100.1	0.0364	0.7051
H-3	7.76	7.40	3.20	100.1	0.0435	0.5609
E-1	4.83	0.65	0.19	70.1	0.1161	2.4022
H-6	5.14	4.26	1.50	70.1	0.0335	0.6513
S-3	8.06	6.31	2.89	70.1	0.0352	0.4362
H-4	7.68	7.80	3.52	70.1	0.0323	0.4201
B-3	4.70	0.55	0.15	48.8	0.1054	2.2448
B-1	6.03	1.94	0.73	48.8	0.0531	0.8811
H-5	5.64	5.60	2.54	48.8	0.0220	0.3890

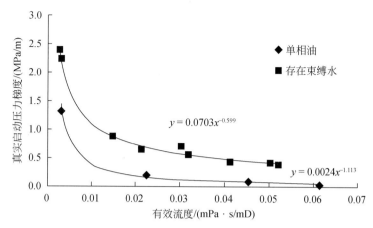

图 7.14　低渗透基质岩心真实启动压力梯度与有效流度关系曲线

根据实验测得的真实启动压力梯度与有效流度关系式，反推即可得到实际油藏不同压力梯度下的可流动流度下限计算式：

$$\lambda = 0.0119122(dP/dL)^{-1.66865} \tag{7.1}$$

此可流动流度下限是指低渗透基质中流体在某一压力梯度下可被驱动的最小流度，而不是裂缝性油藏中基质可渗吸出油的最小流度。基质渗吸作用的动力是毛细管压力，毛细管力是油水饱和度差的函数，如图 7.15 所示，可作用于无穷小尺度。在某一小尺度，毛细管力梯度可达到很大，足以克服任意流度下的真实启动压力梯度，从而使渗吸作用发生。

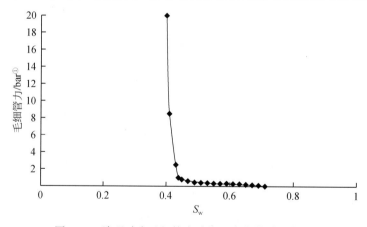

图 7.15　渗吸动力毛细管力随饱和度变化关系曲线

7.3.3　成果应用

本章测得的启动压力梯度是油藏基质岩石渗流的启动压力梯度，裂缝内流体流动是没

① 1 bar = 10^5 Pa

有启动压力梯度的。蓬莱 9-1 油田潜山油藏为裂缝性油藏，注采井间分布着大大小小、或连通或不连通的裂缝，要在井间建立有效的注采系统，只需要克服沿流动方向裂缝不连通处的基质的启动压力。而在裂缝较发育的油藏中，注采井之间裂缝不连通的距离与井距相比会很小（1~3 个量级），如图 7.16 所示。因此，不能用实验室所测基质渗流启动压力梯度与井距相乘作为实际油藏启动注采压差；同样，也不能用实际油藏启动注采压差除以井距作为基质渗流启动压力梯度，两者之比等于注采井之间裂缝不连通的距离与井距相比，它取决于注采井之间裂缝发育程度和分布情况。

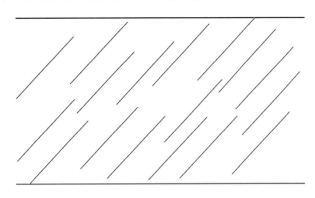

图 7.16　裂缝性油藏注采系统与裂缝匹配示意图

结合蓬莱 9-1 油田潜山油藏的地质资料及井距，即可计算出实际油藏注采井间需要克服的启动注采压差。蓬莱 9-1 油田潜山油藏现井网采用水平井不规则注采井网，注采井距为 400m，水平井与裂缝夹角为 45°。

由等值渗流阻力法将两井间区域看成基质系统与裂缝系统串联，根据两井间试井平均渗透率 K，基质渗透率 K_m 及裂缝渗透率 K_f 计算注采井间裂缝不连通区域距离：

$$\frac{L}{K} = \frac{L_m}{K_m} + \frac{L_f}{K_f} \tag{7.2}$$

式中，L 为注采井间井距，m；L_f 为注采井间裂缝连通距离，m；L_m 为注采井间不连通的基质距离，m。且有

$$L_m + L_f = L \tag{7.3}$$

联立式（7.2）、式（7.3），L 取 400m，两井间平均渗透率 K 取 5 井试验区试井数据 243mD，考虑到试验区风化程度较强，基质内含有大量微裂缝，基质渗透率 K_m 取 10mD，裂缝渗透率 K_f 根据测井资料取 283mD。

计算求得注采井间裂缝不连通距离 $L_m = 2.41m$。原油黏度为 100mPa·s 时，400m 井距下的启动注采压差为 0.673MPa，拟启动注采压差为 4.261MPa。

通过本方法计算实际油藏注采井间启动注采压差可看出，两井间启动注采压差主要由两井间平均渗透率决定：在平均渗透率一定的情况下，认为基质越致密，基质渗透率越低，则基质启动压力梯度越大，但两井间不连通基质区域的距离也就越小；基质越疏松，基质渗透率越高，则基质启动压力梯度越小，但两井间不连通基质区域的距离也就越大，二者的乘积不会出现过大的偏差。因此地质上对基质渗透率认识出现的些许偏差，并不会

对注采系统需克服的启动注采压差产生过大的影响。

7.4　裂缝微观渗流机理研究

7.4.1　实验原理

对于低渗透裂缝性稠油油藏，裂缝是主要的渗流通道，同时由于基质物性差，原油黏度高，基质系统储量难以动用，裂缝系统的驱油效率将直接关系到油藏最终采收率。在裂缝性油藏注水开发中，对于稀油油藏，裂缝系统水驱油过程接近活塞式驱替，裂缝系统驱油效率接近100%。而稠油油藏，由于较大的油水黏度比，水在裂缝中易发生窜进，见水快，裂缝中大部分的油都在高含水期采出。

本章方案设计采用《中华人民共和国石油天然气行业标准》（SY/T 5345—2007）以及《岩石中两相流体相对渗透率测定方法》（GB/T 28912—2012）中的非稳态法测定水驱油效率实验，恒压驱替，计量不同时刻产液量、产油量，采用JBN方法计算实验数据，绘制关系曲线，从而得到裂缝系统驱油效率变化关系。

7.4.2　实验仪器

恒温箱、氮气瓶、调压阀、活塞容器、定制大尺度岩心夹持器、手摇泵、高精度数字压力表（精度可达0.1kPa）、高精度移液管、量筒、电子天平、秒表等。

7.4.3　实验用岩心

图 7.17　常规岩心与大尺度
裂缝性岩心对比

本章为突出研究裂缝系统驱油效率，须尽可能减小基质系统的贡献，所以实验样品选取岩性为花岗岩，基质渗透率、孔隙度尽量小的岩样，用以模拟蓬莱9-1油田潜山油藏裂缝系统驱油过程。选取岩样基质渗透率远小于0.01mD，孔隙度小于0.1%，相对于裂缝系统均可以忽略。

由于裂缝性岩心裂缝孔隙体积较小，低液量测量误差较大，选择制作较大尺度裂缝性岩体，同时每个模型制作两条裂缝，以增大裂缝孔隙体积，如图7.17所示。

实验前应先测量裂缝性岩心裂缝渗透率、裂缝孔隙度，测试步骤如下：

（1）对裂缝性岩心抽真空，饱和水，水驱测量裂缝性岩心裂缝渗透率，因为基质渗透率极低，远小于 0.01mD，对裂缝渗透率影响可忽略。

（2）在较低的压力下对裂缝性岩心进行气驱水，由于基质渗透率极低且岩石亲水，低压下基质中的水难以被驱出，通过测量驱出水的体积，即为裂缝性岩心裂缝孔隙体积。

裂缝性岩心物性参数见表 7.6。

表 7.6　裂缝微观渗流机理研究实验岩心物性参数表

岩心编号	岩心长度/cm	裂缝渗透率/mD	裂缝孔隙体积/mL
1	17.2	57	3.5
2	19.0	167	4.6
3	15.5	333	4.4
4	18.3	656	6.1
5	17.2	58	3.7
6	19.0	166	4.4
7	15.5	303	4.1
8	18.3	747	5.6
9	17.2	60	3.5
10	19.0	165	4.2
11	16.9	234	3.9
12	15.5	344	4.6
13	18.1	513	5.1
14	18.3	790	5.8
15	16.8	1020	5.3

7.4.4　实验流程

方案设计根据《中华人民共和国石油天然气行业标准》（SY/T 5345—2007）以及《岩石中两相流体相对渗透率测定方法》（GB/T 28912—2012）中的非稳态法测定水驱油效率实验，采用 JBN 方法计算实验数据，绘制关系曲线。实验流程图如图 7.18 所示。

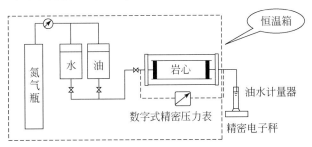

图 7.18　裂缝驱油效率实验流程图

实验步骤如下：

（1）以恒定压力对岩样进行实验用油饱和，直至出口端不再有水产出。

（2）以恒定压力进行水驱油实验，在岩样出口端记录见水前的无水期产油量、见水时间、见水后各个时刻的累计产液量，同时用称重法计量每一时刻产液质量，通过密度差计算不同时刻产油量和产水量。

（3）用物质平衡法计算不同时期含水饱和度，采用 JBN 方法计算水驱油效率。

（4）仪器与管线清洗，准备下一组实验。

7.4.5　实验结果统计及结论

实验室测得裂缝驱油效率随裂缝渗透率、流体黏度、驱替方向变化关系，见表 7.7、表 7.8、图 7.19。

表 7.7　裂缝驱油效率实验结果统计

裂缝渗透率/mD	油黏度/(mPa·s)	含水率95%时驱油效率/%	含水率98%时驱油效率/%	含水率99%时驱油效率/%
57	50.5	31.1	43.2	47.3
167		39.0	49.1	54.2
333		39.5	50.8	57.4
656		43.0	55.6	58.6
58	101.2	30.0	39.6	42.6
166		33.4	44.8	46.5
303		42.1	48.3	50.2
747		41.8	45.7	49.0
60	181.2	32.5	38.1	42.9
165		36.2	42.8	44.2
234		33.1	44.0	46.1
344		32.8	41.3	43.5
513		29.5	37.6	42.0
790		27.1	33.1	34.6
1020		25.2	32.1	34.0

表 7.8　不同驱替方向裂缝驱油效率实验结果统计

驱替方向	含水率95%时驱油效率/%
自下而上	48.3
水平	34.7
自上而下	27.5

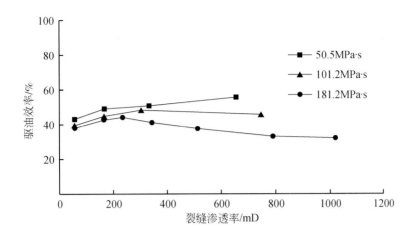

图 7.19　含水率为 98% 时裂缝系统驱油效率与裂缝渗透率关系曲线

由表 7.7、表 7.8 及图 7.22，可以得出以下结论：

（1）裂缝性油藏中裂缝系统驱油效率主要由流体黏度决定。原油黏度越高，裂缝系统驱油效率越低，对于裂缝性稠油油藏，大部分油都在高含水期采出；

（2）裂缝系统驱油效率随裂缝渗透率，即裂缝张开度变化不大且无明显趋势，当裂缝渗透率（张开度）逐渐增大时，裂缝系统驱油效率趋于一个定值；

（3）蓬莱 9-1 油田潜山油藏，原油黏度为 $104 \sim 165 \mathrm{mPa \cdot s}$ 时，裂缝驱油效率可达 40% ~ 45%；

（4）对于潜山类油藏，油藏纵向尺度较大，重力作用在开发过程中不可忽略。蓬莱 9-1 油田潜山油藏如若采用立体井网开发，充分利用重力分异作用，裂缝驱油效率可达约 60%。

7.5　油水两相基质裂缝耦合渗流规律研究

7.5.1　实验原理

裂缝性油藏一般为双重介质油藏，这类油藏存在孔隙度、渗透率完全不同的两类储集空间。从渗流特征来看，可以归纳为两大系统，即裂缝系统和基质系统。裂缝系统和基质系统是共存于裂缝性油藏中的两个相互联系、相互制约的裂缝孔隙网络系统，两者在渗流特征方面有很大差异。在低渗透裂缝性油藏中基质采油的主要机理是渗吸促使裂缝中的水吸入基质而进行采油的。影响渗吸的因素有很多，如岩样大小、岩石特性（孔隙度，渗透率）、流体特性（密度，黏度和界面张力）、润湿性、初始饱和度以及边界条件等。渗吸采油作为裂缝性油藏的重要二次采油机理是在 20 世纪 50 年代初在美国得克萨斯州的 Spraberry 砂岩粉砂岩裂缝性油田被首次发现的。

蓬莱9-1油田潜山油藏是裂缝-孔隙型双重介质油藏，油藏地质储量80%以上在基质系统中，油藏开采过程中能否保持较长时间的稳产，基质向裂缝系统中的供油能力、裂缝与基质岩块间流体交换量是关键因素。本章通过建立小型裂缝性岩体模型，对裂缝性岩体模型采用不同的饱和方式实现对基质系统、裂缝系统产油量的区分，从而研究不同物性条件下的基质采出程度，以及基质、裂缝贡献率。

7.5.2　实验仪器

恒温箱、恒流泵、真空泵、活塞容器、定制大尺度岩心夹持器、手摇泵、高精度数字压力表（精度可达0.1kPa）、量筒、电子天平、秒表。

7.5.3　实验模型

实验模型制作过程如下：

（1）选取与蓬莱9-1储层物性一致，风化程度较强的花岗岩材料，加工成边长为5cm的正方体岩块；

（2）使用定制大尺度岩心夹持器测量每一个基质岩块渗透率，并用饱和称重法测量基质岩块孔隙体积；

（3）筛选出8块大小合适，渗透率、孔隙度接近的岩块，采用点状粘接按图7.20的方式粘接，岩块与岩块接触面均作为裂缝存在，使用有机玻璃板将模型整体密封（图7.21）；

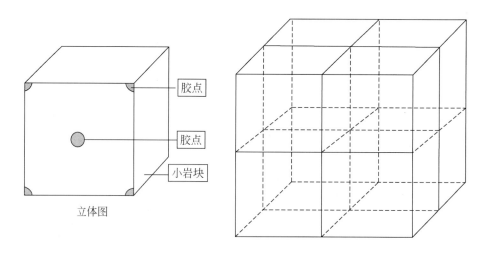

图7.20　模型粘接示意图

（4）将模型基质裂缝均饱和水，在较低的压力下用气驱水，由于基质亲水且渗透率较低，基质中的水难以被驱出，根据被驱出的水量确定模型裂缝孔隙体积。

模型物性参数见表7.9。

图 7.21　模型实物图

表 7.9　油水两相基质裂缝耦合渗流规律研究实验模型物性参数表

模型编号	基质渗透率/mD	基质孔隙度/%	基质孔隙体积/cm³	裂缝孔隙体积/cm³
1	0.53	3.85	38.50	8.51
2	1.14	4.12	41.28	9.74
3	7.67	7.38	73.86	12.72
4	14.13	10.08	100.82	15.50

7.5.4　实验流程

（1）采用抽真空饱和方式将基质系统和裂缝系统充分饱和水；

（2）将模型自上而下进行常规驱替饱和，此时裂缝系统充分饱和模拟油，而基质系统由于基质渗透率低，油黏度大且基质亲水，油很难进入低渗透基质中；

（3）自下而上进行恒速水驱油实验，驱替速度为 1mL/min。计量量筒中采液质量和体积，利用油水密度差计算产油量。此产油量即为裂缝系统产油量；

（4）采用抽真空饱和方式将基质和裂缝系统均充分饱和模拟油；

（5）利用恒流泵自下而上进行水驱油过程，驱替速度为 1mL/min。计量量筒中采液质量和体积，用油水密度差计算产油量，此产油量为基质系统、裂缝系统的总产油量，与步骤（3）裂缝系统产油量对比，即可得到基质、裂缝贡献率分别为多少。

7.5.5　实验结果统计及结论

实验室测得不同物性模型在不同流体黏度下的基质裂缝耦合渗流实验结果如图 7.22、

表7.10所示。

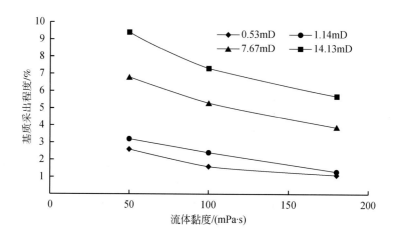

图7.22　不同渗透率下基质系统采出程度与流体黏度关系曲线

表7.10　油水两相基质裂缝耦合渗流规律研究实验结果统计表

模型编号	基质渗透率/mD	基质孔隙体积/cm³	裂缝孔隙体积/cm³	裂储比/%	流体黏度/(mPa·s)	考虑渗吸采出程度/%	不考虑渗吸采出程度/%	基质系统采出程度/%	基质贡献率/%	裂缝贡献率/%
1	0.53	38.5	8.51	29.7	180	22.2	21.4	1.1	3.6	96.4
					100	24.7	22.9	1.6	7.3	92.7
					50	26.4	24.1	2.6	8.7	91.3
2	1.14	41.2	9.74	31.1	180	25.7	24.8	1.3	3.5	96.5
					100	27.1	26.0	2.4	4.1	95.9
					50	30.1	28.3	3.2	6.0	94.0
3	7.67	73.8	12.72	24.8	180	20.4	17.4	3.9	14.7	85.3
					100	23.2	19.1	5.3	17.7	82.3
					50	24.9	19.7	6.8	20.9	79.1
4	14.13	100.8	15.50	22.7	180	19.3	14.8	5.7	23.3	76.7
					100	21.8	16.1	7.3	26.1	73.9
					50	24.4	17.0	9.4	30.3	69.7

根据实验结果，可以得出以下结论：

（1）影响基质系统、裂缝系统油水交换能力的主要因素是基质渗透率与流体黏度。基质渗透率越高，流体黏度越低，则渗吸效率越高，基质采出程度也就越高。

（2）影响基质贡献率的主要因素是基质系统采出程度与裂储比。基质系统采出程度越高，基质贡献率越大。而较大的裂储比会使整体采出程度较高，但相应的基质贡献率会较低。

（3）蓬莱9-1油田潜山油藏在基质渗透率10mD左右，原油黏度104～165mPa·s，裂储比 18% 条件下，基质贡献率可达 20% ~25% 。

7.6　大尺度裂缝性各向异性渗流模型制作

本节详细阐述实验室模型的制作过程。首先是油藏物性参数的获得。在此基础上，以模拟油藏实际开发效果为目标，以相似准则为理论指导，展开三维裂缝性各向异性渗流模型的制作。

7.6.1　油藏物性参数的确定

1. 目标油藏的物性参数

蓬莱 9-1 油田潜山油藏各物性参数见表 7.11。

表 7.11　蓬莱 9-1 油田潜山油藏物性参数

物性	数值	物性	数值
NE 向裂缝渗透率/mD	241.57	地层油密度/(g/cm³)	0.92
NW 向裂缝渗透率/mD	166.08	水油密度差/(g/cm³)	0.08
Z 方向裂缝渗透率/mD	135.88	体积系数	1.06
基质孔隙度/%	8.27	地面油密度/(g/cm³)	0.974
基质束缚水饱和度/%	47.7	地层原油黏度/(mPa·s)	104 ~165
基质残余油饱和度/%	41.0	地层水黏度/(mPa·s)	0.5
裂缝孔隙度/%	0.96	油水黏度比	270
基质与裂缝可动油量比	0.97		

目标油藏各物性参数中除裂缝渗透率外，其他参数均来自蓬莱 9-1 油田潜山油藏内部资料，各向异性渗透率参数计算过程见本小节第 2 部分。基质与裂缝可动油量比计算过程如下：

以油藏体积为基准，假设为 V。则基质系统储量为

$$V_{\mathrm{m}} = (1-0.477) \cdot 8.27\% \cdot V = 4.33\% V \tag{7.4}$$

结合油藏相渗曲线残余油端点，则基质系统可动储量为

$$V_{\mathrm{m可动}} = V_{\mathrm{m}} \cdot \frac{[(1-0.477)-0.41]}{1-0.477} = 0.94\% V \tag{7.5}$$

裂缝系统可动储量为

$$V_{\mathrm{f可动}} = 0.96\% V \tag{7.6}$$

则基质与裂缝可动油量比为

$$\frac{V_{\mathrm{m可动}}}{V_{\mathrm{f可动}}} = \frac{0.94\% V}{0.96\% V} = 0.97 \tag{7.7}$$

2. 目标油藏各向异性渗透率的确定

蓬莱 9-1 油田潜山油藏裂缝渗透率利用各向异性渗透率张量理论由实际生产测试数据计算得到。

根据油田提供的该油藏前期地质研究成果，裂缝的方位角和倾角分布如图 7.3 所示。裂缝的平均渗透率为 $K = 176 \times 10^{-3} \, \mu m^2$，NE 向与 NW 向裂缝密度比为 3.5 : 1。假设单位密度裂缝的渗透率为 k_0，则 NE 向裂缝渗透率 $K_{fne} = 3.5 k_0$，NW 向裂缝渗透率 $K_{fnw} = k_0$。

首先考虑 NE 向裂缝的渗透率参数。对于每一个方位的裂缝，由于倾角是统计值而倾斜的方向未定，所以每一个倾角大小相同的裂缝都考虑成一对相互对称的一组裂缝。这样 NE 向裂缝渗透率的主方向分别是裂缝方位、垂直向上方向以及与它们垂直的方向。若取裂缝方位和垂直向上方向分别为 x 轴和 z 轴，建立右手直角坐标系 (x, y, z)，假设单位密度裂缝的渗透率为 k_0，根据各向异性裂缝渗透率张量计算公式：

$$\boldsymbol{K}_e = \boldsymbol{K}_{e1} + \boldsymbol{K}_{e2} = k \begin{pmatrix} \cos^2\alpha \cdot \cos^2\beta + \sin^2\beta & \sin^2\alpha \cdot \cos\beta \cdot \sin\beta & \cos\alpha \cdot \sin\alpha \cdot \cos\beta \\ \sin^2\alpha \cdot \cos\beta \cdot \sin\beta & \cos^2\alpha \cdot \sin^2\beta + \cos^2\beta & -\cos\alpha \cdot \sin\alpha \cdot \sin\beta \\ \cos\alpha \cdot \sin\alpha \cdot \cos\beta & -\cos\alpha \cdot \sin\alpha \cdot \sin\beta & \sin^2\alpha \end{pmatrix}$$

$$+ k \begin{pmatrix} \cos^2(-\alpha) \cdot \cos^2\beta + \sin^2\beta & \sin^2(-\alpha) \cdot \cos\beta \cdot \sin\beta & -\cos(-\alpha) \cdot \sin(-\alpha) \cdot \sin\beta \\ \sin^2(-\alpha) \cdot \cos\beta \cdot \sin\beta & \cos^2(-\alpha) \cdot \sin^2\beta + \cos^2\beta & -\cos(-\alpha) \cdot \sin(-\alpha) \cdot \sin\beta \\ \cos(-\alpha) \cdot \sin(-\alpha) \cdot \cos\beta & -\cos(-\alpha) \cdot \sin(-\alpha) \cdot \sin\beta & \sin^2(-\alpha) \end{pmatrix}$$

$$+ 2k \begin{pmatrix} \cos^2\alpha \cdot \cos^2\beta + \sin^2\beta & \sin^2\alpha \cdot \cos\beta \cdot \sin\beta & 0 \\ \sin^2\alpha \cdot \cos\beta \cdot \sin\beta & \cos^2\alpha \cdot \sin^2\beta + \cos^2\beta & 0 \\ 0 & 0 & \sin^2\alpha \end{pmatrix} \tag{7.8}$$

由式（7.8）可得，NE 向裂缝渗透率张量 $\boldsymbol{K}_{NE}$ 为

$$\boldsymbol{K}_{NE} = 3.5 k_0 \begin{pmatrix} 1 & 0 & 0 \\ 0 & 0.5 & 0 \\ 0 & 0 & 0.5 \end{pmatrix} \tag{7.9}$$

同理，NW 向裂缝渗透率张量 $\boldsymbol{K}_{NW}$ 为

$$\boldsymbol{K}_{NW} = k_0 \begin{pmatrix} 0.5 & 0 & 0 \\ 0 & 1 & 0 \\ 0 & 0 & 0.5 \end{pmatrix} \tag{7.10}$$

油藏整体渗透率张量为

$$\boldsymbol{K} = \boldsymbol{K}_{NE} + \boldsymbol{K}_{NW} = k_0 \begin{pmatrix} 4 & 0 & 0 \\ 0 & 2.75 & 0 \\ 0 & 0 & 2.25 \end{pmatrix} \tag{7.11}$$

因此，该油藏各方向渗透率主值之比为 4 : 2.75 : 2.25。计算油藏各方向渗透率：

$$\begin{cases} K = \sqrt[3]{K_{NE} K_{NW} K_Z} \\ K_{NE} : K_{NW} : K_Z = 4 : 2.75 : 2.25 \end{cases} \tag{7.12}$$

而 $K = 176 \times 10^{-3} \, \mu m^2$，求得 $K_{NE} = 241.57 \times 10^{-3} \, \mu m^2$；$K_{NW} = 166.08 \times 10^{-3} \, \mu m^2$；$K_Z = 135.88 \times 10^{-3} \, \mu m^2$。

7.6.2 物理模型参数选取

1. 模型几何参数的确定

蓬莱 9-1 油田潜山储层发育具有纵向分段性，储层连通性向下逐渐变差，自上而下可分为坡积带、极强风化带、强分化带、次风化带和弱风化带（图 7.2）。其中强风化带是主力储层，且次风化带与强风化带间有明显隔夹层，而强风化带之上的极强风化带是孔隙型储层，并且储量较小。故在宏观开发实验中设定研究模拟区域为强风化带，其最大纵向尺度近 200m。强风化带现采用水平井不规则注采井网开采，平面井距约 400m。所以模拟区域大小为 400m×400m×200m。

根据相似准数 π_1、π_2、π_3，有

$$\frac{x}{L}\Big|_{模型} = \frac{x}{L}\Big|_{油藏} \tag{7.13}$$

$$\frac{y}{L}\Big|_{模型} = \frac{y}{L}\Big|_{油藏} \tag{7.14}$$

$$\frac{z}{L}\Big|_{模型} = \frac{z}{L}\Big|_{油藏} \tag{7.15}$$

结合实验室空间条件，设计物理模型几何尺 1m×1m×0.5m，从而得到

$$L_{模型} = \frac{L_{油藏}}{400} \tag{7.16}$$

由于强风化带内部上部层段风化程度强于下部层段，如图 7.23 所示。为体现此特点，设计模型分为上下两段，上段裂缝更为发育，基质更为疏松，以体现纵向非均质性，如图 7.24 所示。

图 7.23 蓬莱 9-1 储层强风化带不同高度部位取心

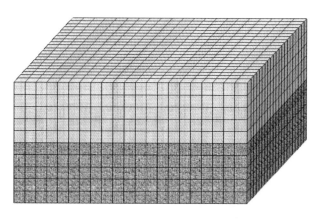

图 7.24　大尺度物理模型示意图

2. 模型裂缝参数的确定

根据 7.6.1 节结果，$K_{\text{NE}} = 241.57 \times 10^{-3}\ \mu\text{m}^2$；$K_{\text{NW}} = 166.08 \times 10^{-3}\ \mu\text{m}^2$；$K_{\text{Z}} = 135.88 \times 10^{-3}\ \mu\text{m}^2$。

对于裂缝性大模型，假设垂直于 NE 向裂缝密度为 N_{NE}，垂直于 NW 方向裂缝密度为 N_{NW}，水平缝密度为 N_{z}。则有

$$\boldsymbol{k}_{eN_{\text{NE}}} = N_{\text{NE}} \begin{pmatrix} 0 & 0 & 0 \\ 0 & 1 & 0 \\ 0 & 0 & 1 \end{pmatrix} \tag{7.17}$$

$$\boldsymbol{k}_{eN_{\text{NW}}} = N_{\text{NW}} \begin{pmatrix} 1 & 0 & 0 \\ 0 & 0 & 0 \\ 0 & 0 & 1 \end{pmatrix} \tag{7.18}$$

$$\boldsymbol{k}_{eN_{\text{NZ}}} = N_{\text{NZ}} \begin{pmatrix} 1 & 0 & 0 \\ 0 & 1 & 0 \\ 0 & 0 & 0 \end{pmatrix} \tag{7.19}$$

以上裂缝系统产生的 NE 向、NW 向、z 方向渗透率主值之比为

$$k_{\text{NE}} : k_{\text{NW}} : k_{\text{z}} = (N_{\text{NW}} + N_{\text{z}}) : (N_{\text{NE}} + N_{\text{z}}) : (N_{\text{NE}} + N_{\text{NW}}) \tag{7.20}$$

根据 7.6.1 节研究结果，$k_{\text{NE}} : k_{\text{NW}} : k_{\text{z}} = 4 : 2.75 : 2.25$，代入式（7.20）得

$$N_{\text{NE}} : N_{\text{NW}} : N_{\text{z}} = 2 : 7 : 9 \tag{7.21}$$

再根据模型 x、y、z 方向尺寸 100cm、100cm、50cm，得到 NE 向、NW 向、Z 方向模型尺度为 141.4cm、141.4cm、50cm。模型下段裂缝密度为模型上段裂缝密度的 2/3。模型上段垂直于 NE 向裂缝条数 6 条，分别是打开第 4 条、第 10 条、第 16 条、第 25 条、第 31 条、第 37 条粘接面；垂直于 NW 方向裂缝条数 21 条，分别打开第 2 条、第 4 条、第 6

条、第 8 条、第 10 条、第 12 条、第 14 条、第 16 条、第 18 条、第 20 条、第 21 条、第 22 条、第 24 条、第 26 条、第 28 条、第 30 条、第 32 条、第 34 条、第 36 条、第 38 条、第 40 条粘接面。模型下段垂直于 NE 向裂缝条数 4 条，分别是打开第 5 条、第 13 条、第 28 条、第 36 条粘接面；垂直于 NW 向裂缝条数 14 条，分别打开第 2 条、第 5 条、第 8 条、第 11 条、第 14 条、第 17 条、第 19 条、第 22 条、第 24 条、第 27 条、第 30 条、第 33 条、第 36 条、第 39 条粘接面。水平裂缝 8 条，从上到下分别打开第 1 条、第 2 条、第 3 条、第 4 条、第 5 条、第 6 条、第 8 条、第 10 条粘接面。裂缝分布如图 7.25 ~ 图 7.29 所示。

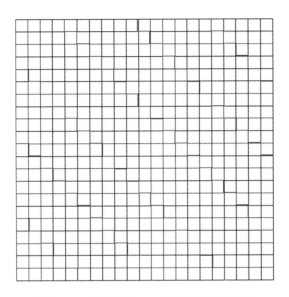

图 7.25　模型上段 NW 向裂缝俯视示意图

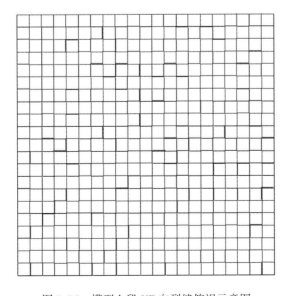

图 7.26　模型上段 NE 向裂缝俯视示意图

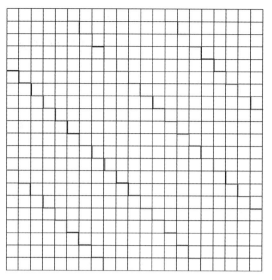

图 7.27　模型下段 NW 向裂缝俯视示意图

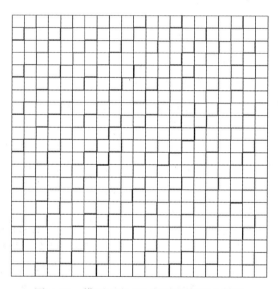

图 7.28　模型下段 NE 向裂缝俯视示意图

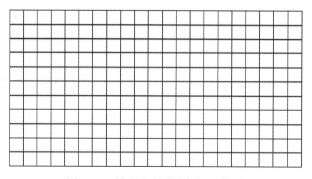

图 7.29　模型水平裂缝侧视示意图

3. 宏观开发实验其他参数选取及实现形式

根据相似准数 π_9，物理模型与实际油藏需满足在不同对应温度点下油水黏度比相同，则有

$$\left.\frac{\mu_o}{\mu_w}\right|_{模型} = \left.\frac{\mu_o}{\mu_w}\right|_{油藏} \tag{7.22}$$

本次实验选取常温下黏度为 $1mPa \cdot s$ 的水作为驱替液，则需配置常温下黏度为 $270mPa \cdot s$ 的模拟油，达到油水黏度比 270，与蓬莱 9-1 油田潜山油藏实际油水黏度比保持一致，则有

$$\left.\mu_o\right|_{模型室温} = 270mPa \cdot s \tag{7.23}$$

根据相似准数 π_{10}，其物理意义为重力压差与注采压差之比一定，保证动力系统相似性，则有

$$\left.\frac{\Delta\gamma \cdot L}{\Delta p}\right|_{模型} = \left.\frac{\Delta\gamma \cdot L}{\Delta p}\right|_{油藏} \tag{7.24}$$

实际油藏井距 400m，水油密度差为 0.08g/mL，注采压差约 10MPa。实验室模型井距 1m，模拟油密度为 0.9g/mL，注入水密度为 1.0g/mL，实验室水油密度差为 0.1g/mL。考虑井径折算与表皮因子差异，对应实验室注采压差 0.28 为 atm。

根据相似准则 π_{11} 和 π_{12}，基质与裂缝的可动油量比和无量纲渗吸半周期是渗吸现象相似必须满足的两个相似准数。因此，实验室模拟时必须定量控制基质与裂缝的可动油量比和基质的渗吸半周期。

根据相似准数 π_{11}，为保证实验模型与实际油藏裂缝与基质储存能力相似，需有

$$\left.\frac{R}{\phi}\right|_{模型} = \left.\frac{R}{\phi}\right|_{油藏} \tag{7.25}$$

其物理意义为基质与裂缝能提供的油量之比，是两个裂缝性渗流介质的渗吸现象相似所必须满足的一个准则。实际油藏基质与裂缝中可动油量之比为 0.97，实验室为了达到可动油量之比 0.97 的要求，采用有限真空法饱和，步骤如下：

（1）初始干燥基质岩块处于空气饱和状态，首先向里面饱和水。用真空泵抽取岩块中大部分空气，使其处于"有限真空"状态。再将基质岩块饱和水。

（2）向基质岩块中饱和油。用真空泵对裂缝性渗流介质抽真空，使其再次处于"有限真空"状态。由于残留气团膨胀，基质中部分水被抽出，根据需要饱和的油量来控制被抽出的水量。再将基质岩块饱和油。

（3）实验结束后由于渗吸作用基质岩块表层的油被水置换出去，再次对模型进行抽真空，内部气团膨胀，基质表层的水被抽出，之后再进行饱和，直到饱和进足够多的油量，继续下一组实验。

根据相似准数 π_{12}，为保证实验模型与实际油藏基质渗吸与裂缝渗流具有相似性，需有

$$\left.\frac{\dfrac{T_a}{L\bar{\phi}}}{\dfrac{\bar{K}}{\mu_w} \cdot \dfrac{\Delta P}{L}}\right|_{模型} = \left.\frac{\dfrac{T_a}{L\bar{\phi}}}{\dfrac{\bar{K}}{\mu_w} \cdot \dfrac{\Delta P}{L}}\right|_{油藏} \tag{7.26}$$

油田现场尚无基质岩块渗吸半周期数据，通过调研以及油水两相基质裂缝耦合渗流规律研究得知，蓬莱9-1油田潜山油藏基质贡献率为20%~25%，则实验模型基质岩块贡献率也应为20%~25%。宏观开发实验研究中模型饱和采取有限真空饱和，要在岩块内形成油包水、水包气的三种流体分布，砂岩块物性均匀且可选性强，能满足要求，而花岗岩靠随机分布的微小裂缝为流体提供储存空间，很难控制饱和过程，不能满足实验要求，同时也难以选取特大数量满足物性要求的花岗岩岩块。尝试了不同的岩样之后，岩性覆盖花岗岩及砂岩，最终确定四川黄砂岩，基质贡献率可达20%~25%，满足相似准则要求。

7.6.3　模型油水饱和度分布测试方法

物理模型中油水饱和度分布测试采用电阻测量的方法。油水比例不同，两点间电阻值不同。在实验测试前测量不同比例油水的电阻率，根据测得不同的电阻率对应的饱和度可以回归出详细关系曲线。实验中在物理模型内部9条线上共布置180个电极，如图7.30所示，通过电极测点测试两点间的电阻值，将此电阻值置于回归的曲线中即可求得对应两点间的油水饱和度。

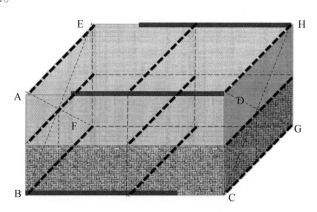

图7.30　物理模型饱和度测点分布示意图

在物理测试的基础上，利用数值模拟拟合对应时刻对应测点的饱和度分布，从而确定整个油藏油水饱和度分布，预测水驱开发过程中油藏注入水波及面积。

7.6.4　大尺度物理模型建造过程

1. 模型制作所需材料

渗流介质材料：选取平均渗透率为15mD、孔隙度为10%的黄砂岩和平均渗透率为5mD、孔隙度为10%的青砂岩。

岩块粘接及模型密封材料：环氧树脂。

井筒及测压管线材料：井筒采用裸眼完井方式，外接管线采用外径为6mm、内径为

4mm 的聚氯乙烯透明管材。

2. 岩块加工与挑选

挑选符合孔渗参数要求的天然砂岩露头，经过原料去粗取精处理后，加工规格为 5cm×5cm×5cm 的 7000 块正方体岩块，作为初选岩块。由于加工工艺方面的限制，制作的岩块难免会有误差，需进一步进行筛选。从备选岩块中挑选尺寸误差小于 0.1mm、角度误差小于 0.5°的 5000 块，作为粘接所需岩块。

3. 模型建立过程

（1）为了方便操作，准备利用已有的水平实验台做实验，使用空间为 120cm×120cm。

（2）为了避免渗流模型某处应力集中，造成模型破坏，模型的底座采用"橡胶板+致密花岗岩石板"结构。在实验台指定位置放置一块厚 2cm、长 120cm、宽 120cm 的橡胶板。在橡胶板上面放置厚 2cm、长 120cm、宽 120cm 的平致密花岗岩石板。调整位置使橡胶板位于石板正中间。

（3）在石板上画标线，以保证岩块对齐，同时保证模型落在石板正中间。

（4）虽然每个岩块都经过了精挑细选，但为使模型的裂缝张开度达到最小并尽量保证每条裂缝面都能对齐成一个平面，在粘接每一层以前，都要对这一层进行挑块、排块，并修正、调整。

（5）对排好的一层岩块进行粘接。根据三个方向的裂缝密度为 $N_x : N_y : N_z = 2 : 7 : 9$。经研究分析决定，模型下段裂缝密度为模型上段裂缝密度的 2/3。模型上段垂直于 NE 向裂缝条数 6 条，分别是打开第 4 条、第 10 条、第 16 条、第 25 条、第 31 条、第 37 条粘接面；垂直于 NW 向裂缝条数 21 条，分别打开第 2 条、第 4 条、第 6 条、第 8 条、第 10 条、第 12 条、第 14 条、第 16 条、第 18 条、第 20 条、第 21 条、第 22 条、第 24 条、第 26 条、第 28 条、第 30 条、第 32 条、第 34 条、第 36 条、第 38 条、第 40 条粘接面。模型下段垂直于 NE 向裂缝条数 4 条，分别是打开第 5 条、第 13 条、第 28 条、第 36 条粘接面；垂直于 NW 向裂缝条数 14 条，分别打开第 2 条、第 5 条、第 8 条、第 11 条、第 14 条、第 17 条、第 19 条、第 22 条、第 24 条、第 27 条、第 30 条、第 33 条、第 36 条、第 39 条粘接面。水平裂缝 8 条，从上到下分别打开第 1 条、第 2 条、第 3 条、第 4 条、第 5 条、第 6 条、第 8 条、第 10 条粘接面。需要打开的裂缝面，对其相邻的岩块涂胶点；需要封死的裂缝面，对其相邻的岩块涂胶线。

（6）预先设计好打井位置，对需要打井的岩块先钻孔，再粘接。

（7）重复步骤（5）和步骤（6）。该模型的制作共需粘接 21×21×11 = 4851 个岩块。

（8）粘接完毕后，用环氧树脂胶对模型外表面进行密封，等胶彻底凝固后，再密封一层，如此反复共密封 3 层，目的是保证模型外表耐压性，以免在实验过程中损坏。

（9）密封完成后，在指定位置打饱和孔，并连接饱和管线。

（10）确定管线与模型密封性能良好，无漏气漏液现象，模型制作完毕。

模型实物图如图 7.31 所示。

实际油藏与大尺度物理模型参数对比见表 7.12 和表 7.13。

粘接过程　　　　　　　　密封完成　　　　　　　　模型建造完毕

图 7.31　大尺度物理模型建造过程展示

表 7.12　实际油藏参数

物性	数值	物性	数值
注采井距/m	400	井筒半径/m	0.1
NE 向裂缝渗透率/mD	241.57	地层油密度/(g/cm³)	0.92
NW 向裂缝渗透率/mD	166.08	水油密度差/(g/cm³)	0.08
Z 方向裂缝渗透率/mD	135.88	地层油黏度/(mPa·s)	104~165
裂缝孔隙度/%	0.96	注入水黏度/(mPa·s)	0.5
基质与裂缝可动油量比	0.97	油水黏度比	270
时间/年	30	注入速度/m³/d	1000

表 7.13　大尺度物理模型参数

物性	数值	物性	数值
注采井距/cm	100	井筒半径/cm	0.3
NE 向裂缝渗透率/D	12.56	地层油密度/(g/cm³)	0.89
NW 向裂缝渗透率/D	8.63	水油密度差/(g/cm³)	0.11
Z 方向裂缝渗透率/D	7.07	地层油黏度/(mPa·s)	270
裂缝孔隙度/%	1.77	注入水黏度/(mPa·s)	1
基质与裂缝可动油量比	0.97	油水黏度比	270
时间/min	1860	注入速度/(mL/min)	50

7.7　不同开发方式开发规律物理模拟研究

　　利用本章的大尺度裂缝性渗流模型进行了水平井立体注采井网优选、水平井定向井混合立体注采井网优选、不同开发方式优选三类 10 次油藏宏观物理模拟实验。实验分析了各种井网井型，不同开发方式下的注采规律，可作为蓬莱 9-1 油田潜山油藏注水开发的直接参考依据（郑文宽等，2017）。

7.7.1 宏观开发实验研究测试方案

由于地层纵向尺度较大,强风化带厚度接近200m,开发过程中重力作用不可忽视,采取有利的开发方式,充分利用重力作用,可有效提高开发效果。油藏开发初步设计井网为立体注采井网,底部注水,顶部采油,以充分利用重力分异效应。物理模拟实验在两大类立体注采井网中进行优选,分别是水平井注水水平井采油和定向井注水水平井采油。再在优选井网的基础上分别进行常规水驱、热水驱、热水驱加表活剂实验,以优选最佳开发方式。

1. 水平井立体注采井网测试方案

本方案中注水井与采油井均为水平井,井网单元有1口注水井、2口采油井,注水井4个备选位置,分别记为中部、中底、侧中、侧底。研究工作如下:

(1) O1井、O2井采油,分别启用中部、中底、侧中、侧底位置注水井注水,如图7.32~图7.35所示,对比不同注水井位注水开发效果,优选注水井位置。

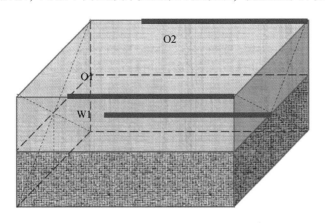

图 7.32 水平井立体注采井网中部注水

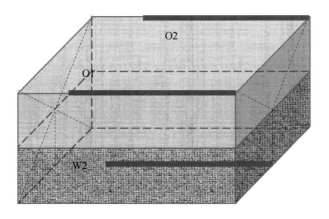

图 7.33 水平井立体注采井网中底注水

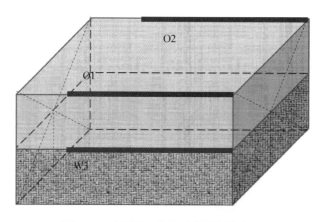

图 7.34　水平井立体注采井网侧中注水

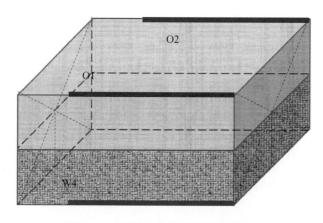

图 7.35　水平井立体注采井网侧底注水

（2）O1 井、O2 井采油，在（1）中优选的注水井位置进行交错注水，如图 7.36 所示，对比交错注采与正对注采开发效果差异。

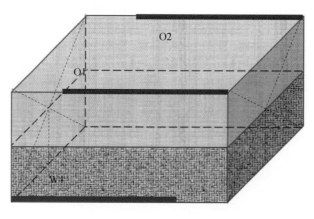

图 7.36　水平井立体注采井网交错注采

2. 水平井定向井混合立体注采井网测试方案

本方案中定向井注水，水平井采油，井网单元有 1 口注水井、2 口生产井，注水井有两个备选位置，分布记为正对注水和交错注水。研究工作如下：

（1）O1 井、O2 井采油，分别启用正对、交错备选位置注水井注水，如图 7.37、图 7.38 所示，对比正对注水与交错注水开发效果，优选注水井最佳位置。

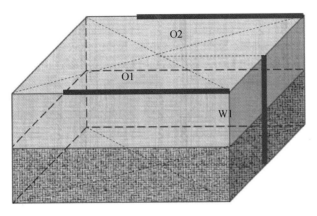

图 7.37　水平井定向井混合立体注采井网正对注水

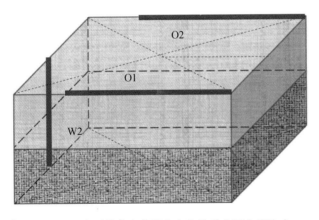

图 7.38　水平井定向井混合立体注采井网交错注水

（2）O1 井、O2 井采油，在（1）中优选的注水井位置，进行底部注水，如图 7.39 所示，对比全井段注水与底部注水开发效果，优选最佳注入井段。

3. 不同开发方式优选测试方案

在优选出最佳井网形式的基础上，分别进行常规水驱、热水驱、热水驱加表活剂实验，对比不同开发方式开发效果，优选最佳开发方式。其中热水驱实验室注入温度 60℃，对应实际油藏注入温度 95℃，表活剂类型选择为烷基苯磺酸阴离子类型，浓度 2000×10^{-6}。

4. 物模数模一致性验证

基于宏观开发实验研究设计的物理模型建立数值模拟模型，开展延伸研究。

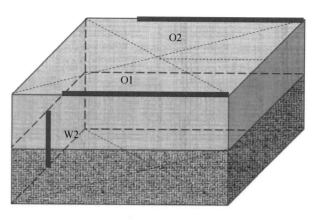

图 7.39　水平井定向井混合立体注采井网底部注水

1）基础井网设计

模型设计基于宏观开发实验研究中建立的宏观物理模型。为体现强风化带纵向物性差异，模型设计分为上下两段，上段基质相对疏松，裂缝密度较大；下段基质相对致密，裂缝密度较小。根据相似准则，该物理模型对应的实际油藏模型尺寸为 $400m \times 400m \times 200m$，模型的物性参数也根据实际油藏相似而来。

模型设计井网如图 7.45 所示，为水平井交错注采井网，其中模型中水平井段长为 300m，为实际井段的一半长。井网中所有井均为边井，按实际油藏 1/4 井计算。O1 井和 O2 井为生产井，W4 井为注水井。井网的注采井数比为 1：2。

2）网格系统

采用笛卡儿坐标块中心网格，XYZ 方向网格尺度均为 10m，模型大小 $410m \times 410m \times 210m$。

3）介质模型的选择

裂缝性潜山稠油油藏，原油黏度较大，基质岩块渗透率相对较低，水驱开发过程中，裂缝系统是主要的原油流动通道，基质中的原油流向裂缝，因此模型采用双孔单渗模型。在双孔单渗模型中，网格系统有基质网格和裂缝网格两套网格系统。

4）数据的准备

PL9-1 实际油藏的平均参数如下：

基质孔隙度，6.5%；

裂缝孔隙度，0.82%；

基质渗透率，5mD；

裂缝渗透率，243mD；

地层水密度，1000kg/m³；

地层油密度，971kg/m³；

地层水黏度，0.49mPa·s；

地层油黏度，135mPa·s。

模型的参数基本与 PL9-1 实际油藏参数保持一致，但是因为模型上下段物性的不同，因此设置模型上部基质渗透率为 10mD，裂缝渗透率为 243mD，模型下部基质渗透率为 1mD，裂缝渗透率为 187mD。

模型的原油高压物性参数见表 7.14。

表 7.14　原油高压物性参数

压力/bar	溶解气油比/(m³/m³)	原油体积系数/(m³/m³)	原油黏度/(mPa·s)
0	0	1.017	526
31	8.1	1.034	355
71	18.6	1.055	216
104.4	27.1	1.072	131
113.5	27.1	1.071	135
120	27.1	1.07	138
150	27.1	1.068	151
180	27.1	1.066	165
250	27.1	1.061	197

图 7.40~图 7.43 分别为基质和裂缝系统的油水、油气相对渗透率曲线。

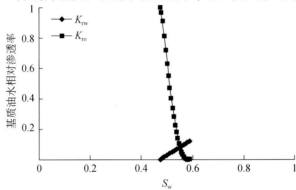

图 7.40　基质油水相对渗透率

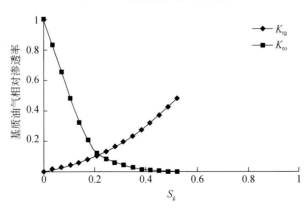

图 7.41　基质油气相对渗透率

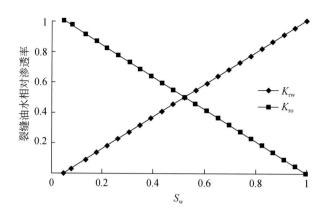

图 7.42　裂缝油水相对渗透率

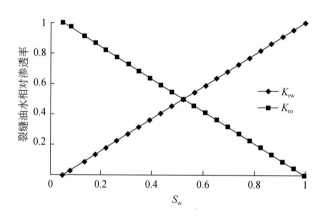

图 7.43　裂缝油气相对渗透率

7.7.2　水平井立体注采井网优选

改变注水井位置，共进行了不同注水井位下的 5 组驱替实验。生产制度均为定压生产，注采压差为 2.8m 水柱，对应实际油藏注采压差为 10MPa；设置注水井最大注入速度为 50mL/min，对应实际油藏注入井 1000m³/d；设置生产井最大采液速度为 25mL/min，对应实际油藏生产井 500m³/d。

1. 水平井中部注水

模拟生产测试曲线如图 7.44、图 7.45 所示。

由图 7.44、图 7.45 可知，水平井中部注水，生产井投产 6min10s 见水，无水采油量为 243mL。见水后含水上升迅速，之后因渗吸作用含水上升缓慢，且上下波动，投产 30h 后，含水率约 98.0%，累积产油量 5263mL，采收率约 8.9%，单井累积产油量 5263mL。

2. 水平井中底注水

模拟生产测试曲线如图 7.46、图 7.47 所示。

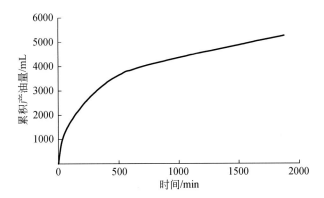

图 7.44　水平井中部注水累积产油量随时间变化曲线

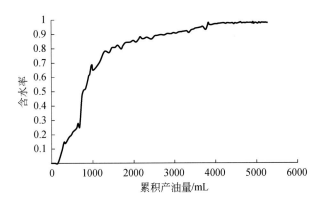

图 7.45　水平井中部注水含水率随累积产油量变化曲线

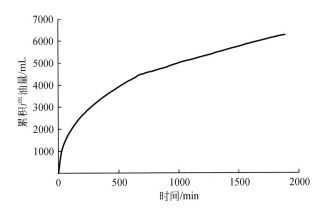

图 7.46　水平井中底注水累积产油量随时间变化曲线

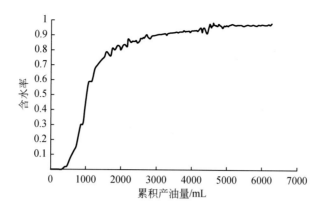

图 7.47　水平井中底注水含水率随累积产油量变化曲线

由图 7.46、图 7.47 可知，水平井中底注水，生产井投产 9min24s 见水，无水采油量为 340mL。见水后含水上升迅速，之后因渗吸作用含水上升缓慢，且上下波动，投产 30h后，含水率约 97.4%，累积产油量 6266mL，采收率约 10.6%，单井累积产油量 6266mL。

3. 水平井侧中注水

模拟生产测试曲线如图 7.48、图 7.49 所示。

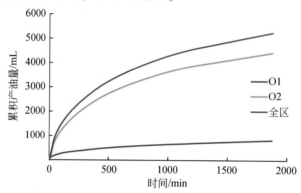

图 7.48　水平井侧中注水累积产油量随时间变化曲线

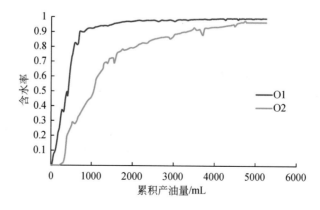

图 7.49　水平井侧中注水含水率随累积产油量变化曲线

由图 7.48、图 7.49 可知，水平井侧中注水，生产井投产 2min58s 后 O1 井见水，O1 井无水采油量为 41.3mL，10min20s 后 O2 井见水，O2 井无水采油量为 150.1mL。见水后含水上升迅速，之后因渗吸作用含水上升缓慢，且上下波动，投产 30h 后，O1 井含水率约 99.3%，O2 井含水率约 96.7%，累积产油量 5250mL，采收率约 8.9%，单井累积产油量 7000mL。

4. 水平井侧底注水

模拟生产测试曲线如图 7.50、图 7.51 所示。

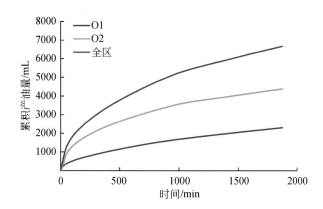

图 7.50　水平井侧底注水累积产油量随时间变化曲线

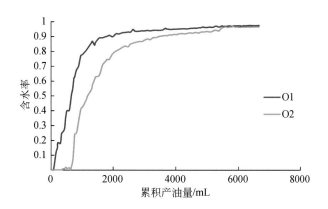

图 7.51　水平井侧底注水含水率随累积产油量变化曲线

由图 7.50、图 7.51 可知，水平井侧底注水，生产井投产 5min17s 后 O1 见水，O1 无水采油量为 77.9mL，12min40s 后 O2 见水，O2 无水采油量为 181.1mL。见水后含水上升迅速，之后因渗吸作用含水上升缓慢，且上下波动，投产 30h 后，O1 含水率约 97.4%，O2 含水率约 96.4%，累积产油量 6668mL，采收率约 11.3%，单井累积产油量 8891mL。

5. 不同注水井位结果对比分析

不同注水井位下开发过程模拟结果对比如图 7.52 ~ 图 7.55 以及表 7.15、表 7.16 所示。其中图 7.53 和图 7.54 分别为物理模拟和数值模拟得到的油藏尺度开发指标曲线，可以看出两者具有较好的一致性，从而得到了互相验证，保证了结果的可靠性。

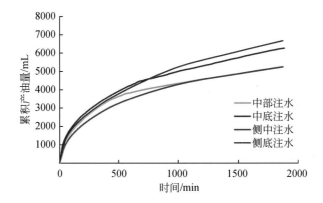

图 7.52　物理模拟不同注水井位下累积产油量随时间变化曲线（模型尺度）

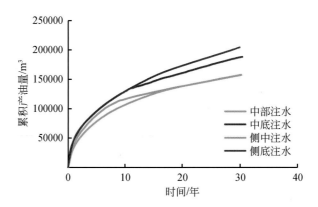

图 7.53　物理模拟不同注水井位下累积产油量随时间变化曲线（油藏尺度）

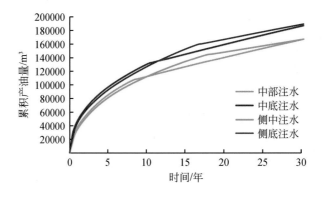

图 7.54　数值模拟不同注水井位下累积产油量随时间变化曲线（油藏尺度）

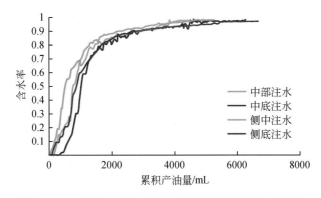

图 7.55   不同注水井位下含水率随累积产油量变化曲线

表 7.15   不同注水井位开发效果对比（模型尺度）

注水位置	见水时间	无水产油量 /mL	20h 末累积产油量/mL	30h 末累积产油量/mL	30h 末采出程度/%	30h 单井累积产量/mL
中部	6′10″	243	4580	5263	8.9	5263
中底	9′24″	340	5295	6266	10.6	6266
侧中	2′58″/10′20″	41/150	4566	5250	8.9	7000
侧底	5′17″/12′40″	78/181	5617	6668	11.3	8891

表 7.16   不同注水井位开发效果对比（油藏尺度）

注水位置	见水时间/d	无水产油量 /m³	20 年末累积产油量/m³	30 年末累积产油量/m³	30 年末采出程度/%	30 年单井累积产量/mL
中部	36	7295	137500	158005	8.9	158005
中底	56	10207	158965	188117	10.6	188117
侧中	18/61	1240/4506	137080	157615	8.9	210153
侧底	31/75	2339/5437	168633	200186	11.3	266915

对比四种不同注水井位注水开发效果，蓬莱 9-1 油田潜山油藏油水黏度比达到 270，较大的油水黏度比导致油水渗流阻力相差极大，水极易通过主流线裂缝窜进，导致生产井见水，无水采油期较短，无水采收率较低，大部分油均在高含水期采出，四种井网的无水采收率分别为中部注水 0.4%，中底注水 0.5%，侧中注水 0.3%，侧底注水 0.4%。其中侧中注水与侧底注水，由于 O1 井距离注水井过近，见水较早。

同时开发过程中，油藏整体渗流阻力下降明显，所需注采压差急速下降，各井很快转为定液量生产，在相同的注采液量条件下，较大的注采井距有利于保持较低的含水上升速度及较大的产油速度。开发后期，中底注水时的 O1 井、O2 井以及侧底注水时的 O2 井均保持了较高的产油速度。投产 30h 后累积产油量根据注水井位划分结果如下：侧底>中底>中部>侧中。但由于中部注水与中底注水注采井数比为 1∶1，侧中注水与侧底注水注采井数比为 1∶2，平均单井累积产油量侧底>侧中>中底>中部。

优选结果，水平井侧底注水开发效果最佳，模拟开采 30 年，采收率约为 11.3%。

6. 水平井侧底交错注水与正对注水结果对比

根据优选结果，选取水平井侧底注水，本小节采用交错注水模式，对比交错注水与正对注水开发效果，井网形式如图 7.56 所示，开发过程模拟结果如图 7.57 ~ 图 7.60 以及表 7.17、表 7.18 所示。

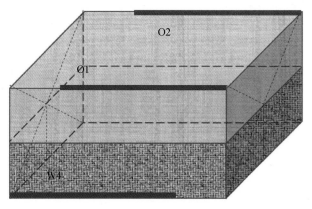

图 7.56　水平井侧底交错注水

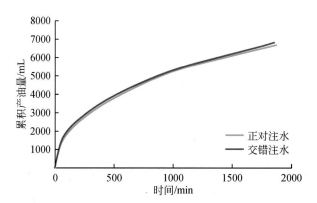

图 7.57　正对注水与交错注水累积产油量变化曲线

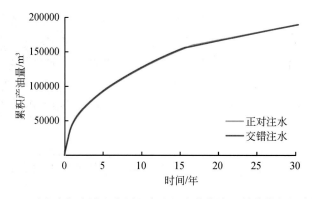

图 7.58　正对注水与交错注水累积产油量变化曲线（数值模拟拟合结果）

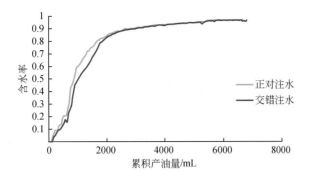

图 7.59　正对注水与交错注水含水率随累积产油量变化曲线

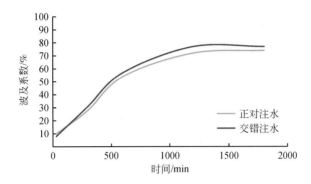

图 7.60　正对注水与交错注水波及系数随时间变化曲线

表 7.17　正对注水与交错注水开发效果对比（模型尺度）

注水位置	见水时间	无水产油量/mL	20h 末累积产油量/mL	30h 末累积产油量/mL	30h 末采出程度/%	波及系数/%	驱油效率/%
正对	5′17″/12′40″	77.9/181.1	5617	6668	11.3	74	46.8
交错	5′50″/14′07″	88.6/200.3	5696	6811	11.6	77	48.1

表 7.18　正对注水与交错注水开发效果对比（油藏尺度）

注水位置	见水时间/d	无水产油量/m³	20 年末累积产油量/m³	30 年末累积产油量/m³	30 年末采出程度/%	波及系数/%	驱油效率/%
正对	31/75	2339/5437	168633	200186	11.3	74	46.8
交错	34/83	2660/6013	171005	204479	11.6	77	48.1

　　对比正对注水与交错注水开发效果，正对注水初期产能略大，但时间极为短暂。交错注水含水上升相对较慢，且波及系数较高。模拟开采 30h，对应油藏开发 30 年，水平井侧底交错注水采收率可达约 11.6%。

7.7.3　水平井定向井混合立体注采井网优选

　　改变注水井位置，共进行了不同注水井位下的 3 组驱替实验。生产制度均为定压生产，注采压差2.8m水柱，对应实际油藏注采压差10MPa；设置注水井最大注入速度为50mL/min，对应实际油藏注入井1000m³/d；设置生产井最大采液速度为25mL/min，对应实际油藏生产井500m³/d。

1. 直平混合正对注水

井网形式如图7.61所示。开发过程模拟结果如图7.62、图7.63所示。

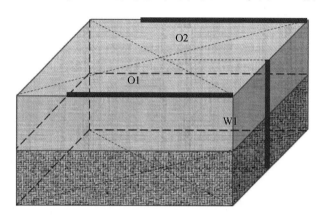

图7.61　直平混合正对注水

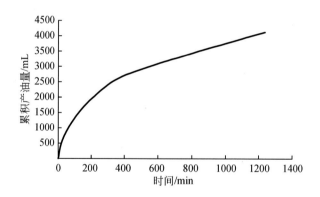

图7.62　正对注水累积产油量随时间变化曲线

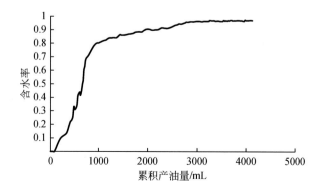

图7.63　W1注水含水率随累积产油量变化曲线

　　由图 7.62 和图 7.63 可知，直平混合正对注水，生产井投产 6min 见水，无水采油量为 174mL。见水后含水上升迅速，之后因渗吸作用含水上升缓慢，且上下波动，投产 20h后，含水率约 97.0%，累积产油量 4123mL，采收率约 7.0%。

2. 直平混合交错注水

　　井网形式如图 7.64 所示。开发过程模拟结果如图 7.65、图 7.66 所示。

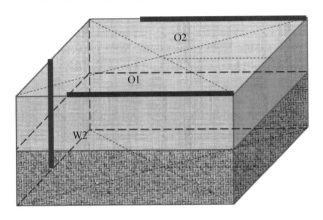

图 7.64　直平混合交错注水

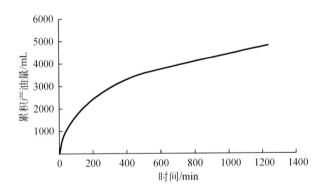

图 7.65　交错注水累积产油量随时间变化曲线

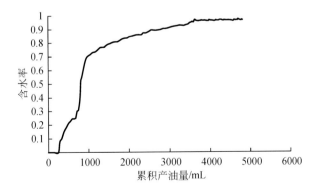

图 7.66　交错注水含水率随累积产油量变化曲线

　　由图 7.65 和图 7.66 可知，直平混合交错注水，生产井投产 9min 见水，无水采油量为 250mL。见水后含水上升迅速，之后因渗吸作用含水上升缓慢，且上下波动，投产 20h 后，含水率约 96.8%，累积产油量 4809mL，采收率约 8.2%。

　　3. 不同注水井位结果对比分析

　　不同注水井位下开发过程模拟结果对比如图 7.67 ~ 图 7.70 以及表 7.19、表 7.20 所示。

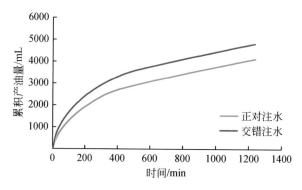

图 7.67　不同注水井位下累积产油量随时间变化曲线

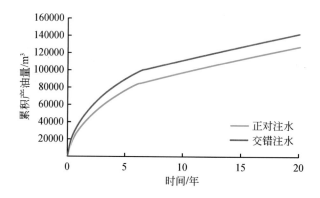

图 7.68　不同注水井位下累积产油量随时间变化曲线（数值模拟拟合结果）

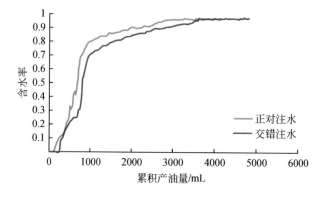

图 7.69　不同注水井位下含水率随累积产油量变化曲线

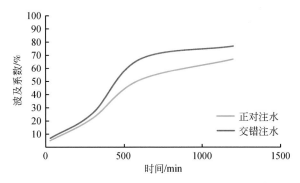

图 7.70   不同注水井位下波及系数随时间变化曲线

表 7.19   正对注水与交错注水开发效果对比 （模型尺度）

注水位置	见水时间	无水产油量/mL	20h 末累计产油量/mL	20h 末采出程度/%	波及系数/%	驱油效率/%
正对	6′	174	4123	7.0	67	29.1
交错	9′	250	4809	8.2	77	34.1

表 7.20   正对注水与交错注水开发效果对比 （油藏尺度）

注水位置	见水时间/d	无水产油量/m³	20 年末累积产油量/m³	20 年末采出程度/%	波及系数/%	驱油效率/%
正对	36	5223	123780	7.0	67	29.1
交错	53	7505	144375	8.2	77	34.1

对比两种不同注水井位注水开发效果，交错注水较正对注水采油井距离生产井较远，见水较晚，无水采油期较长，含水上升较慢，且波及系数较高。交错注水开发效果明显好于正对注水。

优选结果，交错注水开发效果最佳，模拟开采 20h，对应油藏开发 20 年，预测油藏采收率约 8.2%。

4. 直平混合交错底部注水与全井段注水结果对比

根据优选结果，选取交错注水井位注水，本小节采用底部注水模式，对比底部注水，全井段注水与水平井最佳注采方案开发效果，井网形式如图 7.71 所示。开发过程模拟结果如图 7.72～图 7.75 以及表 7.21、表 7.22 所示。

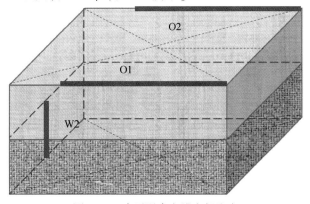

图 7.71   直平混合交错底部注水

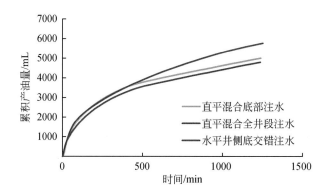

图 7.72 直平混合全井段注水、底部注水、水平井侧底交错注水累积产油量变化曲线

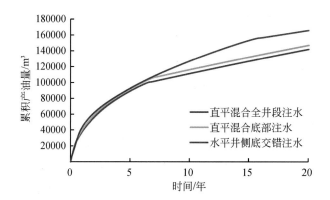

图 7.73 直平混合全井段注水、底部注水、水平井侧底交错注水累积产油量变化曲线（数值模拟拟合结果）

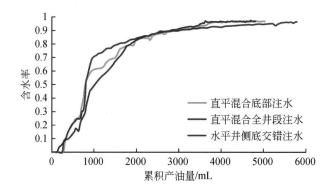

图 7.74 直平混合全井段、底部、水平井侧底交错含水率随累积产油量变化曲线

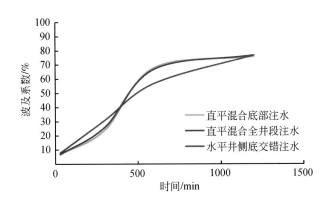

图 7.75　直平混合全井段、底部、水平井侧底交错波及系数随时间变化曲线

表 7.21　不同注水井位开发效果对比（模型尺度）

注水位置	见水时间	无水产油量/mL	20h 末累积产油量/mL	20h 末采出程度/%	波及系数/%	驱油效率/%
直平混合底部	11′58″	297	5021	8.5	76	34.9
直平混合全井段	9′	250	4809	8.2	77	34.1
水平井侧底交错	5′50″/14′07″	89/200	5696	9.7	77	40.3

表 7.22　不同注水井位开发效果对比（油藏尺度）

注水位置	见水时间/d	无水产油量/m³	20 年末累积产油量/m³	20 年末采出程度/%	波及系数/%	驱油效率/%
直平混合底部	71	8917	150740	8.5	76	34.9
直平混合全井段	53	7505	144375	8.2	77	34.1
水平井侧底交错	34/83	2660/6013	171005	9.7	77	40.3

对比直平混合底部注水、全井段注水以及水平井侧底交错注水的开发效果，相对于直平混合全井段注水，底部注水可有效利用重力分异作用，延缓含水上升速度。模拟开采20h，对应油藏开发 20 年，直平混合全井段注水采收率约 8.2%，底部注水采收率约8.5%。但两种方案开发效果均远不如水平井侧底交错注水，所以水平井侧底交错注水井网为最佳注采井网。

7.7.4　不同开发方式优选

本节均采用水平井侧底交错注采井网，其中注热温度 65℃，对应实际油藏注热 95℃，表活剂为烷基苯磺酸阴离子类型，浓度为 2000×10^{-6}。

1. 热水驱

开发过程模拟结果如图 7.76、图 7.77 所示。

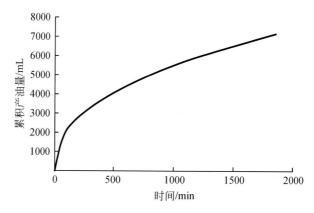

图 7.76　热水驱累积产油量随时间变化曲线

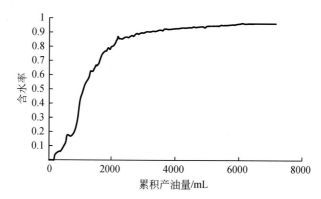

图 7.77　热水驱含水率随累积产油量变化曲线

由图 7.76、图 7.77 可知，热水驱开发方式，生产井 O1 投产 6min1s 见水，无水采油量为 117.1mL，生产井 O2 投产 15min13s 见水，无水采油量为 222.3mL。见水后含水上升迅速，之后因渗吸作用含水上升缓慢，且上下波动，投产 30h 后，含水率约 96.3%，累积产油量 7158mL，采收率约 12.2%。

2. 热水驱加表活剂

开发过程模拟结果如图 7.78、图 7.79 所示。

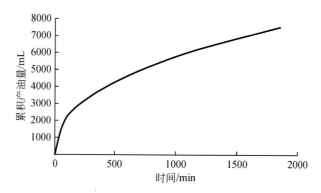

图 7.78　热水驱加表活剂累积产油量随时间变化曲线

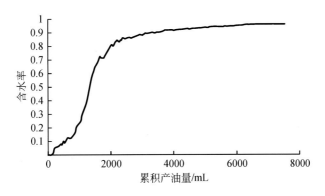

图 7.79　热水驱加表活剂含水率随累积产油量变化曲线

由图 7.78、图 7.79 可知，热水驱加表活剂开发方式，生产井 O1 投产 5min59s 见水，无水采油量为 113.9mL，生产井 O2 投产 15min23s 见水，无水采油量为 241.6mL。见水后含水上升迅速，之后因渗吸作用含水上升缓慢，且上下波动，投产 30h 后，含水率约 96.1%，累积产油量 7516mL，采收率约 12.8%。

3. 不同开发方式结果对比分析

不同开发方式下模拟生产测试结果对比如图 7.80～图 7.83，表 7.23～表 7.25 所示。

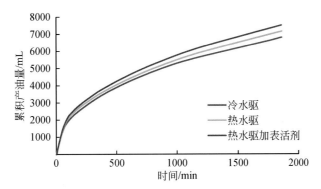

图 7.80　不同开发方式累积产油量随时间变化曲线

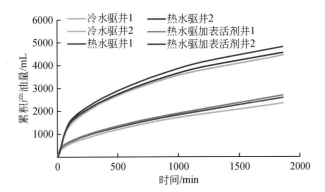

图 7.81　不同开发方式单井累积产油量随时间变化曲线

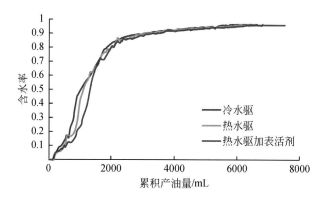

图 7.82　不同开发方式下含水率随累积产油量变化曲线

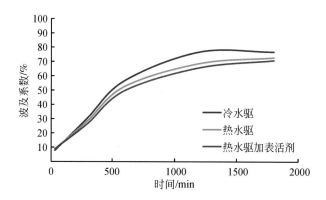

图 7.83　不同开发方式下波及系数随时间变化曲线

表 7.23　不同开发方式下开发效果对比 (模型尺度)

开发方式	见水时间	无水产油量/mL	20h 末累积产油量/mL	30h 末累积产油量/mL	30h 末采出程度/%	波及系数/%	驱油效率/%
常规水驱	5′50″/14′07″	88.6/200.3	5696	6811	11.6	77	48.1
热水驱	6′01″/15′13″	117.1/222.3	5970	7158	12.2	73	51.2
热水驱加表活剂	5′59″/15′23″	113.9/241.6	6249	7516	12.8	71	55.0

表 7.24　不同开发方式下开发效果对比 (油藏尺度)

开发方式	见水时间/d	无水产油量/m³	20 年末累积产油量/m³	30 年末累积产油量/m³	30 年末采出程度/%	波及系数/%	驱油效率/%
常规水驱	34/83	2660/6013	171005	204479	11.6	77	48.1
热水驱	35/90	3516/6674	179231	204479	12.2	73	51.2
热水驱加表活剂	35/91	3419/7253	187607	225645	12.8	71	55.0

表 7.25　不同开发方式基质裂缝贡献对比

开发方式	基质产油量/mL	裂缝产油量/mL	基质贡献率/%	波及系数/%	驱油效率/%	采出程度/%
常规水驱	1648	5163	24.2	77	48.1	11.6
热水驱	1667	5491	23.2	73	51.2	12.2
热水驱加表活剂	1616	5900	21.5	71	55.0	12.8

对比不同开发方式开发效果，相对于常规水驱，热水驱、热水驱加表活剂开发效果有了一定幅度的提高，采出程度从 11.6% 分别增加到 12.2% 和 12.8%。分析单井产量，模拟开采 30 年，热水驱相对于常规水驱，近井由累积产油 2358mL 增产到 2599mL，相对增产 10.6%，远井由累积产油 4453mL 增产到 4560mL，相对增产 2.3%，表明近井地带加热较为充分，降黏增产效果较好，而远井由于注热水热量传递效果较差，热损失较为严重，增产效果不明显。热水驱加表面活性剂相对于常规水驱，近井由累积产油 2358mL 增产到 2702mL，相对增产 14.6%，远井由累积产油 4453mL 增产到 4814mL，相对增产 8.1%。

对比不同开发方式下基质裂缝贡献率可看出，注热水及表活剂可以有效地改善裂缝驱油效率。但另一方面注入水降低了油藏波及区域的原油黏度，其主要作用在于减小了主流线上的渗流阻力，因此导致主流线突进更为严重，在一定的注采液量条件下，波及系数反而降低。基质产量受制于波及系数降低，增加不明显。表活剂增产机理是降低油水界面张力，可显著增加裂缝驱油效率，但降低油水界面张力即降低了渗吸的动力，会减弱渗吸作用的强度，所以注热水加表活剂相对于注热水开发，基质采出量反而降低。

7.7.5　本节小结

根据水平井立体注采井网优选、水平井定向井混合立体注采井网优选、不同开发方式优选三类 10 次油藏宏观物理模拟实验结果分析，得到以下结论：

（1）潜山类油藏，纵向尺度较大，采用水平井底部注水，顶部采油的立体注采井网，充分利用重力分异作用，可有效延缓含水上升速度；

（2）蓬莱 9-1 油田潜山油藏裂缝发育，油水黏度比较大，极易发生水窜，注采井不宜设置过近，应保持一定的井距。交错注水相对于正对注水，可以明显增加注入水的波及面积。蓬莱 9-1 油田潜山油藏最佳注采井网为水平井侧底交错立体注采井网；

（3）由于注热水热量传递效果较差，热损失严重，近井地带降黏效果较好，而远井几乎无影响；同时注热主要改善主流线油水流度比，导致主流线突进现象更为严重，波及系数反而小幅降低，因此油藏增产不明显；

（4）表活剂增产机理是降低油水界面张力，增加驱油效率，可较大幅度增加裂缝系统产油量。但降低油水界面张力即降低了渗吸的动力，会减弱渗吸强度，降低基质贡献率；

（5）鉴于热水驱、热水驱加表活剂增产效果不明显，且海上注热成本较高，所以推荐蓬莱 9-1 油田潜山油藏首先采用常规水驱开发。常规水驱模拟开采 30 年，采收率约为 11.6%。

7.8　总结与认识

7.8.1　微观渗流机理研究

（1）实验研究结果显示，油藏条件下，在基质渗透率为 1.26mD，原油黏度为 180mPa·s 的储层区域，基质拟启动压力梯度为 4.04MPa/m，真实启动压力梯度 1.38MPa/m；在基质渗透率为 10mD，原油黏度为 100mPa·s 的区域，基质拟启动压力梯度为 1.77MPa/m，真实启动压力梯度为 0.28MPa/m。启动压力梯度较大的原因是流度过低。

（2）根据实验室测得真实启动压力梯度与流度关系，反算得到不同压力梯度下可流动流度下限 $\lambda = 0.0119122(dP/dL)^{-1.66865}$。

（3）实验室测得的可流动流度下限是指低渗透基质中流体在某一压力梯度下可被驱动的最小流度，而不是裂缝性油藏中基质可渗吸出油的最小流度。基质渗吸作用的动力是毛细管压力，可作用于无穷小尺度。在某一小尺度，毛细管力梯度可达到很大，足以克服任意流度下的真实启动压力梯度，从而使渗吸作用发生。

（4）结合蓬莱 9-1 油田潜山油藏裂缝发育情况，得出开发过程中 400m 注采井距下，基质原油被注入水驱替所需克服启动注采压差为 0.673MPa，拟启动注采压差 4.261MPa。

（5）裂缝性油藏中裂缝系统驱油效率主要由流体黏度决定，原油黏度越高，裂缝系统驱油效率越低。对于裂缝性稠油油藏，大部分原油都在高含水期采出。

（6）裂缝系统驱油效率受裂缝渗透率，即裂缝张开度变化影响不大且无明显趋势，当裂缝渗透率（张开度）逐渐增大时，裂缝系统驱油效率趋于一个定值。

（7）蓬莱 9-1 油田潜山油藏，原油黏度为 104~165mPa·s，裂缝驱油效率可达 40%~45%。

（8）对于潜山类油藏，油藏纵向尺度较大，重力作用在开发过程中不可忽略。蓬莱 9-1 油田潜山油藏如若采用立体井网开发，充分利用重力分异作用，裂缝驱油效率可达约 60%。

（9）影响基质系统，裂缝系统油水交换能力的主要因素是基质渗透率与流体黏度。基质渗透率越高，流体黏度越低，则渗吸效率越高，基质采出程度也就越高。

（10）影响基质贡献率的主要因素是基质系统采出程度与裂储比，基质系统采出程度越高，基质贡献率越大。而较大的裂储比会使整体采出程度较高，但相应的基质贡献率会较低。

（11）蓬莱 9-1 油田潜山油藏在基质渗透率 10mD 左右、原油黏度 104~165mPa·s、裂储比 18% 的条件下，基质贡献率可达 20%~25%。

7.8.2　宏观开发实验研究

（1）宏观物理模型的建立。采用非均质裂缝各向异性油藏宏观物理模拟专利技术，根据相似性原理,建立了蓬莱 9-1 油藏典型井网宏观物理模型,模型有效尺寸为 1000mm×1000mm×500mm。

（2）最佳注采井网宏观物理模拟研究。利用宏观物理模型,对纯水平井注采、平直井混合注采等多种井网进行了油藏开发物理模拟实验研究,结果表明蓬莱 9-1 油田潜山油藏开发最佳井网为水平井侧底交错立体注采井网。

（3）注采关系物理模拟。蓬莱 9-1 油田潜山油藏裂缝发育,油水黏度比较大,极易发生水窜,注采井不宜设置过近,应保持一定的井距。交错注水相对于正对注水,可以明显增加注入水的波及面积。

（4）注采位置物理模拟研究。潜山类油藏,纵向尺度较大,采用水平井底部注水,顶部采油的立体注采井网,充分利用重力分异作用,可有效延缓含水上升速度。

（5）热水驱物理模拟研究。由于热水热量传递效果较差,热损失严重,近井地带降黏效果较好,而远井几乎无影响;同时注热主要改善主流线油水流度比,导致主流线突进现象更为严重,波及系数反而小幅降低,因此油藏增产不明显。

（6）热水加表面活性剂物理模拟研究。表活剂增产机理是降低油水界面张力,增加驱油效率,可较大幅度增加裂缝系统产油量。但降低油水界面张力即降低了渗吸的动力,会减弱渗吸强度,降低基质贡献率。

（7）鉴于热水驱及热水驱加表活剂增产效果不明显,且海上注热成本较高,所以推荐蓬莱 9-1 油田潜山油藏采用常规水驱开发;该开发方式模拟开采 30 年,采收率约为 11.6%。

参 考 文 献

范·高尔夫–拉特 T D. 1989. 裂缝油藏工程基础. 北京：石油工业出版社

关文龙，田利，郑南方. 2003. 水平裂缝蒸汽辅助重力泄油物理模拟试验研究. 石油大学学报（自然科学版），27（3）：50~54

郭尚平，黄延章. 1990. 物理化学渗流微观机理. 北京：科学出版社

Jack A，Sun S Q. 2003. 裂缝性油气藏采收率：100 个裂缝性油气田实例的经验总结. 石油勘探与开发，30（6）：129~136

康永尚，郭黔杰，朱九成，等. 2003. 裂缝介质中石油运移模拟实验研究. 石油学报，24（4）：44~47

李秀莲，刘怡平，毛志君，等. 2007. 华北古潜山油藏天然气驱机理及可行性研究. 特种油气藏，14（1）：52~54

李亚军，姚军，黄朝琴，等. 2011. 单裂缝多孔介质渗透特性研究. 特种油气藏，18（4）：94~97

刘建军，冯夏庭，刘先贵. 2004. 裂缝性砂岩油藏水驱效果的物理及数值模拟. 岩石力学与工程学报，23（14）：2013~2018

刘剑，刘月田，聂彬，等. 2015. 潜山油藏水平井立体井网井距调整方法. 油气地质与采收率，2015，（4）：103~108

刘漪厚. 1997. 扶余裂缝性低渗透砂岩油藏. 北京：石油工业出版社

刘月田，丁祖鹏，屈压光. 2011. 油藏裂缝方向表征及各向异性渗透率参数计算. 石油学报，32（5）：842~846

刘月田，刘剑，丁祖鹏，等. 2013. 非均质各向异性裂缝油藏水驱物理模拟方法. 石油学报，34（6）：1119~1124

刘子良，魏兆胜，陈文龙，等. 2003. 裂缝性低渗透砂岩油田合理注采井网. 石油勘探与开发，30（4）：85~88

唐玄，金之钧，杨明慧，等. 2006. 碳酸盐岩裂缝介质中微观二维油水运移聚集物理模拟实验研究. 地质评论，52（4）：570~576

王家禄，刘玉章，陈茂谦，等. 2009. 低渗透油藏裂缝动态渗吸机理实验研究. 石油勘探与开发，36（1）：86~90

王乃举. 1999. 中国油藏开发模式总论. 北京：石油工业出版社

吴建发，郭建春，赵金洲. 2004. 裂缝性地层气水两相渗流机理研究. 天然气工业，24（11）：85~87

徐挺. 1982. 相似理论与模型试验. 北京：中国农业机械出版社

姚飞，陈勉，吴晓东，等. 2008. 天然裂缝性地层水力裂缝延伸物理模拟研究. 石油钻采工艺，30（3）：83~86

叶自桐，韩冰，杨金忠，等. 1998. 岩石裂隙毛管压力饱和度关系曲线的试验研究. 水科学进展，9（2）：112~117

张发强，罗晓容，苗盛，等. 2003. 石油二次运移的模式及其影响因素. 石油实验地质，25（1）：69~75

赵阳，曲志浩，刘震. 2002. 裂缝水驱油机理的真实砂岩微观模型实验研究. 石油勘探与开发，29（1）：116~119

郑文宽，刘月田，刘泽华，等. 2017. 低渗透裂缝性潜山稠油油藏物理模拟实验研究. 油气地质与采收率，24（3）：78~84

周波, 罗晓, Loggia D, 等. 2006. 单个裂隙中油运移实验及特征分析. 地质学报, 80 (3): 454~458

周德华, 焦方正, 葛家理. 2003. 裂缝网络油藏水平井开发电模拟实验研究. 石油实验地质, 25 (2): 216~220

Adibhatla B, Monhanty K K. 2008. Oil recovery from fractured carbonates by surfactant-aiaded gravity drainage: Laboratory experiment and mechanistic simulation. SPE Journal, 13 (1): 51~60

Ding Z P, Liu Y T. 2013. 3D macro physical experiment of matrix-fracture interaction flow in fractured reservoirs. Special Oil & Gas Reservoirs, 20 (6): 109~108

Ding Z P, Liu Y T. 2013. Control theory of physical simulation on waterflooding in fractured reservoir the similarity criteria. //Processdings of SPIE, 8768

Ding Z P, Liu Y T, Zhang Y. 2012. A quantitative 3D physical simulation method of water flooding in fractured reservoirs. Petroleum Science and Technology, 30 (12): 1250~1261

Hao F, Cheng L S, Hassan O, et al. 2008. Threshold pressure gradient in ultra-low permeability reservoirs. Petroleum Science and Technology, 26 (9): 1024~1035

Liu J, Liu Y, Sun L, et al. 2013a. Experimental simulation for fishbone well development process of buried hill fractured reservoir. International Journal of Applied Environmental Sciences, 8 (20): 2513~2521

Liu J, Liu Y T, Guo Z L, et al. 2013b. Study on water flooding of fractured reservoirs with complex structure well pattern. The 3rd SREE Conference on Chemical Engineering: 253~258

Liu J, Liu Y T, Zhang J C, et al. 2014. Experimental and simulation study of complex structure well pattern optimization for buried hill fractured reservoirs. Arabian Journal for Science and engineering, 39 (11): 8347~8358

Liu Y T, Ding Z P, Ao K, et al. 2013. Manufacturing method of large-scale fractured porous media for experimental reservoir simulation. SPE Journal, 18 (6): 1081~1091

Persoff P, Pruess K. 1995. Two-phase flow visualization and relative permeability measurement in natural rough-walled rock fractures. Water Resources Research, 31 (5): 1175~1186

Qasem F H, Nashawi I S, Gharbi R, et al. 2008. Recovery performance of partially fractured reservoirs by capillary imbibition. Journal of Petroleum Science and Engineering, 60 (1): 39~50

Reitsma S, Kueper B H. 1994. Laboratory measurement of capillary pressure-saturation relationships in a rock fracture. Water Resources Research, 30 (4): 865~878

Romm E S. 1966. Fluid flow in fractured rocks (in Russian). Moscow: Nedra Publishing House

Snow D T. 1965. A parallel plate model of fractured permeable media. Doctoral Dissertation of University of California

Wu Y S, Pruess K. 1988. A multiple-porosity method for simulation of naturally fractured petroleum reservoirs. Spe Reservoir Engineering, 13 (3): 327~336

Wu Y S, Pan L H, Pruess K. 2004. A physically based approach for modeling multiphase fracture-matrix interaction in fractured porous media. Advances in Water Resources, 27 (9): 875~887